场地精准化环境调查方法学

付融冰　著

中国环境出版集团·北京

图书在版编目（CIP）数据

场地精准化环境调查方法学/付融冰著. —北京：中国环境出版集团，2022.8
ISBN 978-7-5111-5149-0

Ⅰ. ①场…　Ⅱ. ①付…　Ⅲ. ①场地—环境污染—调查—方法　Ⅳ. ①X8-31

中国版本图书馆 CIP 数据核字（2022）第 078507 号

出 版 人　武德凯
策划编辑　周　煜
责任编辑　史雯雅　周　煜
责任校对　薄军霞
封面设计　宋　瑞

出版发行　**中国环境出版集团**
　　　　　（100062　北京市东城区广渠门内大街 16 号）
　　　　　网　　　址：http://www.cesp.com.cn
　　　　　电子邮箱：bjgl@cesp.com.cn
　　　　　联系电话：010-67112765（编辑管理部）
　　　　　发行热线：010-67125803，010-67113405（传真）
印　　刷　北京中科印刷有限公司
经　　销　各地新华书店
版　　次　2022 年 8 月第 1 版
印　　次　2022 年 8 月第 1 次印刷
开　　本　787×1092　1/16
印　　张　17.25
字　　数　320 千字
定　　价　168.00 元

序言

　　自《土壤污染防治行动计划》和《中华人民共和国土壤污染防治法》颁布以来，我国土壤与地下水污染治理修复工作快速推进，相关技术标准规范逐步完善。场地环境调查是污染风险管控与治理修复工作的第一步，调查工作的质量很大程度上决定了后续风险评估和管控与修复的质量。

　　场地是一个多介质、多界面、多因素、多过程耦合的复杂体系，对其污染状况"把脉"诊断，需要综合运用多学科理论、方法与技术；而现阶段相关调查导则与指南仅是原则性和宏观性的，操作层面上的指导性尚显不足；调查人员对其的理解和做法也不一致。提高调查的精准性，降低不确定性，需要熟练运用这些理论、方法与技术，这依赖于多学科知识的交叉融合与丰富的实践经验。

　　经过多年的探索实践，修复行业对场地环境调查的理解发生了明显的转变，从最初简单的"取样检测"，到"专业性的调查"，再到现在的"精准化调查"，场地环境调查技术不断取得进步。精准化调查，业已成为行业最新的共识与诉求，也必将是场地环境调查的趋势和追求的目标。但精准化调查的概念，目前还没有明确的定义，对其内涵的认识也不统一，国内在该领域的研究尚显不足。付融冰教授撰写的《场地精准化环境调查方法学》，在总结了中外场地调查方法的基础上，提出了场地精准化环境调查的概念和方法。作者结合丰富的场地调查方法研究与经验，概述了调查方法和技术，列举了精准调查策略优化的相关案例，并从影响场地调查精准化的关键因素的角度，阐述了调查的各个环节以及优化调查的具体要求与方法，对场地调查的相关重要问题提出了自己的理解、认识、建议和对策。

本书是对场地精准化环境调查研究探索工作的阶段性总结，是一本理论与实践相结合、实用性很强的著作。相信本书能对提高我国场地环境调查技术水平起到推动作用，为场地环境调查研究的学者和行业从业人员提供有益的启示。

2022 年 6 月 20 日

场地环境调查是场地环境管理的起点，某种程度上甚至是核心；因为没有精准的诊断，就没有对症下药的风险评估和治理技术方案，也就难有良好的治理修复效果。

欧美等发达国家（地区）经过几十年的发展已经建立起了一套较为完善且具有特色的调查方法体系。其主要的特点是场地调查的理论性较好、策略较开放、方法手段多元化，调查人员可以针对不同调查目标采用灵活多变的调查方法。我国最早的场地调查在程序上基本是参照美国的做法，但在布点采样方面缺乏专业性。近10年来，我国逐渐开展了再开发场地的调查与修复；在积累了一定实践经验并借鉴发达国家做法的基础上，形成了当前我国现行的污染场地调查技术体系。相比发达国家，我国在调查实践过程中还过多地停留在对导则规范程序化的遵循上。由于相关的规定相对比较宏观和宽泛，细节的指导性不够，许多看上去符合导则要求的调查，实际上调查结果不确定性很大。行业对调查本质的参悟还不够透彻，重修复、轻调查的现象还很普遍，调查人员能力参差不齐，场地调查质量面临着极大的挑战。

所幸经过多年的发展，行业对场地调查的不确定性理解及准确性诉求已有了起码的认识。场地是一个复杂的环境系统，各种介质共存、各种过程并行、各种机理交织，使得场地调查成为一项学科融合度很高、专业化程度很强的工作。要想做好场地调查，需要多学科知识的融会贯通与重新认识、多方法手段的综合运用与协同验证，也需要理论与实践的交互融通与双重历练。而要实现精准化调查，更需要有较为系统的理论指导和更加多元化的方法技术。出版这样一本强调调查理念和方法学的书籍一直是笔者多年的夙愿，但是困难很大。一方面，场地调查理论需要多学科共建，但不同学科之间知识和认识上的贯通还存在不小的障碍；另一方面，场地环境系统的复杂性使得许多方法手段的科学性和准确性仍需要长期的理论研究和实践验证。呈现在读者面前的这本书，是作者克服困难，总结和提炼了作者十几年的场地调查研究与实践经验，并在借鉴国外先进调查理念与技术基础上形成的成果。本书试图从调查方法学层面上突出调查理论和方法体系，并对行业普遍感到困惑的问题进行深入探讨，期望有助于从业人员提高对场地调查本质内涵的认识和相关的专业技能。

在内容安排上，本书注重帮助读者理解场地调查的概念、理论、方法、技术和实践的内在逻辑关系，突出方法的科学性和实用性。全书共 13 章，第 1 章介绍了场地环境系统，从污染场地的概念与属性、场地环境系统的构成、相互作用及重要特征等方面帮助读者构建场地环境复杂系统的理念和认识。第 2 章介绍了国内外场地调查的方法，为后续理解调查方法提供背景性信息。第 3 章提出了场地精准化调查的数学表述，引领读者认识和理解场地调查的基本理论，主要包括调查的不确定性，精准化调查的本质、方法、要求及实现途径，是作者提出的精准化调查方法学的基本想法。第 4 章到第 8 章，选择了与场地污染状态关系密切的关键性因素及影响进行了分析，主要包括生产性因素、非生产性因素、污染物性质及场地环境行为、土壤理化性质、环境水文地质条件等及其影响，对这些因素的理解和把握很大程度上影响着场地调查的水平和准确性；这些章节中还对困扰调查实践的一些典型问题进行了举例讲解，这些问题是作者在调查实践中遇到并经反复思索提炼而成的。第 9 章阐述了勘察与采样布点方法，从场地水文地质勘察、采样布点原则和方法、调查范围和采样点位数量确定、地下水监测井构建、对照点选择方法等方面阐述了场地勘察及采样的方法和要求，这是调查现场工作的核心内容，作者提出了一些新的观点和方法。第 10 章介绍了一些提高调查准确性的优化策略，有些方法还未被国内行业普遍认识，也有的只是作者提出的想法。第 11 章讲解了调查数据评价与解释，如何使用数据，强调透过数据解析场地污染的本相，这部分是当前调查工作中容易被忽视的薄弱环节。第 12 章讲解场地概念模型的构建与污染范围的确定，提出了一些新的理解和方法。第 13 章简单介绍了场地调查的技术与装备，旨在扩展场地精准化调查的多元化手段。

全书由付融冰构思与撰写；郭小品撰写了第 2 章，参与了其他章节的资料整理；乔俊莲校核修改了第 6 章；温东东、王钧贤、牟紫萁、高彩虹、史昱翔、许大毛、姚佳斌、张亚军、邢恩禄、纪炜、陈雪、刘华秋等参与了相关资料的收集和整理工作。书中的图表除标明出处的，均为作者绘制或拍摄，案例主要来源于作者承担过的相关项目。

感谢朱利中、施维林、姚炳魁、周东美、吴吉春、占新华、代静玉、熊忠、许伟、李书鹏、张文辉、林玉锁、周友亚、李义连、姜林、陈梦舫、骆永明、李广贺等专家学者对本书提出的宝贵建议！感谢与我一道扎根污染场地治理一线的合作同行们！感谢上海市科技创新行动计划项目（20dz1204502）、国家重点研发专项（2019YFC1805200）、上海领军人才项目（2015-011）和姑苏领军人才项目（ZXL2020145）的支持。感谢中国环境出版集团的周煜女士在本书撰写过程中对我的持续鼓励和支持！

本书是场地精准化环境调查方法学的一次探索尝试，限于作者认识水平，书中许多思想可能还不够成熟甚至存在错误，期待业界专家、同行提出宝贵建议，开展交流探讨，共同推动我国场地环境调查水平的进步和提高。

付融冰

2021 年 10 月于同济大学

目录

第 1 章

场地环境系统

　　场地是一个多介质、多界面、多因素、多作用、多过程的复杂环境系统。建立这种认识对深刻理解场地调查的本质具有重要作用。本章阐述了场地的相关概念及属性、场地环境系统的构成、场地环境系统的相互作用以及场地的重要特征，为后续调查工作建立了基础性的认知构架。

1.1　场地相关概念及属性

1.1.1　场地的相关概念

　　污染场地的概念最早始于发达国家开展土壤与地下水环境管理及修复的实践，各国对其相关概念的定义不尽相同。

　　（1）场地

　　我国《场地环境调查技术导则》（HJ 25.1—2014）（已废止，下同）及《污染场地术语》（HJ 682—2014）（已废止，下同）对"场地（site）"的定义是：某一地块范围内一定深度的土壤、地表水、地下水以及地块内所有构筑物、设施和生物的总和。《场地环境调查技术导则》修改后形成的《建设用地土壤污染状况调查技术导则》（HJ 25.1—2019）和《建设用地土壤污染风险管控和修复术语》（HJ 682—2019）中删除了"场地"术语。《建设用地土壤污染风险管控和修复术语》（HJ 682—2019）增加了"建设用地（land for construction）"术语，指建造建筑物、构筑物的土地，包括城乡住宅和公共设施用地、工矿用地、交通水利设施用地、旅游用地、军事设施用地等。

　　（2）潜在污染场地

　　《场地环境调查技术导则》（HJ 25.1—2014）及《污染场地术语》（HJ 682—2014）对"潜在污染场地（potential contaminated site）"的定义是：因从事生产、经营、处置、贮存有毒有害物质，堆放或处理处置潜在危险废物，以及从事矿山开采等活动造成污染，且对人体健康或生态环境构成潜在风险的场地。该定义较为宽泛，几乎包括了所有类型的场地。

《污染地块土壤环境管理办法（试行）》（环境保护部令 第 42 号，2016）所称疑似污染地块，是指从事过有色金属冶炼、石油加工、化工、焦化、电镀、制革等行业生产经营活动，以及从事过危险废物贮存、利用、处置活动的用地。该规定对行业类型有所限制。

（3）污染场地

《污染场地术语》（HJ 682—2014）对"污染场地（contaminated site）"的定义是：对潜在污染场地进行调查和风险评估后，确认污染危害超过人体健康或生态环境可接受风险水平的场地。

《污染地块土壤环境管理办法（试行）》（环境保护部令 第 42 号，2016）中规定：按照国家技术规范确认超过有关土壤环境标准的疑似污染地块称为污染地块。

世界各国对"污染场地"的定义各不相同，但主流的定义包含的信息是：场地受到了污染，且对人体及生态环境造成了危害或者存在潜在的危害。"造成了危害"意味着风险不可接受；"存在潜在的危害"也有一个判定标准，一般是指超过筛选值（各国叫法也不同），也就是说污染物浓度超过筛选值的场地才称为污染场地。

我国于 2019 年 12 月 5 日发布修订后的《建设用地土壤污染状况调查技术导则》（HJ 25.1—2019）和《建设用地土壤污染风险管控和修复术语》（HJ 682—2019）。因为导则名称中"环境调查"改为了"土壤污染状况调查"，所以相应地删除了"场地""潜在污染场地""污染场地"的概念。导则中"场地"改为了"建设用地"，用"地块"代替了"场地"，但对"地块"未做定义，英文仍用"site"表示。在土地科学及管理学科中，《地球科学大辞典》中"地块"是指地球表面上有统一权属主（对某实体及实物拥有所有权或使用权的单位和个人）和统一土地利用类别的完整封闭的土地，是地籍管理和地籍测绘的基本单元。在我国的实际管理中，由于规划的人为性，一个地块也可以有多个权属主和不同利用类型。由此可见，"地块"更具有行政管理色彩，"建设用地"侧重于用地性质，"场地"更侧重于环境特征，且包含上述含义，内涵更为宽泛，包括的类型也更多。

由此可见，我国对污染场地的理解和定义经历了一定变化，但是目前在管理上将超过筛选值的地块视为污染地块。

基于环境调查的技术特征，本书仍使用"场地"一词。

1.1.2 污染场地的属性

由于污染场地是环境污染导致使用功能受损的特殊场地，认识污染场地时需要深刻把握其三个关键属性，即自然属性、人工属性和社会属性。

自然属性即场地的岩土、地下水、地表水、土壤气体、植物、微生物、地形地貌等自然环境情况；人工属性即场地上被人工改造过的地上及地下构筑物/建筑物、生产设施、改造的地形地貌等人工环境情况；社会属性是指场地的用途、历史、文化、经济、社区等社会环境情况。

　　自然属性是场地的自然性质，是场地接受可能污染的载体状态；人工属性是场地可能产生污染源及污染行为的原因，是导致"场地"变成"污染场地"的驱动因素；社会属性体现了场地的用地性质以及所处的社会、经济及文化状态，也可能是场地污染的原因（如相邻企业场地的污染迁移），社会属性影响场地调查、风险评估以及治理修复的目标、策略和技术。

1.2　场地环境系统的构成

　　根据国内外污染场地修复的实践经验，将污染场地视为一个内部互相联系、互相作用的"整体的环境系统"，这对认识污染场地各因素的作用机理以及开展场地环境调查、评估、管控与修复至关重要。由于过去不同学科独立发展，土壤与地下水污染和修复往往以不同的研究视角与侧重点分散在不同的学科中，迄今仍然存在一定割裂，这对场地环境修复的发展是一个不小的认识障碍，对场地管控与治理标准规范的科学制定以及管控与修复技术的融合发展也造成了事实上的阻碍。

　　污染场地是一个复杂的环境系统，分析系统的构成时既要考虑场地的自然属性，又要考虑场地的人工属性及社会属性。从介质构成上看，场地主要由土壤、地下水、土壤空气、地表水、生物、生产/生活设施及其他固体废物等构成；从空间构成上看，场地主要由地上建筑物/构筑物、植物以及地下的非饱和带、饱和带和岩层构成；从化学构成上看，场地主要包含输入性化学品和地球化学成分；从时间构成上看，场地是地块全生命周期的连续集合。

1.2.1　场地的介质构成

　　根据不同的场地类型，场地由下列全部或部分介质构成，如图 1-1 所示。

　　（1）土壤

　　土壤是场地的主要构成部分。土壤是地壳表面最主要的组成部分，是岩石圈表层在漫长的地质年代里经受各种复杂地质作用形成的，由矿物质、有机质、水、空气及生物有机体组成的地球陆地表面的疏松层，也可概括为固相、液相和气相三相组成。固相包括土壤颗粒及土壤生物（土壤动物、植物和微生物）；液相为土壤水分及溶解于水中的矿物质和有机质；气相包括来源于大气的气体、土壤生物化学过程产生的气体以及挥发性污染物气体。

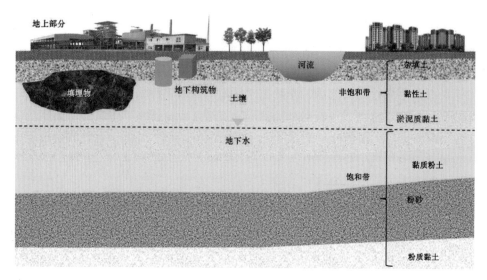

图 1-1 场地的构成

  土壤颗粒主要由矿物质与有机质组成，矿物质土粒由原生矿物及次生矿物组成。土壤矿物化学组成比较复杂，含有的主要元素有氧、硅、铝、铁、钙、镁、钾、钠、磷、硫以及微量元素（如锰、锌、硼、钼、铜等）。其中，氧、硅、铝、铁占比最大，多以氧化物的形式存在，是土壤矿物质的主要成分。土壤有机质是附着在土壤矿物颗粒上的，由土壤中各种动植物残体和微生物分解与合成的有机化合物，主要成分是土壤腐殖质，又可分为富里酸、胡敏酸与胡敏素三种组分。土壤有机质是土壤学及农学研究的重点，是植物的营养来源，能改善土壤理化性质，增强土壤保肥性和缓冲性。从环境学的角度，土壤有机质对有机污染物的分配、降解、迁移以及对重金属污染物的络合、吸附及迁移具有较大影响，是风险评估的重要参数，也是土壤修复设计的关键工艺参数。

  土壤是由不同粒径土粒组成的，具有土壤质地（级配）、密度、孔隙率、渗透性等物理性质。在成土过程中，形成了由土壤发生层组合而成的不同土体构型（或土壤剖面构型），如自然土壤剖面有基本发生层 A、B、C、D；人类生产生活的场所的土壤表层往往有杂填土或素填土。实际上由于成土因素及人为条件的不同，构成土壤剖面的发生学层次类型很多，差异很大。土体构型在岩土工程上常被称为土的构造。土体构型由特定的具有内在联系的发生层组成，既是土壤分类单元的基础，也是影响污染物迁移转化的重要因素，对场地调查与修复起到重要作用。

  土壤往往是污染物的最终归宿，因此污染土壤的修复也很困难。

  （2）岩石

  岩石是各种地质作用的产物，是在一定地质和物理化学条件下稳定存在的矿物集合体，是地壳的主要组成物质，构成了地壳和上地幔的顶部固态部分。岩石往往被土壤覆盖或者裸露。土壤是岩石风化的产物，土壤在压密、脱水、胶结及重结晶等成岩作用下又可形成岩石，二者之间存在明显不同，又有多方面的共性与联系。风化作用总是从上而下、由表及里的。因此，从土壤到岩石是逐渐过渡的，按照风化程度自上而下可分为残积土、全风化层、强风化层、中风化层、微风化层与未风化层。由于残积土、全风化层、强风化层、中风化层组织结构被全部或部分破坏，其渗透性很大，地下水与污染物容易进入其中。有水进入的岩石也属于含水层的一部分。

大多数情况下，场地污染的影响范围是土壤的上层部分，但是在岩石埋深较浅的地区，污染物很容易进入全风化层、强风化层甚至中风化层中。在这种情况下，这些岩层也是污染场地调查与修复中需要关注的对象。

（3）地下水

赋存于地面以下岩土中的水称为地下水，狭义上是指赋存于地下水面以下饱和含水层中的水。《水文地质术语》（GB/T 14157—93）中对地下水的定义是埋藏于地表以下的各种形式的重力水。在场地修复中，仅考虑重力水是不够的，本书中的地下水是指埋藏于地表以下所有形式的水。

按照地下空隙类型可分孔隙水、裂隙水及溶隙水。按照地下水的赋存形态，可分为岩土空隙中的水和岩土骨架中的水，空隙水又分为液态水、气态水和固态水，液态水又分为结合水、毛细水和重力水。重力水是水文地质和地下水水文学的主要研究对象；在污染场地修复中，抽出处理的对象是重力水，而原位修复的对象则是重力水、结合水与毛细水，结合水与毛细水对污染物在地下水与土壤中的相互平衡起到重要作用。

按照不同的埋藏条件，地下水又可分为包气带水、潜水和承压水。

（4）土壤空气

土壤学中把土壤空气作为土壤的重要组成部分，也认为土壤空气是四大肥力因素之一。土壤中空气与大气组成相似，但存在一定差异；这是不考虑污染物因素、仅从肥力视角的看法。在污染场地调查与修复中，更关注挥发性污染物与土壤空气的作用，因为挥发性污染物的性质不同，土壤空气中的成分也相应不同。挥发性污染物、半挥发性污染物在固相—液相—气相中维持着动态平衡，包气带中污染物残余相及浮于地下水面的轻非水相液体（Light Non-aqueous Phase Liquids，LNAPLs）的挥发往往导致土壤空气中含有较高浓度的污染物。根据地面的气象条件，散发到大气中的程度也不同。对土壤空气的采样检测也是场地调查的重要手段。

（5）地表水

场地中可能有过境河流或场地内的池塘、沟渠、湖泊等地表水体；有些是天然的，也有些是地块使用过程中人为形成的。地表水与地下潜水有一定联系，污染物可通过这种联系进行迁移转化。因此，在有地表水存在的场地，往往也需要对地表水及沉积物开展调查。

（6）生产/生活设施

生产/生活设施是指场地上用于生产或生活的设施，包括建筑与设备，也包括地面的覆盖层。建筑包括建筑物与构筑物。建筑物是指主要供人们进行生产、生活或其他活动的房屋或场所，如工业建筑、民用建筑、农业建筑和园林建筑等。建筑物一般应有地基基础，地面，墙体，屋顶，门窗配件以及水、电、暖、电缆等相关配套设施。构筑物一般是指人们不直接在内进行生产和生活活动的场所，如烟囱、储罐、囤仓、水池、挡墙、堤坝等及其相关配套设施。设备是指用于生产、生活的，包括各类反应器、动力设施、泵阀、槽、塔、容器、管线、平台、桩架等在内的所有设施。生产设施往往是场地上的重要污染源。

从空间上可分为地上部分和地下部分，根据不同场地性质，地面可能会有硬化覆盖层。

（7）其他固体废物

其他固体废物是指场地中除了土壤及生产/生活设施外，因生产、生活遗留或废弃或外来的，呈固态、半固态的物质或盛于容器中的液态物质，通常是原辅材料、中间产物、产品以及废水和废气处理的相关耗材等，可能是危险废物或一般固体废物。这些往往是场地土壤与地下水污染的主要来源，是场地环境调查识别的重点内容。

（8）生物

生物是指场地土壤中的植物、动物和微生物，土壤微生物及土壤动物往往被归入土壤的范畴。场地土壤微生物的差异很大，与场地污染特性关系密切，也是污染物降解转化的主要承担者。

植物是指场地范围内生长的一切草本植物和木本植物，分为地上生物质和地下生物质。植物对污染物有吸收、转化、固定、蒸腾等作用，对场地表层和浅层土壤中污染物的状态也有较大影响。

1.2.2 场地的空间构成

场地的空间构成自上而下分别为：生产/生活设施（地上及地下部分、地面硬化层）、地上植物、地下生物质、包气带、含水层、未风化岩层，如图 1-1 所示。

（1）生产/生活设施

场地上用于生产和生活的各类设施包括建筑物、构筑物、设备及附属的相关固体废物等。生产/生活设施大部分位于地面以上，部分位于地面以下，地下部分可能位于包气带，也可能深入含水层。根据不同场地类型，地面还会有硬化覆盖层。生产/生活设施决定污染物的输入及分布，影响采样点位的布设；地下部分形成的复杂的地下建筑层对污染物及地下水的迁移有较大影响，影响地下水流动及注入、抽提等修复技术的设计。

（2）非饱和带（包气带）

场地地表至地下水水位之间与大气相通的地带称为非饱和带或包气带，该区域没有被地下水充满，包含与大气相通的气体，也含有水，水的形态有土壤吸着水、薄膜水、毛细水、气态水、上层滞水以及过路的重力渗入水。上层滞水是局部隔水层或弱透水层上面聚集的具有自由水面的重力水。上层滞水主要受大气降水补给，并以蒸发形式向上散失或向隔水板边缘排泄。上层滞水受降水及干旱的影响很大。

天然地下包气带中的气体主要是近地大气进入土壤空隙中形成的，并有部分土壤生物地球化学作用产生的少量气体。土壤空气与大气组成基本相似，由于生物生理作用，土壤空气中氧气含量低于大气，二氧化碳的含量高于大气。但在污染场地中情况会有较大的不同，如果场地中有挥发性污染物，土壤气体成分会有较大的变化，是场地调查的重要对象。

不同的地域包气带的厚度差别很大，从几十厘米到几百米都有。如长三角地区包气带厚度为几十厘米到几米，华北平原的为数米到数十米不等。

（3）饱和带（含水层）

地下水面以下岩土空隙全部被水充满的地带称为饱和带或含水层。根据饱和带中含水层埋藏条件不同，地下水又分为潜水和承压水，相应的层分别称为潜水含水层和承压含水层。

1）潜水含水层。地表以下第一个稳定分布的隔水层之上的具有自由水面的地下水称为潜水，潜水所处的地带为潜水含水层。潜水具有自由水面，顶部没有隔水顶板或只有局部的隔水顶板，不承受静水压力，仅承受大气压力，潜水在重力作用下由水位高的地方流向水位低的地方。潜水层的厚度受气象、水文因素影响较大，随潜水面的变化而变化。

2）承压含水层。充满于相邻两个隔水层（弱透水层）之间的具有承压性质的地下水称为承压水，相应的含水层称为承压含水层。承压含水层上部的隔水层称为隔水顶板，下部的隔水层称为隔水底板，隔水顶板与隔水底板之间的距离为承压含水层的厚度，其厚度一般不随补给量的增加发生显著的变化。承压水除了承受大气压力外还承受水的自重，因此其承压高度要高于含水层顶板一定距离，这与潜水不同，在做场地等水位线图时需要注意区别。

需要特别注意的是，隔水层或弱透水层是从水资源角度对含有大量水但是难以提取足够数量水的层的定义。从环境学的角度，很多污染物[如非水相液体（Non-aqueous Phase Liquids，NAPLs）、水溶性重金属等]是可以穿过黏土层的，这也是为何很多场地有很厚的黏土层，但是黏土层的下部仍然有污染物。

（4）岩层

场地土壤的底部是风化程度不同的岩层，因地质条件的不同，岩层的埋深差异巨大。其中含水部分的岩层属于含水层。在许多土层很薄、岩石风化程度大的场地，污染物也进入了风化岩石中，给调查与修复造成了很大的困难。

污染场地环境管理的目标主要是保护人类健康、生态系统、地下水和食品安全，因此场地的垂向空间范围仅限于影响人类健康、生态系统以及人类可及的地下水部分的浅部范围，一般为上部非饱和层和含水层的前几十米。

1.2.3 场地的化学构成

土壤的构成主要为矿物质和有机质，化学成分参见第 1.2.1 节中（1）部分。岩土与地下水经过长期的溶滤、浓缩、脱硫酸、脱碳酸、阳离子交换吸附、混合等作用，形成了较为稳定的地下水地球化学成分。主要包含溶解性的气体（O_2、N_2、CO_2、CH_4、H_2S 等）、离子（氯离子、硫酸根离子、重碳酸根离子、钠离子、钾离子、钙离子及镁离子等）、有机物（氨基酸、蛋白质、糖类、有机酸、醇类、羧酸、苯酚衍生物、胺等）以及其他微量组分（如 Br、I、F、B、Sr 等）。以上是场地自然状态下的化学构成。

对污染场地来说，最需关注的是外来化学物质，即污染物。场地中的外来化学物质的种类根据不同场地性质而千差万别，常见的污染物种类参见第 6 章的介绍。场地的化学构成特别是外来化学物质特征、环境行为及赋存状态是场地调查的主要对象及内容。

1.2.4 场地的时间构成

场地的时间不是一个实体物理量，但从环境科学的角度，场地在过去时间维度里的每一阶段的功能性质都对场地污染状态产生影响，场地每个时刻的污染状态都是过去时间内累积和变迁的结果。场地的生命周期是场地调查的重要度量指标。场地调查本身亦有时间属性，不同时间的气候、气象与水文不同，调查的结果也不同。

1.3 场地环境系统的相互作用

一旦划定了场地的范围，其地质边界和空间构成就是固定的。在自然条件下，这种物理结构基本维持稳定。但是由于场地存在地下水、污染物、微生物和植物，场地系统的内部以及场地与界外之间都存在着相互作用，主要体现在地下水系统的运动与污染物的迁移转化。地下水运动将污染物运移至其他位置，运移中的污染物又存在着各种转化。

1.3.1　地下水的运动

地下水的运动是污染物运移的基础。场地地下水的运动是土壤与地下水流的运动，主要体现在地下水的补给、径流与排泄。

1.3.1.1　地下水的补给

含水系统水量（同时也有酸度、盐量、热量等）的外界补给来源主要有大气降水、地表水、凝结水、融雪水、融冻水、其他含水系统水、侧向补给及人工补给等。大气降水、侧向补给及地表水是场地主要补给方式。

大气降水到达地面时，根据降水强度和下渗能力大小，降水全部渗入地下水或部分渗入地下形成地表径流。渗入地下的降水先经历浸润阶段，当水量持续增加，土壤孔隙被水充满而饱和，即为渗漏阶段。此后，地下水在重力作用下稳定下渗，到达地下水面，即为渗透阶段。上述过程是在场地的包气带中进行的，也是场地地表或包气带中污染物下渗扩散的重要驱动力。

侧向补给是邻近场地中地下水通过水平运动方式补给目标场地。污染地块由于面积往往不大，在场地地层渗透性较好的情况下，侧向补给往往是重要补给方式。封闭或部分封闭场地无侧向补给或有部分侧向补给。

当场地中有河流、池塘、湖泊等地表水且水位高于地下水水位时，地表水入渗补给地下水。在河网地区，河流水位波动较大，有时高于地下水水位，补给地下水；有时低于地下水水位，则被地下水补给。

当场地中隔水层不连续或者不同含水层之间存在局部渗透性较好的地层时（所谓"天窗"），由于水压不同，地下水会在不同含水层之间进行越流补给。如长三角地区微承压水或承压水水头小于潜水，污染物到达潜水底板天窗时，很容易进入微承压或承压水层。越流补给导致场地污染状态发生更为复杂的变化，极大增加了场地调查的难度。

此外，场地有时也存在灌溉、回灌等人工补给。

1.3.1.2　地下水的排泄

地下水流出地块边界称为排泄。对于污染场地，侧向排泄是主要的地下水排泄方式。当场地有河流切割含水层时，发生泄流排泄。有些场地还存在人工开采地下水或人工排水的排泄方式，在我国北方很多地区，地下水开采导致场地水位下降严重。地下水埋深很浅时，存在土壤表面蒸发以及植物蒸腾排泄现象。对特殊地质条件下的大型污染场地而言还可能存在泉的排泄方式。

1.3.1.3 地下水的径流

在场地中，地下水由边界处补给到排泄处的地下水水流为径流。径流受场地含水层特性、地形地貌、补给条件及人为因素影响，不同场地径流方向、类型、强度等的差异很大。径流方向有垂向交替、侧向交替及混合交替 3 种。在渗透性较差的平原地带，以大气入渗补给的垂向交替为主。在渗透性较好、水位差较大的场地，侧向交替占主要地位。

1.3.1.4 地下水运动的基本定律

1856 年，法国水力学家亨利·达西（Henry Darcy）通过实验建立了地下水运动的渗透定律，即达西定律：

$$Q = KA\frac{h_1 - h_2}{L} \tag{1-1}$$

式中，Q ——通过砂柱断面的渗流量；

K ——比例系数、水力传导率或渗透系数；

A ——过水断面面积，包括砂粒和孔隙两部分面积；

h_1、h_2 ——通过砂样前后的水头；

L ——水流经过的长度。

达西定律表明，单位时间内通过砂柱断面的渗流量与过水断面面积和水头差成正比，与水流经过的长度成反比。达西定律描述了水在饱和含水层中的运动规律，是研究地下水运动的基础。

无论是赋存于土壤非饱和多孔介质中的土壤水，还是赋存于含水层饱和多孔介质中的水，其流动都遵循达西定律。非饱和带中渗透系数 K 是土壤含水量的函数，即 $K=K(w)$，渗透系数随含水量的变小而变小，呈非线性关系；饱和带中渗透系数属于饱和渗透系数，一般可看作定值。

1.3.1.5 地下水运动的基本方程

假设在充满水的三维空间渗流区内，以质点 $p(x, y, z)$ 为中心取一无限小的平行六面体作为均衡单元体，各边长度分别为 Δx、Δy、Δz，并且各边和坐标轴平行，p 点沿坐标方向的渗透速度分别为 v_x、v_y、v_z，水的密度为 ρ，含水层孔隙率为 n，时间为 t。根据水流连续性原理和质量守恒定律，可推导出渗流的连续性方程为：

$$-\left[\frac{\partial(\rho v_x)}{\partial x} + \frac{\partial(\rho v_y)}{\partial y} + \frac{\partial(\rho v_z)}{\partial z}\right]\Delta x \Delta y \Delta z = \frac{\partial}{\partial t}(\rho n \Delta x \Delta y \Delta z) \tag{1-2}$$

由于水头测定比较容易，根据达西定律，可将式（1-2）转变成水头的形式：

$$\frac{\partial}{\partial x}\left(K_x\frac{\partial H}{\partial x}\right)+\frac{\partial}{\partial y}\left(K_y\frac{\partial H}{\partial y}\right)+\frac{\partial}{\partial z}\left(K_z\frac{\partial H}{\partial z}\right)=S_s\frac{\partial H}{\partial t} \tag{1-3}$$

非饱和土壤中地下水流的运动方程为：

$$\frac{\partial}{\partial x}\left[K(\theta)_x\frac{\partial H}{\partial x}\right]+\frac{\partial}{\partial y}\left[K(\theta)_x\frac{\partial H}{\partial y}\right]+\frac{\partial}{\partial z}\left[K(\theta)_x\frac{\partial H}{\partial z}\right]=\frac{\partial\theta}{\partial t} \tag{1-4}$$

式中，H——土壤测压水头；

　　　S_s——储水率或释水率；

　　　θ——含水量；

　　　K_x、K_y、K_z——x、y、z 方向上的渗透系数；

　　　$K(\theta)_x$——非饱和土壤中 x 方向上的渗透系数。

1.3.2　污染物的迁移转化

场地地下水系统的运动是污染物迁移转化的基础。污染物的迁移转化过程主要包括物理作用（对流、扩散、弥散、挥发、密度流等）、化学反应（吸附与解吸、溶解与沉淀、氧化还原、离子交换、络合、水解等）和生物作用（微生物降解、植被作用）。物理作用不改变污染物的总量，只是改变其位置和范围；化学反应和生物作用可以改变污染物的浓度和种类。更专业的知识可参考其他相关书籍。

1.3.2.1　污染物迁移的物理作用

（1）污染物多相分配作用

污染物进入土壤与地下水环境，会在多相［液相（地下水、自由相）—固相（土壤颗粒）—气相（土壤空气）］之间进行质量分配与平衡，这个过程主要是物理过程，通常认为是一个瞬态过程，是污染物后续迁移转化的起点。在包气带中污染物主要在自由相—土壤—气相—液相（非饱和地下水）之间进行分配；在饱和带中污染物主要在自由相—土壤—液相（饱和地下水）之间进行分配。

a）自由相与气相的平衡

当液体与空气相接触时，液体中的分子倾向于向外逃逸或向外挤压，通过蒸发或挥发进入气相，这个过程称为挥发作用；形成的蒸气压最终与气相压力达到平衡。可用克劳修斯-克拉佩龙（clausius-clapeyron）方程描述：

$$\ln\frac{P_2}{P_1}=-\frac{\Delta H_{vap}}{R}\left(\frac{1}{T_1}-\frac{1}{T_2}\right) \tag{1-5}$$

式中，P_1、P_2——纯液相组分在状态 1 和状态 2 时的蒸气压；

T_1、T_2 ——纯液相组分在状态 1 和状态 2 时的绝对温度。

R ——理想气体常数;

ΔH_{vap} ——液体的蒸发焓,一般假设不随温度变化。

b)液相与气相的平衡

污染物在地下环境中遇到水相会溶解,溶解的程度根据污染物的性质差异很大;同时,污染物分子也有从水相中逃逸到气相中的趋势,当污染物溶解到水中的速率与从水相中挥发出来的速率相等时,即达到平衡。通常用亨利(Henry)定律来表达这个关系:

$$P = HC \tag{1-6}$$

或

$$G = HC \tag{1-7}$$

式中,P ——污染物在气相中的蒸气分压;

C ——液相中污染物的浓度;

G ——气相中的相应浓度;

H ——亨利常数,是相同温度条件下测定的蒸气压与溶解度的比值。

c)固相与液相的平衡

土壤是表面带有电荷的多孔疏松介质,具有很大的表面积和吸附能。当污染物进入土壤与地下水环境中时,会吸附进入其中的液相中的污染物。吸附过程既与吸附剂(土壤颗粒或注入地下水中的活性物质)有关,也与吸附质(污染物)和溶剂(地下水)有关。

在固—液体系中,一般用恒定温度下污染物在固液两相达到平衡时的吸附等温曲线表示,常用的有朗格缪尔(Langmuir)吸附等温线和弗兰德里希(Freundlich)吸附等温线。

在固液两相体系中,根据线性吸附等温线公式:

$$S = KC \tag{1-8}$$

可得:

$$K = \frac{S}{C} \tag{1-9}$$

式中,K ——污染物在土壤-水中的分配系数,等于吸附等温线的斜率,其单位为溶剂体积/吸附质质量;

S ——吸附在土壤中的污染物的平衡浓度;

C ——水相中的污染物的平衡浓度。

关于分配系数的介绍参见第 7.3.1 节。

需要特别说明的是,污染物多相分配机制对场地调查时多介质污染关联性分析具有重要意义。对于分配系数 K 越小(有机质含量越低)且亨利常数 H 越大的污染物,在土壤中的气相中的浓度越高,在土壤中的浓度越低。在场地调查时,采用 PID 仪器快速筛选时，除了根据读数大小选取送检样品外，还需特别注意土壤的性质，如果是砂性土，由于有机质含量低，K 很小，污染物倾向于分配在气相中，即便 PID 检测数值较高，而实验室检出的土壤中污染物含量也未必高。

示例：

某场地中三氯乙烯储罐泄漏，三氯乙烯进入包气带中，且呈自由相存在。包气带土壤中有机质含量为 2%，地下水温度为 25℃，试计算包气带中土壤气体、土壤非饱和水及土壤中三氯乙烯的最大浓度。

解：本例即是一个污染物固—液—气多相平衡的问题。

三氯乙烯有自由相存在，可以查得 25℃下其饱和蒸气压为 60 mmHg，则有：

$$60 \text{ mmHg} = 60 \text{ mmHg}/（760 \text{ mmHg/atm}）=0.079 \text{ atm}$$

换算为 mg/m³ 形式，三氯乙烯分子量为 131.4，则土壤孔隙气相中的三氯乙烯浓度 G 为：

$$G=0.079×（131.4/24.5）×10^3=423.7 \text{ mg/L}$$

根据亨利定律求液相中的浓度，查表得三氯乙烯亨利常数为 $H=9.1 \text{ atm/M}$，根据 $H=H^*RT$ 将其转化成量纲一形式，得：

$$H^* = \frac{H}{RT} = \frac{9.1}{0.082×（273+20）}=0.38$$

根据亨利定律，水相中的浓度为：

$$C_\text{w} = \frac{G}{H} = \frac{423.7 \text{ mg/L}}{0.38} = 1\ 115 \text{ mg/L}$$

再查得三氯乙烯的 $\log K_\text{ow}=2.38$，则 $K_\text{ow}=240$。

根据 K_ow 和 K_oc 之间的关系，得：

$$\log K_\text{oc} =1.00\log K_\text{ow} − 0.21=2.38 − 0.21=2.17$$

可得：$K_\text{oc}=10^{2.17}=147.9 \text{ L/kg}$

由 $K_\text{oc}=1.724K_\text{om}$，可得：

$$K_\text{om} = K_\text{oc}/1.724=147.9/1.724=85.8 \text{ L/kg}$$

由公式 $K_\text{d}=f_\text{om} K_\text{om}$ 得：

$$K_\text{d}=f_\text{om} K_\text{om}=2\%×85.8 \text{ L/kg} =1.716 \text{ L/kg}$$

由公式 $K_\text{d}=C_\text{S}/C_\text{w}$，得：

$$C_\text{S}=K_\text{d}C_\text{w}=1.716 \text{ L/kg} ×1\ 115 \text{ mg/L}=1\ 913.34 \text{ mg/kg}$$

（2）对流作用

污染物随土壤与地下水流一起迁移的过程称为对流作用。对流通量是污染物浓度和渗流速度或孔隙平均速度的函数，与二者（二者指污染物浓度和渗流速度）成正比关系。垂直于流向的多孔介质单位过水断面的流量等于平均线速度乘以有效孔隙度。

大多数情况下溶质和水的运动速率一样，但是如果被污染的地下水的密度与相邻地下水密度差别较大时，水和溶质的流动可能会不一致。

（3）扩散作用

水分子的热运动导致污染物在土壤与地下水中的分散现象称为扩散作用。扩散作用是分子尺度的过程，是由浓度梯度和无规则运行导致的，是水中溶解的离子和分子从高浓度区向低浓度区迁移的过程。无论是静止的还是流动的流场中都会发生扩散作用。扩散作用遵循菲克定律。

（4）机械弥散作用

由于介质不均匀引起污染物在微观尺度上的流速和浓度与宏观尺度上的流速和浓度产生差异，从而导致污染物在土壤与地下水中的分异现象，称为机械弥散作用。沿水流方向发生的混合作用称为纵向弥散，沿水流法线方向发生的混合作用称为横向弥散；一般纵向弥散远远大于横向弥散。机械弥散通量同样遵循菲克定律，与污染物浓度梯度、土壤含水量或含水层孔隙率成正比。机械弥散系数是反映土壤与含水层中孔隙扩散性能和流体扩散性能的参数，等于平均线速度与动力弥散度（多孔介质的一种性质）之积。

（5）水动力弥散作用

实际上，机械弥散与分子扩散难以区分，往往是一种共同作用的结果，所以通常把二者的联合作用称为水动力弥散，并引入了水动力弥散系数，该系数同时考虑了机械混合和扩散作用。水动力弥散通量也遵循菲克定律，与污染物浓度梯度成正比。

在上述各项作用中，扩散系数在 25℃ 时为 $1×10^{-9}～2×10^{-9}$ m/s。一般来说，地下水弥散系数比该值要大几个数量级。在地下水流动的情况下，对流和弥散占主导地位。但是在水流相对静止时，扩散作用就变得比较重要，如在污染地下水抽提处理时，在拖尾阶段停止抽水，地下水中污染物的浓度很快又会升高，即所谓的"反弹"，就是污染物多相平衡被打破后扩散起了主要作用。

（6）挥发作用

污染物从吸附相、非水相和水相直接转化成气相的过程称为挥发。挥发的速率受污染物相态、蒸气压、温度及其他因素的影响。污染物在气相和水相中平衡时的分布通常用亨利定律表达。包气带中的污染物以及漂浮于地下水水面上的非水相液体的挥发能产生较高浓度的气相污染物。

（7）密度流

非水相液体（Non-aqueous Phase Liquids，NAPLs）的密度大于或小于水时，会产生密度流，包括漂浮与下潜作用。NAPLs 与溶解相流体相比具有不同的性质，其运动主要受重力、浮力及毛细管力的控制。当 NAPLs 进入含水层时，轻非水相液体（Light Non-aqueous Phase Liquids，LNAPLs）漂浮于地下水水面之上，重非水相液体（Dense Non-aqueous Phase Liquids，DNAPLs）穿过含水层下潜至含水层底板处。可参见第 6 章的叙述。

1.3.2.2　污染物转化的化学反应

以离子、分子存在的溶解相、非水相液体以及固体颗粒物等在运移的同时也发生着化学反应和生物反应（见第 1.3.2.3 节），这些反应使得污染物在土壤-地下水-土壤气之间进行重新分配。主要的化学反应如下。

（1）吸附与解吸

吸附是土壤结合溶解态、非溶解态以及气相污染物的过程。广义上的吸附包括物理吸附、化学吸附及离子交换吸附。解吸是吸附的逆过程，是污染物从固体中脱离下来的过程。土壤是由矿物质和有机质组成的，场地中的有机污染物大多是疏水性的，主要与土壤中的有机质进行结合。结合能力可用辛醇-水分配系数表征。土壤中天然有机质含量对有机污染物在土壤颗粒上的吸附发挥重要作用。土壤一般带负电荷，能够吸附带正电荷的污染物，即土壤具有离子交换能力。离子交换吸附能力常用离子交换容量（Cation Exchange Capacity，CEC）表示。在一定环境条件下，污染物的吸附与解吸能够达到一个平衡状态，当环境条件发生改变时，这种平衡被打破，重新向新的平衡转变。

（2）溶解与沉淀

污染物进入地下水时，与水相形成溶解平衡。包气带中残余相在有水流经过时不断溶解于水中。非水相液体在移动与扩散的同时，在边界处也发生着溶解过程。污染物特别是非水相液体在地下水中的溶解是一个复杂过程。

污染物与土壤及地下水中离子结合形成不溶性化合物的过程称为沉淀。如重金属容易与氢氧根离子、碳酸根离子、磷酸根离子、硫离子等结合沉淀。污染物溶解的程度取决于其与离子结合的溶度积。场地调查中，可根据土壤与地下水的 pH 值大致推断重金属在土壤与水中的存在状态。

（3）氧化还原作用

污染物分子与其他化学物质之间发生的电子转移称为氧化还原作用。场地中含有氧化性物质（如氧气、硝酸根、硫酸根、三价铁离子、锰氧化物、铁氧化物等）和还原性物质（如硫化氢、甲烷、铵离子、二价铁离子等），经过长期的地球化学作用形成了较为稳定的氧化还原环境，并具有一定的缓冲能力。一般来说，场地中主要以还原或兼性环境为主。场地氧化还原环境影响进入其中的污染物的氧化还原作用，对于多价态重金属的影响较大，如铬、砷、汞等。

（4）络合作用

络合作用是电子给予体与电子接受体互相作用而形成各种络合物的过程。许多重金属与氢氧根离子、铵离子以及其他离子等都能形成络合物。络合物一般都是溶解性的。对地下水 pH 值及地球化学条件的了解有助于理解金属元素的络合作用。

（5）水解作用

污染物离子和水的离子相结合的作用称为水解作用。许多金属元素（如铁）和有机物（卤化烷、带羧基的酸酯、带羧基的氨基酸等）都容易发生水解作用。

1.3.2.3 污染物降解的生物作用

污染物被植物吸收、转化、稳定、挥发以及被微生物的新陈代谢转化为无机产物并形成部分细胞体的过程称为生物作用。生物作用包括微生物作用与植物作用。

土壤中微生物种类众多，许多微生物把污染物作为营养源，通过异化作用获得能量并使细胞体增长。污染物进入土壤和含水层的初期，微生物有一个适应驯化的过程，随着时间延长，逐渐形成了相对稳定的微生物群落。在初期对污染物的降解速率较快；随着可降解部分的消耗，后期降解率逐渐变慢并趋于稳定。植物作用的机理主要包括吸收、转化、稳定和挥发。植物吸收及转化是表层和亚表层土壤中污染物降解的主要生物作用。

一般来说，场地中尽管存在生物作用，但是相对于污染程度，这种作用小得多。

1.4 污染场地的重要特征

污染场地具有一些重要的基本特征，这些特征是场地的本质属性，也是场地环境调查需要紧紧把握的原则。深入认识与把握这些特征对保障场地环境调查的准确性具有重要意义。

（1）系统复杂性

场地环境系统是一个复杂系统，其复杂性主要体现在多个方面。从构成上来说，场地是由构筑物/建筑物、土壤、地下水、土壤空气等多环境介质组成的，具有地层、非饱和带、饱和带等的复杂的空间组织。从污染物角度来说，不同场地的污染物和污染源的多样化特征明显，污染物的数量、种类、形态、浓度、毒性等差异很大，污染源的形式多样（如点源、线源、面源）。从场地环境介质与污染物的相互作用来看，存在着流动、扩散、对流、弥散、蒸发、挥发、气化、密度流等物理作用，存在着溶解与沉淀、吸附与解吸、氧化与还原、离子交换、水解、络合等化学作用，也存在着微生物的降解转化、植物的吸收和蒸腾等生物作用，作用类型和过程非常复杂。

（2）空间异质性

无论是传统水文地质领域还是污染场地领域，水文地质的异质性是共同特征，即地层、构造、土壤特性、地下水理化性质等都存在空间上的不同。但是污染场地中又多了污染物，环境调查更关心污染物的分布特征；由于污染物在各种不同因素作用下，在场地不同空间中的输入、迁移、转化等都不同，污染状态空间高度离散，致使污染的空间分布特征更加异质化，在空间上形成了大尺度异质、小尺度异质和微尺度异质。这就是污染场地区别于传统水文地质的显著特征，也决定了对污染场地的勘察有特别的要求。

（3）尺度微观性

场地一般不会形成大范围的连续区域性污染（平方千米级以上），污染场地主要是工业企业用地，小的为几百、几千平方米，大的为几百到数千亩①。与区域相比，其尺度是"微观"的，即便在微观的尺度下，污染也极不均一，呈斑块化分布。场地微观性的特点决定了过去用于地质与水文地质调查的很多方法和手段在用于污染场地调查时，需要进行相应的调整和改进。

（4）人为干预性

场地是一个被高度人为干预的场所，污染的结果往往是长期历史行为导致的综合效应。干预可分为生产性干预和非生产性干预。生产性干预主要为建设生产设施时开展的地勘、建设、改扩建和拆除过程中对地形、地貌及地下土层结构的多重改变。生产性干预是最主要的场地干预，直接导致了污染的复杂化及不可预测性。非生产性干预是指在场地中人为填埋固体废物、采用渗坑或渗井排污、人为改变场地地貌等行为，容易引起与生产无关的污染物的进入。场地的人为干预性使得不能单纯用自然场地中污染物的迁移转化规律来认识场地污染。比如在很多场地中有很厚的连续粘性土壤层，在其底部有大量污染物存在，除了 DNAPLs 类污染物具有很强的穿透粘土层的能力外，一般来说，在自然条件下很多污染物难以穿透这么厚的粘性土壤，污染往往是由地勘不封孔以及人为渗井排污导致的。

（5）状态隐蔽性

由于土壤和地下水都是地面以下的环境介质，污染物进入土壤和地下水后会通过各种作用发生迁移转化，形成具有一定特征的赋存状态。虽然在地面上可以看到构筑物/建筑物的分布及污染痕迹，但是地面以下的状况是隐蔽的，是难以直接观察到的；因此，人们对土壤与地下水污染的感知远不如对污水、地表水及大气污染的感知。只能通过有

---

① 1 亩≈666.7 m²。

限数量的地球物理勘探和钻孔取样分析揭示地下结构与污染状态，所以不同的调查者获得的调查结果也是不同的，其结果的准确性也存在不确定性。

（6）动态变化性

场地生产/生活等活动导致持续的污染输入。污染物输入场地后，在水文循环、地下水运动、土壤微生物、植物、动物作用下发生着迁移、转化、降解等作用，形成了复杂的源汇动态变化。总体来看，场地污染状态短期内是相对稳定的，长期是动态变化的，其变化的速率一般来说相对缓慢，但也因场地条件而异。这一点也决定了场地环境调查结果的时限性和有效性，调查之后搁置时间太久，状态发生变化，调查结果的代表性下降。

第 2 章

场地环境调查概述

2.1 场地环境调查的概念与作用

2.1.1 场地环境调查的概念

场地调查（site investigation）应用于许多领域，最早因建筑行业的需求，发展出了以测量、地质、水文地质、地理、土力学为侧重点的调查。20 世纪 80 年代，由于发现场地中存在土壤与地下水污染问题，于是发展出了场地环境调查，调查重点是土壤及地下水中污染物的分布、迁移与治理，在采用地质领域调查手段的基础上，建立起了样品的采集、分析检测、模拟、风险评估等技术。

《场地环境调查技术导则》（HJ 25.1—2014）（已废止）和《污染场地术语》（HJ 682—2014）（已废止）对"场地环境调查（environmental site investigation）"的定义是：采用系统的调查方法，确定地块是否被污染以及污染程度和范围的过程。修改后的《建设用地土壤污染状况调查技术导则》（HJ 25.1—2019）与《建设用地土壤污染风险管控和修复术语》（HJ 682—2019）将"场地环境调查"改为了"土壤污染状况调查"，但是定义是一样的。行业中经常简称为"场地调查"。

在调查方法上，采用的主要手段是在场地中钻探采集土壤与地下水样品进行检测分析或原位探测，通过与标准的对比确定污染状况。本质上是一种采用部分样品环境信息推断场地整体环境状态的抽样检验方法。物理探测技术也越来越多地应用于场地环境调查中，提升了调查结果的连续性和准确性。

2.1.2 场地环境调查的作用

场地环境调查的作用是揭示场地土壤与地下水的污染状态，为风险评估、管控与修复提供依据。场地环境调查是污染场地治理的起点与核心，调查的质量决定了场地环境管理与治理的质量，调查的准确性直接决定治理修复的成败。

我国"重修复、轻调查"的现象仍然普遍存在，总希望用非常有限的点位采样给出准确的调查结果。有些地区甚至存在对建设用地场地调查直接规定一亩地多少钱的做法。不考虑场地的历史使用属性、未来规划用途以及风险水平，调查单位为节省成本，制定的调查方案不科学，调查结果不准确，存在较大的环境风险和隐患。这主要是因为对场地环境调查本质特征与重要性缺乏足够的认识。国外的实践经验显示，场地调查的费用一般是场地治理总费用的 10%～20%，复杂场地的占比更高。随着国家对场地环境管理的大力推进，经济发达地区的许多先行先试省（区、市）的理念及管理都有了长足的进步，甚至形成了一些先进的做法；但是在三四线城市及落后地区，意识理念的提升仍然不足。

2.2 国外场地环境调查方法

发达国家场地环境调查工作起步时间较早，已形成了较为完善先进的调查方法体系，本书主要介绍以美国与加拿大为代表的北美洲发达国家、英国及其他欧洲国家、以日本为代表的亚洲发达国家的调查方法。

例如，美国的三元调查方法（Triad）注重调查策略动态化、调查工作系统化、监测技术实时化等。在采样布点上，美国有较为准确的"增量采样"方法。加拿大则通过发布《用于支持环境和人体健康风险评估的场地环境特征化指南》，强调场地概念模型及抽样方法的重要性，并提供了概率或非概率采样方法的适用范围。英国的调查方法与美国相似，强调各阶段信息应及时反馈到下一阶段，体现调查的"动态化"，并提出不同区域应有独立的调查方案；而对于采样布点方式，则与加拿大相似，建议采用简单随机模式、分层随机模式、网格模式等，并为最常用的网格模式采样密度提供了估算方法。欧洲其他国家的调查和布点方式与英国基本相似，但在布点密度上有所不同，每个采样单元的面积从 100 m^2（瑞士）到 10 000 m^2（卢森堡、葡萄牙、奥地利）不等。日本的调查方式则与西方国家极为不同，日本发布的准则提供了非常详细的分类调查模式，首先将污染物分为第一种特定有害物质（挥发性有机化合物）、第二种特定有害物质（重金属等）、第三种特定有害物质（农药等），又将场地类型分为天然有害物质污染场地、垃圾填埋场污染场地、人为原因造成的污染场地等；此外，对于采样布点的方式，也细化到如何分区、如何绘制网格、如何在网格里布点等，这种公式化的操作准则基本上杜绝了因为调查者不同而带来的调查结论的差异化。

2.2.1 美国

美国通过各类指南、手册等持续发布并不断改进场地环境调查方法，已是许多国家或地区参考学习的对象。从广义上来说，调查方法包括了具体的工作程序、工作内容、工作手段等。但美国有多种调查方法，各种方法侧重点不同，本书试图从调查的程序和内容、策略方法以及工具手段 3 个角度对其进行分类（图 2-1），并对前两者做简单介绍。

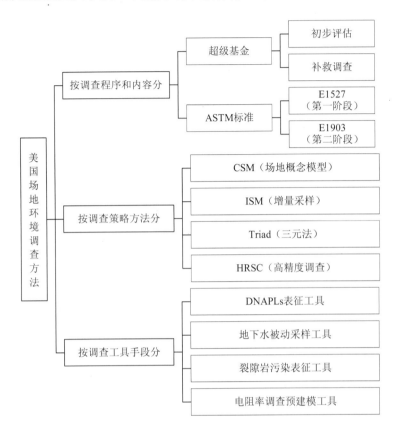

图 2-1　美国场地环境调查方法概况

2.2.1.1　侧重于程序和内容的调查方法

（1）超级基金

1980 年，美国发布了《综合环境反应、补偿与责任法案》，也就是著名的"超级基金"。超级基金的目标是清理污染场地、保护人类健康和环境、恢复场地的生产用途。

因此，在完成"清理"动作之前，必须要进行污染场地的初步评估和补救调查（场地特征化）。初步评估主要通过收集场地历史信息等资料，采集空气、水和土壤等样品，以确定场地有哪些有害物质、是否对人类健康构成威胁等。补救调查阶段进一步确定污染的性质和程度，判断哪些修复技术可以处理污染物，并评估选用技术的性价比。

（2）ASTM 标准

美国测试和材料协会（American Society for Testing and Materials，ASTM）是美国历史最久、规模最大的非营利性的标准学术团体之一。该学会发布了两项与场地调查工作程序相关的文件：ASTM E1527（第一阶段场地环境评价过程标准操作）、ASTM E1903（第二阶段场地环境评价过程标准指南）。

第一阶段场地环境评价过程包括记录、现场踏勘、访谈、撰写报告。

第二阶段场地环境评价过程包括确定调查范围、建立概念模型、规划采样和测试方案、实施采样和检测、验证概念模型、形成第二阶段调查结论、撰写书面报告。

总体来看，"超级基金"对调查程序的要求侧重于污染场地管理，因为初步评估及补救调查（场地特征化）的结论是场地清理和再利用的重要技术支撑；而 ASTM 的操作及指南作为标准类的文件，侧重指导从业人员了解调查程序的技术要求。

2.2.1.2 侧重于策略方法的调查方法

自 20 世纪以来，美国在场地环境调查工作手段上不断创新。这些创新的方法通过提高采样密度和精度，使样品更具代表性，同时还能降低调查成本、加快调查及后期治理的速度等。美国环境保护局（EPA）专门设立网站，用于总结污染场地的表征和监测技术。

总体来看，调查的策略方法主要包括：场地概念模型（Conceptual Site Model，CSM）、增量采样方法（Incremental Sampling Methodology，ISM）、三元法（Triad）、高精度调查技术（High-resolution Site Characterization，HRSC）等。

而调查所使用的工具（软件及硬件）则细化到 DNAPLs 场地表征、地下水监测被动采样、裂隙基岩污染表征、电阻率调查预建模等领域。

限于本章节篇幅，结合从业人员对相关方法的熟悉程度，仅介绍增量采样方法、三元法和高精度调查技术这 3 种调查方法。关于其余调查手段和调查工具的信息，读者可从 EPA 网站获取。

（1）增量采样方法

增量采样方法是一种结构化复合采样方式，与之相对应的是"离散、常规复合"的采样方式，其主要目的是降低数据的变异性、提高样品的代表性（ITRC，2012）。

之所以要采用增量采样方法，是因为离散采样过程的问题有很多，主要包括：①调查空间覆盖面差，样本密度不足：覆盖程度通常受可用资金控制，因此可能会减少有效表征所需的样品数量，限制了样品的空间代表性；②送入实验室的样品不一定能代表地块中的实际样品：由于土壤的颗粒性质和污染物分布的不均匀性，可能会导致污染物的微尺度、低尺度甚至高尺度的异质性。

因此，为了尽可能减少这种异质性带来的分组和分离错误（grouping and segregation error，GSE），必须在足够的空间内（足以覆盖各种尺度的变异性），随机地收集样本增量。可以看出，这也就是增量采样方法的两个核心：决策单元（项目所需表征的空间尺度）、大量的土壤增量（样本增量）。

决策单元的定义是对污染物的潜在环境危害及其人体健康与环境风险所涉及的程度和范围做出决策判断的区域（HI-EMA，2008）。也就是说，调查阶段和目的（初步/详细调查、人体健康风险评估、环境风险评估、修复后的效果评估等）不同，选取的决策单元也不同。不同的目的需要不同的空间尺度，有些要求在较大的规模（如几千平方米）内表征污染物浓度，而有些则需要在较小的规模（十几平方米）内表征出浓度差异。例如，用于人类健康评估的决策单元可以与个体住宅的区域相对应。

增量采样是指在一个决策单元内，首先采集 30～100 个增量样品，然后将这些样品通过特定的方式结合处理，后期还可能涉及二次采样，最终提供特定体积的土壤作为代表性样品。采样的基本原则是从多个随机位置收集样品，以消除误差并解决污染物分布的异质性。随机方法又包括简单随机、系统随机和分层随机（Alaska DEC，2009）。这种方式确定的采样密度、样品组合处理方式，比传统的离散采样方法获得的结果更一致、更便于重现。

总体来看，ISM 大大降低了由于采样方案决策带来的误差，它的主要优点包括：①在采样之前指定目标单元；②使结果更精确，偏差更小；③在确保质量的前提下，比中高密度的离散采样方式成本低；④生成正常的数据分布结果，而非正态或非参数数据分布的结果；⑤增设了控制采样误差的实验室和现场质量保证程序。

（2）三元法

从 1998 年开始，美国州际技术和管理委员会（Interstate Technology and Regulatory Council，ITRC）结合 20 多年的修复经验和技术，形成了关于污染场地管理的一种新模式，并于 2003 年出版了正式的指导性文件（ITRC，2007）。

三元法包含 3 个要素：系统的项目计划、动态的工作策略、实时的测量技术（图 2-2）。系统的项目计划是指在采样前，应针对不同的情况设定调查目标、拟定调查策略、组织工作团队、建立初步的场地概念模型等；动态的工作策略是根据现场的实施情况及时作出决策，根据阶段性结果动态更新场地概念模型（CSM），调整采样布点方案；实时的测量技术则是通过快速收集、解释和共享数据来优化动态工作策略。支持实时测量的设备和技术包括现场分析仪器，原位传感系统，实验室快速测定等，以及协助项目规划、存储、显示、绘图、操作和共享数据的计算机系统。

三元法适用于绝大多数场地的调查和修复，尤其适用于以下几类：过去曾进行过调查或修复但不成功的场地、污染存在很大不确定性的场地、水文地质存在较大非均一性的场地、整治时间比较紧张的场地等。与传统场地管理模式相比，三元法前期投入的人力、时间、财力较多，但其优点也非常明显：可以使项目时间大大缩短、总体费用显著下降、修复效果大为改善（表 2-1）。

图 2-2　三元法的三要素（ITRC，2007）

表 2-1　传统调查方法与三元法的比较

项目	传统的调查方法	三元法
现场人员管理	项目管理者不到场	项目管理者随行
采样点位置及数量	固定不变	结合前期规划及现场情况，判断出最佳的采样点；采样方式选择既经济又能鉴定出污染物的方法
工作计划	固定不变	弹性变化
样品分析方式	样品送至实验室，检测通常需要数周	多数样品在现场采用快速检测方法分析，少数样品送至实验室分析；大部分的数据可以在数小时或数日内获得

注：该表引自《土壤及地下水污染调查作业参考指引总则》（中国台湾地区"行政院环境保护署"，2015）。

（3）高精度调查技术

高精度调查（或场地特征高分辨表征）（High-resolution Site Characterization，HRSC）是一种使用合理测量尺度和采样密度的场地调查技术。该法综合运用了一系列原位定性、定量探测工具，在明确场地水文地质异质性特征基础上，选择合适的调查尺度和采样密度，能快速收集大量场地特征数据，并对数据进行实时分析与可视化，绘制场地特征图以及土壤和地下水污染图，从而提高调查结果的准确性，进而为后续的修复或管控工作提供精确的数据信息。

从美国 EPA 网站的污染场地清理信息页面提供的相关案例可以看出，高分辨率场地调查技术其实是个综合性的技术集成：在实际项目执行过程中，可以借助增量采样技术、使用相应的软件（例如，Visual Sampling Plan 软件、三维场地地质污染建模工具）、配备监测设备与监测工具（例如，XRF、膜界面探测仪、ICP 等）。相关内容在第 13.3 节中介绍。

总体来看，增量采样所涉及的方法学领域最窄，仅在采样阶段对样本量和点位进行指导；三元法主要是提供一种调查的策略，其方法核心在于"规划、动态和快速"；而高精度调查技术涉及的方法领域最广，包含整个调查阶段乃至后期管控或修复的阶段，它提供的是一种理念，并需要借助各类软件、工具等，形成综合性的技术手段，在调查过程中践行这种理念。3 种方法的特点总结见表 2-2。

表 2-2　美国 3 种调查方法总结

序号	方法名称	方法核心	优势	方法学意义
1	增量采样	①明确决策单元；②开展增量采样并将样品均一化	提升了样品的代表性和结果的准确性	指导采样数量
2	三元法	做好规划、动态更新方案、采用快速测定技术	缩短项目周期、降低项目成本等	指导调查策略
3	高精度调查	①明确水文地质异质性特征；②选择合适的调查尺度和采样密度	提升了调查结果的准确性，为后续的修复或管控提供精确的数据支撑	指导调查理念

2.2.2　加拿大

加拿大环境部长理事会于 2016 年发布了《用于支持环境和人体健康风险评估的场地环境特征化指南》（*Guidance Manual for Environmental Site Characterization in Support of Environmental and Human Health Risk Assessment*），指导的范围涉及整个污染场地管理过程，场地概念模型（CSM）的开发以及土壤、地下水、土壤气、室内空气、地表水、沉积物和生物群的样品采集和分析。

场地特征化的主要工作内容包括：开发场地概念模型（CSM）、明确项目背景和目标、确立调查目标、制订抽样和分析计划、执行实地调查计划、验证和解释数据。具体步骤与我国导则内容基本相同，分为第一阶段、第二阶段和第三阶段。

第一阶段调查被称为环境现场评估（ESA）或初步现场调查（PSI），主要对场地历史和现状进行评估、开展现场勘测以及收集相关信息，主要目的是初步评估污染的可能性，确定潜在污染区域（APEC）和潜在污染物（COPCs）。因此第一阶段调查通常不包括采样和分析工作；第二阶段调查也被称为侵入性调查，旨在明确是否存在污染；第三阶段调查的目的为描述污染情况，并提供风险评估和修复所需的信息。

对于采样点位的布设，指南提供了概率及非概率抽样方法（Draft，2016）。

（1）非概率抽样

非概率抽样也称为目标抽样、便利抽样或判断抽样，是根据历史信息、现场勘查等专业判断法在场地主观地设定采样位置。

（2）概率抽样

概率抽样包括集群抽样、简单随机抽样、嵌套随机抽样、分层随机抽样、系统网格采样、块内随机抽样等。

1）集群抽样。集群抽样通常用于场地环境评价的早期阶段，在潜在的环境问题区域进行采样，以确定是否需要进一步评价。由于样本不是随机抽取的，所以集群抽样不能代表整个场地的总体情况，否则会增加样本误差并可能导致统计结果出现偏差。

2）简单随机抽样。在场地边界内选择所有点位的概率相等，这种布点方式就可以称得上是简单随机抽样。简单随机抽样有两个缺陷：①所有抽样点被选中的机会均等，因此抽样点在整个场地上分布不均，从而导致样品覆盖率可能较差；②忽略了场地的历史信息及项目人员的专业技能。

3）嵌套随机抽样。嵌套随机抽样先使用简单随机抽样技术抽取样本，然后再从中选取一些等分试样。嵌套随机抽样的误差低于集群抽样，但高于简单随机抽样。

4）分层随机抽样。分层随机抽样依靠历史资料、前期分析结果等，将采样区域划分为更小的单位，这样的单位被称为"层"，与整个场地相比，每个层的污染物分布都更加均匀。可以根据历史使用情况、土壤类型、污染物浓度水平以及不同介质中污染物迁移模式等来设定采样区域内的若干个"层"。

5）系统网格抽样。系统网格抽样是通过正方形、矩形或三角形网格将场地分区，并在网格的节点处（即网格线的交叉点）采集样品。网格的起始点和方向可以随机选择。系统网格抽样法通常用于污染区域较为分散，同时需要提供足够样品数量的大面积场地。表 2-3 中提供了各调查阶段推荐的点位布设间距，指南还提供了如何根据未找到污染热点的可接受概率（β）来计算网格间距的方法，参见第 9.5.3 节。

表 2-3 推荐的点位布设间距

调查阶段	调查目的	推荐的网格间距
第二阶段调查	调查更大疑似污染区域	25～50 m
第三阶段调查	使用系统网格方法调查已知污染区域	5～20 m
污染刻画取样	局部污染热点的划分	在 3～4 个方向上以 5～10 m 的间距布设

6）块内随机抽样。该抽样方法与系统网格抽样对场地的分区相同，但在每个网格内部随机采集样品。

上面所提到的几种常见概率抽样方法如图 2-3 所示。

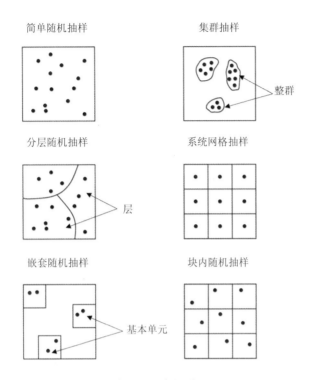

图 2-3 加拿大几种常用的概率抽样方法（Draft，2016）

2.2.3 英国

在场地调查的指导性文件方面，英国已经建立了比较健全的体系，主要包括《潜在污染场地的调查 实施规范》（BS 10175：2001）、《现场调查业务守则》（BS 5930）、用于分析和采样的 ISO 标准（例如，13530、10381 系列 1~4、14507、1689 等）。

BS 10175 主要介绍了如何制定调查策略，基本与我国相关导则要求一致，例如，调查应分为不同的阶段：初步、探索、主要和补充调查，每个阶段的目标也有所不同。除了上述阶段，有时为了获取准确的"源—途径—受体"暴露过程，还可以根据情况再细分成若干个子阶段。每个调查阶段之间都确保有足够的时间，使上一阶段的信息能精准反馈到下一阶段，为下一阶段的调查方案提供有效的数据。

在调查分区方面将地块划分成不同的区域，并为不同的区域提供独立的方案。分区的依据主要包括地质地形情况、已知的污染状况、历史及目前的用途、潜在污染物、未来规划等。具体的点位布设方式可以使用简单随机模式、分层随机模式、网格采样模式等。简单随机和分层随机通常会导致采样的不均匀性，甚至错过较大的污染区域，因此最常用的是网格采样法，网格的形状可以是正方形、三角形或人字形，人字形最为常用。而对于采样密度，英国在 *Sampling Strategies for Contaminated Land*（CLR Report No. 4）

中提供了估算数量的方法，以确保满足抽样的概率，准确找到受污染的区域。

2.2.4 欧洲其他国家

欧洲其他国家也有与英国类似的分区依据，并根据土地利用情况、历史背景情况、污染筛查情况、水文地质条件等，确定不同大小的采样单元，且采样单元的面积从 100 m²（瑞士）到 10 000 m²（卢森堡、葡萄牙、奥地利）不等，每个采样单元的采样数也有较大的区别：荷兰为 2～3 个/hm²、卢森堡为 2～5 个/hm²、瑞士为 1 600 个/hm²。有研究者选取了来自欧洲不同国家的 15 个参与者，让其分别制定一个 6 100 m² 大小场地中土壤的采样布点方案，结果发现不同参与者基于不同准则确定的混合采样数目差异较大，最低仅为 4 个，最多的则为 16 个（Wagner et al.，2001）。

表 2-4 列举了欧洲一些国家采样单元内的采样策略。

表 2-4　欧洲国家采样单元内采样策略（Theocharopoulos et al.，2001）

国家	采样单元确定准则	采样密度	采样单元面积/m²
奥地利	土壤性质、土地利用情况、历史背景、地形水文条件	25 个/hm²	10 000
芬兰	土地利用情况、筛查结果	8 个/900 m² 及 20 个/400 m²	400～900
德国	土壤性质、土地利用情况、历史背景、筛查结果	36 个/2 500 m² 及 18 个/2 500 m²	2 500
意大利	地形水文条件	6～15 个/hm²	可变化的
卢森堡	土地利用情况、历史背景、筛查结果	2～5 个/hm²	10 000
荷兰	土壤性质、土地利用情况、历史背景、地形水文条件、筛查结果、采样点的相关性	2～3 个/hm²	可变化的
葡萄牙	土壤性质	3～4 个/hm²	10 000
西班牙	土壤性质、土地利用情况	144 个/hm²	625
瑞士	土壤性质、土地利用情况、筛查结果、采样点的相关性	16 个/100 m²	100
英国	土壤性质、土地利用情况、历史背景	20 个/hm²	可变化的

2.2.5 日本

日本对于调查方法的指导文件主要为《基于〈土壤污染对策法〉的调查和措施指南（第 2 版）》。

对于整体的调查流程，该指南中提到应包括历史资料调查、场地各区域的风险等级确定、设定各区域的采样点位、现场采样、出具土壤污染状况调查报告。其中，在历史资料调查与风险等级确定环节，应识别出主要的污染物类型，并对不同等级的土壤污染风险区域进行分类。这两个环节至关重要，因为在设定采样点位的步骤中，将根据污染物类型和风险区域，选用不同的布点方法。

该指南中规定，污染物类型分为 3 种：第一种特定有害物质为挥发性有机化合物，第二种特定有害物质为重金属等，第三种特定有害物质为农药等。

而对于风险等级，也分为 3 类：高污染风险区、低污染风险区和无污染风险区。

无污染风险区是指没有任何有害物质储存、填埋、生产、使用等的区域，并且这个区域需要与生产区和有害物质储存等设施完全隔开，不可与其相邻。低污染风险区是指不用于有害物质储存、填埋、生产、使用，但是与这些用途的场地相邻或者在作业时有关联性的区域。高污染风险区则是指以上两种情况之外的区域。

为了正确地掌握被调查区域的土壤污染状况，调查者不能随意选择采样区间，以确保不会因调查人员不同而导致调查结论出现差异。该指南规定了两个类别的网格：30 m 和 10 m 的单元网格。网格的画法也很有讲究，首先从调查区域的最北端开始（如果有多个最北端的点则从最东端开始），向南向西绘制 10 m 的网格，每个网格被定义为一个单元区间（图 2-4）。设定好单元区间后，将调查对象区域再分割为 30 m 的网格（图 2-5）。绘制好两种单元网格，并确定好污染物类型和场地中各区域的污染风险等级后，再进行点位的布设。

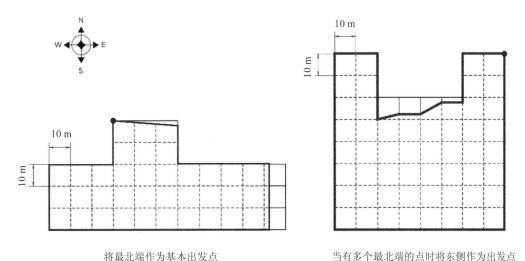

将最北端作为基本出发点　　　　　　　当有多个最北端的点时将东侧作为出发点

图 2-4　10 m 单元网格的设定方法

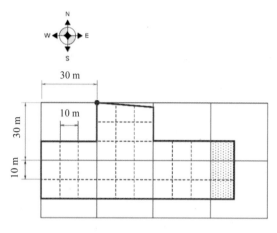

将最北端作为基本出发点

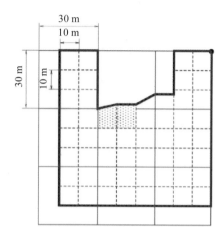

当有多个最北端的点时将东侧作为出发点

图 2-5　30 m 网格的设定方法

日本针对不同污染物类型在不同风险区域的布点方法见表 2-5。

表 2-5　日本针对不同污染物类型在不同风险区域的布点方法

特定有害物质的种类	第一种特定有害物质（挥发性有机化合物）	第二种特定有害物质（重金属等）	第三种特定有害物质（农药等）
高污染风险区	目标区域每一个单元区间（10 m）均需采样	目标区域每一个单元区间（10 m）均需采样	
低污染风险区	30 m 网格中心点在该区域内的，在中心点取样	30 m 网格的 9 个网格中，包含了 6 个以上该区域的网格，选择 5 个单元区间（10 m）采样	
	30 m 网格中心点在该区域外的，根据经验判断，在任一单元区间（10 m）取样	30 m 网格的 9 个网格中，包含 5 个及 5 个以下网格，所有单元区间（10 m）均需采样	
无污染风险区	无须布点		

（1）第一种特定有害物质的调查布点

在高污染风险区，每个单元区间（10 m 网格）都需要布点；在低污染风险区，如果 30 m 网格中心点在地块范围内的，就取中心点。如果 30 m 网格的中心点不在地块范围内，也需要在地块内采样，具体点位可根据调查人员的经验、有无障碍物以及点位之间的平衡性等布设在任意一个单元区间（10 m 网格）；在无污染风险区，则无须采样。

（2）第二种及第三种特定有害物质的调查布点

在高污染风险区，每个单元区间（10 m 网格）都需要布点；在低污染风险区，如果 30 m 网格的 9 个格子中，包含了 6 个以上该区域的网格，那就选择 5 个网格进行采样，如果包含 5 个及以下的网格，就需要在所有的网格内采集样品；对于无污染风险区域，则无须采样。

2.3 国内场地环境调查方法

2.3.1 我国国家层面

我国在场地环境调查技术方面的导则最早于 2014 年 2 月 19 日发布，同年 7 月 1 日正式实施，当时的标准名称为《场地环境调查技术导则》（HJ 25.1—2014）和《场地环境监测技术导则》（HJ 25.2—2014）。其后，为适应《中华人民共和国土壤污染防治法》《土壤污染防治行动计划》《污染地块土壤环境管理办法（试行）》等文件的要求，2019 年，生态环境部发布了《建设用地土壤污染状况调查技术导则》（HJ 25.1—2019）和《建设用地土壤污染风险管控和修复 监测技术导则》（HJ 25.2—2019）等。

导则修改前后，在调查工作流程上的区别不大，主要包括 3 个阶段的土壤污染状况调查。《建设用地土壤污染状况调查技术导则》（HJ 25.1—2019）中土壤污染状况调查的工作内容与程序如图 2-6 所示。

布点方法上也是继续采用系统随机布点法、专业判断布点法、分区布点法和系统布点法。对于布点的数量，单个工作单元（HJ 25.2—2014 中为监测地块）的面积根据实际情况确定，原则上不超过 1 600 m²。对于面积较小的场地，应有不小于 5 个工作单元。这是对调查数量的门槛级要求。对于污染复杂场地，单纯靠"画网格、选中心、凑数量"的布点方法，难以了解真实、准确的污染状态。

此外，在采样技术上，早先缺乏采样技术标准支撑。无论是国家层面的导则，还是地方发布的技术规范或导则等，只是陈述了调查与监测的工作程序、基本技术要求，对于不同水文地质条件下现场布点方法、深度设置、钻探设备选取、钻进方法、建井方法、取样方法等尚不够细化，也缺乏相应操作层面上的技术规范；尤其是挥发性有机污染物的采样、砂质粉土层的采样、深层分层监测井的构建等方面仍面临方法和设备上的困难。

总体来看，我国在场地调查方法上，目前基本上还处于基础标准的层面。《建设用地土壤污染状况调查技术导则》（HJ 25.1—2019）、《建设用地土壤污染风险管控和修复监测技术导则》（HJ 25.2—2019）这两个核心标准主要规定了调查工作方法、程序、准则和最基本的技术要求，内容较为宏观，实操指导性偏弱。要想实现精准化的调查，还需要出台一系列更微观、更详细、更明确的技术规范体系，用于指导调查工作的具体操作。

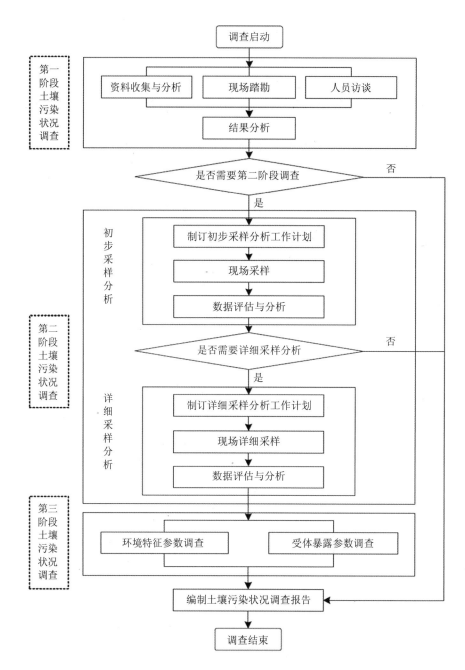

图 2-6 我国土壤污染状况调查的工作内容与程序

2.3.2 我国台湾地区

我国台湾地区早先在场地调查采样方面也缺乏相关经验，将调查工作重点放在环境监测和污染稽查方面，且采样方式以权威判断法（类似于专业判断法）为主，并未考虑随机采样方式等。整个调查过程也未进行系统规划或采样设计。

为了提升场地调查工作的成效，自 2006 年起，我国台湾地区按照污染物类别，先后发布了与油品类调查相关的手册，包括"油品类储槽系统污染调查及查证参考手册""油品类储槽系统污染范围调查作业手册""油品类储槽系统快速场址调查及评估技术参考手册""油品类储槽系统污染改善完成验证作业手册"；与重非水相液体调查相关的"土壤及地下水受比水重非水相液体污染场址之初步筛试调查、查证及验证作业技术参考手册"；与重金属及无机阴离子相关的"土壤及地下水重金属与无机阴离子污染物污染场址之初步筛查、查证及验证等之作业参考手册"。

其后，随着我国台湾地区"土壤及地下水污染整治法"的修订，管理部门整合了前述技术手册，发布了"场址土壤及地下水污染调查作业参考指引手册"。

该手册对于调查的工作流程大致上可以分为：场地环境评估（文件收集与审阅、现场勘查、人员访谈）、污染调查规划（是否有油品类污染、重金属污染、DNAPLs 污染等，然后开展现场调查采样工作及污染检测分析）、调查结果评估（评估污染物浓度是否超过监测标准及管制标准，并判断是否需要进行健康风险评估）。在手册中，对于工作方式（或手段），也提到了应借鉴美国的三元法。

对于布点方案，常用的方法可以分为主观判断采样、系统化布点、简单随机采样、分区分层采样、系统及网格采样、排序组合采样等。详细的布点说明可以参考"环境采样规划设计""土壤污染评估调查及检测作业管理办法""土壤采样方法"等。

以网格法布点为例，首先把调查区域进行分区，厘清非污染区、疑似污染区及已知污染区。对于高污染潜势区，以 10 m×10 m 的网格进行布点，如果该区域内有储罐，还应结合储罐的数量进行布点；对于低污染潜势区，以 50 m×50 m 的网格进行布点；对于无污染区，无须进行布点采样或可采用低污染潜势区的方式进行布点。在每个网格内至少布设一个点位（首先选择中心点），实际采样时要根据情况进行调整，例如，尽可能靠近储罐、管线、废弃物储存和处理区、污水处理区、生产设备或设施区、有毒化学物质的运输区域等。

整体上看，我国台湾地区在借鉴 USEPA 方法的基础上，形成了比较具体完整的场地环境调查体系，规范性和可操作性较好。

第 3 章

场地精准化调查的数学表述

场地调查的本质就是在一个异质性非常高的样本集中抽取具有代表性的样本进行分析，以获取整体样本集的关键信息；而抽取到具有代表性的样本往往是比较困难的。精准化调查的基本要义就是试图通过多种有效手段来捕捉这些具有代表性的样本，降低抽样调查的不确定性带来的风险。本章尝试对不确定性、准确性等问题进行数学化的描述，使不确定性的有效控制与精准化的实现途径变得有依可据、有章可循。

3.1 场地环境调查的不确定性

3.1.1 不确定性的构成

场地环境调查的主要方法是在场地中布点采样，采集土壤、地下水及土壤气样品进行检测，对检测结果进行分析模拟，通过离散的局部个体信息推断场地连续总体的信息。由于场地的高度异质性和隐蔽性，采样行为具有随机性和不连续性，本质上类似于抽样分布，采样结果具有不确定性。

过去，场地环境调查被认为是一个实验室检测的事情，这种认识极大忽视了场地调查的不确定性。事实上，场地调查是一个全过程的连续工作，布点、采样、存储、运输、预处理、检测分析等全过程链条上每一个环节都存在不确定性，这些不确定性传递到最后就构成了调查的总不确定性。一般把布点、采样、存储、运输等环节的不确定性统称为采样不确定性，把样品预处理及实验室检测分析的不确定性统称为检测不确定性。采样造成的变异性往往高达 90%以上，采样不确定性是检测不确定性的 10 倍以上（Jenkins et al.，1997）。

3.1.2 不确定性的数学描述

场地调查的最大不确定性来自布点采样的不确定性，远大于实验室检测的不确定性。采样的不确定性与采样质量的平方根成反比，采样理论奠基人 Pierre Gy 发现采样方差与采样质量的倒数成正比。可描述为：

$$s_s^2 \propto 1 / \text{mass} \qquad (3\text{-}1)$$

式中，s_s^2——采样方差；

　　　mass——采样质量。

根据不确定性的构成，Crumbling 等（2001）以直角三角形来说明场地调查的总不确定性与采样及检测不确定性之间的矢量关系。样品检测大多采用国家标准或比较成熟的检测方法，不确定性相对较小，所以直角三角形的短直角边长度代表检测不确定性的大小；而采样的差异性很大，不确定性相对更大，所以另一个长直角边的长度代表采样的不确定性。根据勾股定理，调查的总不确定性与采样及检测不确定性的关系可描述为：

$$S^2 = S_s^2 + S_m^2 \qquad (3\text{-}2)$$

式中，S——总不确定性；

　　　S_s——采样不确定性；

　　　S_m——检测不确定性。

要降低调查的总不确定性，可以从降低采样不确定性和检测不确定性两条途径入手。如图 3-1 所示，提高检测技术及质控（QA/QC）水平，将不确定性减小一半，或者增加 1 倍，总不确定性相差并不大；如果将采样不确定性减少一半或增加 1 倍，总不确定性则发生了巨大变化。因此，解决场地环境调查不确定性的关键是提升布点采样的科学性及有效性。

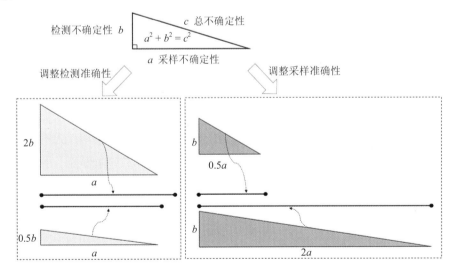

图 3-1　场地调查不确定性示意

如图 3-2 所示，污染场地中有 2 个高污染区域，布点采样时检测到了一块污染区域，而另一块未检测到，在高污染区域未排除前，无论如何提高实验室检测的准确性（不确定性降低），也无法改善场地调查结果的不确定性。如果配合使用现场快速测定技术，增加采样密度，尽管检测的准确度下降（不确定性增大），但是可以把地块内 2 个高污染区域都检测到，场地调查的总不确定性进一步降低。如果排除高污染区域，采样及检测的不确定性都降低，总不确定性也随之大幅降低。这就是场地调查不确定性的数学描述，即金块效应（nugget effect）。

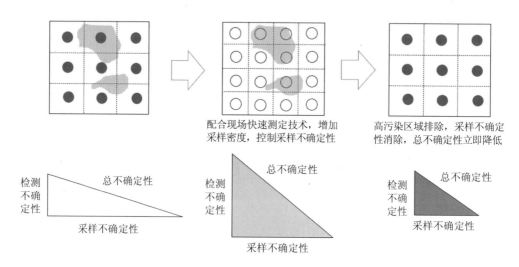

图 3-2　场地调查不确定性金块效应示意［根据 Crumbling 等（2001）的图改绘］

3.2　精准化调查的含义与要求

3.2.1　精准化调查的含义

当前，场地修复行业已经认识到场地精准化调查的重要性，但对精准化环境调查的定义和内涵目前还缺乏统一的认识，大家的理解也存在差异。笔者认为，精准化调查的首要目标就是调查的结果能够准确反映场地污染的真实状况。本书所指的精准化调查是指：基于场地特性，综合考虑各关联因素及其影响结果，进而采取的较为全面、有因果联系、分程序层次、动态调整、多技术协同使用的调查行为，并在相对合理的经济投入下，获得较高精度的调查结果，使调查的不确定性最小化。精准化的结果包括但不限于准确的水文地质特征、污染分布特征、污染来源及迁移转化趋势、地球化学及地球生物化学特征等，空间上的准确性应处于几十厘米至几米的尺度内。精准化调查是一个综合运用多理论、多技术、多方法、多手段的极具挑战性的专业化工作。

3.2.2　精准化调查的基本要求

精准化调查应至少体现以下几个基本要求：

（1）结果准确性

调查结果应该包括较高精度的相对准确的水文地质刻画、污染分布特征、污染成因及迁移转化状况、地球化学与生物地球化学特性等，能够反映场地污染的真实状态，把不确定性控制在可接受的水平，能够为风险评估、风险管控或修复提供可靠的支撑信息，这是最基本也是最首要的目标。

（2）技术协同性

由于场地环境系统的复杂性，要想获得更为精准的调查结果，往往需要多种技术的协同使用、互相验证和证明，如传统的采样与地球物理探测技术、新型采样技术、分子环境技术等的联用。技术协同使用是实现精准化的重要技术保障。

（3）经济适度性

场地调查不确定性与场地采样密切相关。根据统计学的理论，样本足够大时，样本的信息越接近总体信息，结果也越准确。从结果准确性的提高途径来看，保险的做法就是不断增加采样密度和采样量，但是同时调查费用也相应提高，形成了一种技术与经济的博弈。

由图 3-3 可见，采样数量少时结果很不确定，采样数量越大时越接近真实结果，但是采样数量大到一定程度，准确性的提高也开始变缓，似乎存在着一个转折点或平衡点，并因场地而异，场地调查的过程也是寻找这个平衡点的过程。但实际上这个平衡点基本是无解的。场地精准化调查的目标就是采用比较合理的经济代价获得相对比较准确的结果，是"适度、准确"的调查。

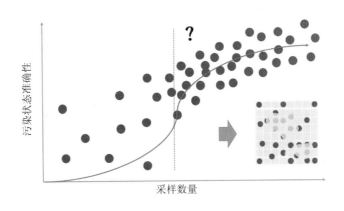

图 3-3　采样数量与场地整体污染状态准确性关系

准确性的经济代价应在合适的范围内，能够为当下阶段的经济条件所接受。高昂的经济代价或许能获得较为准确的调查结果，但从整体上看，不符合我国当前的经济发展水平和可持续发展理念。

（4）动态变化性

传统的调查方法基本按照 3 个阶段进行，调查方案比较固定，阶段性明确，补充调查建立在之前调查结果基础上，往往周期较长，耗时费力。精准化调查充分运用调查过程中阶段性结果进行调查秩序和层次上的调整，实施的是一个动态变化的调查方案；狭义上是指调查阶段的程序和层次上的变化，广义上涉及后续风险评估、管控与修复全过程的策略变化。

（5）周期紧缩性

对于比较复杂的污染场地，调查的阶段会很多，周期也很长，国外的场地调查持续数年的也多见。相对来说，由于我国的国情，委托单位留给场地调查与修复的时间很有限，往往希望调查单位能以最快的速度完成调查。这就要求调查周期尽可能缩短，需要在调查方案及程序设计上尽可能地统筹、集约、简便与动态，尽量缩短工作周期。

3.3　精准化调查的数学表述

3.3.1　场地尺度与异质性

土壤是由固体骨架与孔隙构成的多孔介质。假设 P 为多孔介质中的一个数学点，以 P 为核心取一体积 ΔV，则 ΔV 上的特征指标 n（如孔隙率、密度、渗透性等物理量和污染物及地球化学元素的种类与浓度等化学量）随着观测尺度的增大会发生一系列变化。在微观领域，当尺度从一个土壤颗粒或一个孔隙逐渐放大，特征值会随着包含进来的颗粒或孔隙的增加产生巨大的波动，随着 ΔV 取值继续增大，特征值波动逐渐减小。当 ΔV 取至某个 V_0 时，特征值趋于某一个平均值 n_0，即：

$$\lim_{\Delta V \to \Delta V_0} n = n_0 \tag{3-3}$$

此时的 ΔV_0 即为代表性体元。尺度小于 ΔV_0 时为微观区域。代表性体元远远大于单个颗粒或孔隙（应包含一定数量的颗粒及孔隙），又远远小于流体流动区域。这是地下水动力学处理不连续问题的连续介质方法。在微观区域，无论是研究多孔介质还是研究孔隙中流体性质都是困难的，客观上也无法实现特征量的测定。

当大于代表性体元时，尺度即从微观区域（离散孤立介质）进入宏观区域（多孔连续介质）；从渗流角度是进入了达西水文地质范畴。随着尺度继续扩大，被划进范围的介质和孔隙越来越多，由于介质的非均质性以及污染物质和地球化学元素的非均质性，体积 ΔV 的特征值又开始发生波动，直至尺度增大到特征值剧烈波动的阶段，这一阶段的尺度本书称为微尺度，即采样尺度 ΔL（一个样品一次采集的量一般在几克、几百克到数千克之间，这种规模体量的尺度本书称为微尺度）（图 3-4）。微尺度是现有调查技术可以测定的宏观空间规模，是区分调查精度的重要标尺。事实上，微尺度也很难给定一个具体的数值；从技术上讲，微尺度应该是场地调查应满足的精度要求，根据污染地块的复杂程度，微尺度是一个尺度范围。但实际上，由于经济因素的制约，场地调查往往很难达到这样的精度要求。

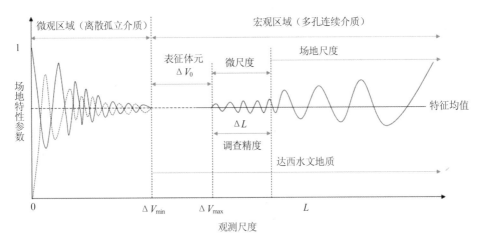

图 3-4　场地特征值与尺度关系

尺度继续增大，即进入场地尺度，异质性更加巨大。采样布点密度处于场地尺度层面上，调查的结果的不确定性将急剧增加。场地的异质性是调查不确定性的最大根源。

3.3.2　不确定性的控制

场地调查各个环节都有不确定性，但是布点采样的不确定性是决定性的。只要场地调查采用钻孔采样的方法，调查的不确定性就会一直存在。究竟最少采集多少个样品或最小多大面积采集一个样品才是可靠的？这个问题长期困扰场地调查人员，但是脱离具体的场地特征和调查目标，要给出一个普适性的量化答案几乎是没办法实现的。

既然钻孔采样点类似于抽样分布，那这些样本的集合就符合特定的概率密度函数，而概率密度函数包括了不确定性，并且可以通过改变样本的数量控制其特征值的可信程度，这就为控制场地调查不确定性提供了一条可信的途径。针对具体的地块情况和调查目标，设计不同的采样方法，使之符合特定的概率密度函数，如正态分布、对数正态分布、累计分布、平均分布等，这些概率密度函数的特征值就能够比较准确地反映样本总体的情况。多数场地调查的目的并不是寻求地块污染的平均水平，而是关注地块有没有污染、污染在哪儿、有多严重，这就需要针对高风险区域采用专业判断法进行采样，避免遗漏污染区域。一般认为单纯的专业判断法缺乏统计学意义，会高估地块污染水平；但专业判断法是当前场地采样的主流方法。为提高该法不确定性的可控性，需对地块进行合理的分区，其统计属性又可以趋近于统计意义较好的概率密度函数（如随机系统布点法、系统布点法）。因此，通过不同采样方法的设计及组合使用，就可以有效地控制调查的不确定性。

3.3.3 污染热点区域捕捉的概率分析

如果在场地某个点及其周边微小范围内的污染物含量的差异可以忽略，那么这个区域的任意一个点都可以作为这个区域的代表点，且这一区域的所有点浓度都是等效的，这样就可以把场地中的土壤分为无数（m）个不同浓度的质点；场地调查的本质就是在总体中抽取一定数量（经济可接受）样本来估计总体情况。但实际上场地中的污染是非均质的，每一个质点代表的区域范围是很有限的，因此，要想获得场地整体污染状态，需要进行大量采样，理论期望获取的样本量（m）远远大于基于成本和时间实际能够承担的样本量（n）。

场地调查时非常关注污染区域，有时称污染热点区域（hot spot），是指某污染物浓度超过一定浓度限值的相对较小的一块区域（如边长为 G 的网格或半径为 R 的圆）。抽取到热点区域是一个概率事件，热点区域捕捉到的概率可用式（3-4）估计：

$$P(A,B) = P(B \mid A)P(A) \tag{3-4}$$

式中，$P(A，B)$——捕捉到热点区域的概率；

$P(B \mid A)$——场地存在热点区域条件下正好捕捉到它的概率；

$P(A)$——场地存在热点区域的概率，由先验概率决定，在污染场地中一般假设为 1。

热点区域存在的概率也往往是场地分区的依据，实际中根据先验概率确定，不同分区的采样网格大小也随先验概率而变。

当设置了一定长度的网格，但是未能捕捉到热点区域的概率为：

$$P(A \mid \bar{B}) = \frac{P(A,\bar{B})}{P(\bar{B})} \tag{3-5}$$

又：

$$P(\bar{B}) = P(\bar{B} \mid A)P(A) + P(\bar{B} \mid \bar{A})P(\bar{A}) \tag{3-6}$$

因此：

$$P(A \mid \overline{B}) = \frac{P(\overline{B} \mid A)P(A)}{P(\overline{B} \mid A)P(A) + P(\overline{B} \mid \overline{A})P(\overline{A})} \qquad (3\text{-}7)$$

由于 $P(\overline{B} \mid \overline{A}) = 1$，$P(\overline{A}) = 1 - P(A)$，式（3-7）可变为：

$$P(A \mid \overline{B}) = \frac{\beta P(A)}{\beta P(A) + 1 - P(A)} \qquad (3\text{-}8)$$

即为贝叶斯公式，式中 $P(\overline{B} \mid A)$ 为存在热点区域但是未捕捉到它的概率，即风险 β。

Gilbert（1987）绘制了在可接受风险下捕捉到热点区域所需的网格大小关系图（见第 9.5.3 节）。

一般采样方法有系统随机采样、系统采样、分区采样等；基于先验信息（场地污染信息）的抽样方法有助于获取更有效的样本，从而减少理论样本量；实际场地调查结果应该提供不确定性分析结果或调查可接受的不确定性范围，以及可能产生假阴性或假阳性的概率。

3.3.4　先验概率的运用

要想实现调查结果精准化，通过采集足够数量的样品往往是不经济或不现实的。这就要求布点采样不完全是随机的，应该尽可能地布设在有污染（热点区域）的区域，以便能更准确地捕获污染。在数理统计中，先验概率由于承认生产的继承性，将相关信息作为先验知识参与决策，从理论上可以减小采样检测的不确定性，提高通过离散采样结果推断整体状态的准确性。运用先验概率的理论可以为采样布点提高准确性。举一个简单的例子。

一块场地有两个部分是车间区域，在不知道场地相关信息时，一般采用网格布点法，假设布设 16 个点位，如图 3-5 中左图所示，有 5 个点位落在车间区域，设布点落在车间区域为事件 C，由于布点时并不知道哪儿是车间，所以点位落在车间也是一个随机事件。简化起见，假设只在每个点位采集一个纵向土样，落在车间中的 5 个点位有 4 个点位检出污染，在车间区域检出污染的条件概率为 $P(W|C) = 4/5$。非车间区域 11 个点只有 1 个点位有污染，设事件 W 为厂区点位检出污染，那么该地块采用网格布点法检出污染的概率为 $P(W) = 5/16$。

如果事先获知了地块的相关信息，知道了车间的具体位置，此时布点方法往往采用专业判断法，把点位尽可能多地布设在车间区域，如图 3-5 中右图所示。总布点数仍是 16 个，但是车间区域布设 11 个，检出污染 8 个，在车间区域检出污染的条件概率 $P(W|C) = 8/11$。非车间区域布设 6 个，检出污染点位 1 个，$P(W) = 9/16$，整个地块污染检出的概率明显大于第一种网格布点法。

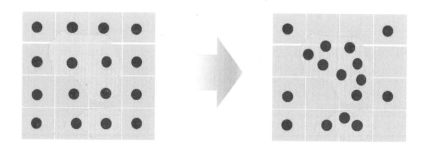

图 3-5　采样数量与场地整体污染状态准确性关系

　　在这个例子中，提高检出污染概率的关键做法是把布点向车间区域集中，这是因为根据经验，车间区域往往是最容易污染的区域，这就是运用了车间信息的先验知识。场地调查往往不会对地块信息一无所知，厂区分布、生产活动、用地历史等这些信息都是可以事先获得的，这就为优化采样布点、提高调查结果准确性提供了路径。而影响污染状态的相关因素有很多，本书称之为先验因素，这些因素的共同作用就形成了场地的污染状况，如果把场地环境状况（土壤与地下水污染物分布）视为 Y，把场地各关联因子看作 x，不同的因素用 n 表示，那么 Y 即是 x 的函数，可用式（3-9）表示：

$$Y = f(x_1,\ x_2,\ x_3,\ x_4,\ x_5,\ \cdots,\ x_n),\quad n=1,\ 2,\ 3\cdots \tag{3-9}$$

　　这样就形成了一个如图 3-6 所示的关联对应关系。影响因素的识别越全面，因素影响权重越明确，调查结果与真实状态越相符。但是，不同的调查者对因素及其影响的识别是不同的，调查的方案及路径也就不同，导致的调查结果也不同。这就像是爬树，如图 3-7 所示，在不同的枝权看到的景貌是不同的，"横看成岭侧成峰，远近高低各不同"；只有爬到树顶才能见到全景，"会当凌绝顶，一览众山小"。

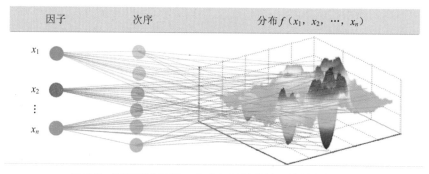

图 3-6　采样影响因子、次序与场地整体污染状态的关系

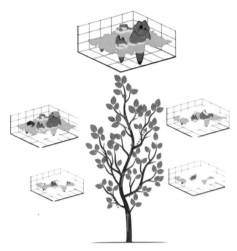

图 3-7　不同调查方案导致的不同调查结果

3.3.5　先验因素的识别

场地系统复杂的因素作用及影响决定了场地土壤与地下水的污染状态，场地调查应充分利用先验知识参与调查决策，先验因素的准确识别是影响调查方案合理性的决定性因素。根据笔者多年的场地调查经验，主要的先验影响因素按重要性大致为生产因素（原辅材料、中间产品及最终成品、生产工艺、生产布局、使用历史）、污染物特性（污染物性质、分配及迁移转化特征）、地质与环境水文地质（环境层序地层、水文地质）、土壤与地下水理化性质、非生产因素（拆除，客土与固废输入，地形变迁，烧荒，种植）、邻避因素（外源污染侵入）、采样行为（采样方式、采样装备）等，如图 3-8 所示。

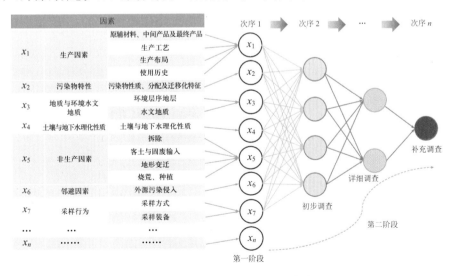

图 3-8　主要先验因素识别与次序阶段

不同的场地这些影响因素的类型及作用不同，也就形成了不同的工作次序，工作次序因不同的场地而异，是动态调整的，整体上构成了两个主要的调查阶段，其中第二阶段是连贯的、动态的和多次的。

3.3.6　先验规律的认识

影响场地污染状态的先验因素众多，这些因素的影响规律各不相同。如不同的行业生产工艺水平、技术历史、容易产生的污染物类型及性质，场地的特征及土壤性质，在相应厂区布局及环保水平条件下污染物的场地输入及迁移转化等，可以通过科学研究以及大量的场地调查经验总结，形成先验知识及规律，这些先验规律可以指导场地调查方案的制定，提升调查方案的合理性及调查结果的准确性。

例如，通过对企业生产分析得知，企业会用到溶剂类重非水相液体原料；不同深度土壤及地下水采样检测结果显示，污染物已经接近或进入了渗透性较好的地层。那么根据水文地质条件分析，重非水相液体进入含水层隔水底板甚至进入下一个含水层以及迁移到地块界外的可能性就很大，采样深度设置需要充分考虑重非水相液体的环境行为规律，合理设置采样深度以及平面位置（往往需要在地块界外布点），避免调查不彻底影响后续风险评估与治理工作。

后文第4章至第8章，对调查中主要影响因素的规律认识进行简单介绍。

3.4　精准化调查的实现途径

场地精准化调查的实现途径是多要素、综合性的，图 3-9 为笔者建议的实现精准化调查的技术途径。

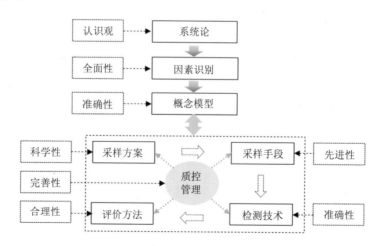

图 3-9　精准化调查的实现途径

3.4.1 以"系统观"认识场地

开展场地环境调查评估、管控与修复，应从"系统观"的角度认识场地，把场地看成是一个复杂的环境系统，系统中的各组成要素、各种运动、各种反应之间都存在着相互依存、相互关联、相互作用、相互影响、互为因果的密切关系。系统观使我们能够充分认识到场地的整体性、结构性、关联性、自组织性和动态平衡性以及系统的复杂性、开放性和时序性，这为科学合理地制定调查方案提供了认识论上的基础。

3.4.2 全面的因素识别

场地污染是系统综合作用的结果，对影响污染状态的经验性的先验因素需充分识别与运用，识别不全可能会导致调查结果不全面、不准确。如对有 DNAPLs 类污染物的场地，需要结合地层结构、土壤性质、人为因素等识别分析 DNAPLs 类污染物的运动规律，判断其运移途径及空间汇集状况，合理确定采样位置、采样深度和取样方法，因识别不清、采样深度不够导致遗漏大面积污染的案例在国内已多有发生。

3.4.3 准确的概念模型

概念模型是场地调查的有效手段，模型构建准确与否影响调查方案科学性和调查结果的准确性。先验因素及影响的识别是合理构建概念模型的基础。概念模型在调查过程中亦是一个逐步细化和准确化、逐步趋向真实的动态过程。调查阶段的场地概念模型也为风险管控与修复以及效果评估阶段的概念模型的构建奠定了基础。

3.4.4 科学的采样方案

采样方案是场地环境调查的核心，特别是污染识别、布点方案科学性直接决定调查结果的准确性和可信度。污染识别要全面，检测指标确定要合理；快速识别决策以及侵入式采样点位平面布设的位置、数量以及深度等都要匹配场地概念模型的关键点；调查过程要进行阶段性信息总结及对应的方案调整；调查手段应协同使用及相互验证等；科学的采样方案才能保证调查结果的准确性，将不确定性控制到可接受水平。

3.4.5 先进的采样手段

为保证样品能够代表场地中的空间和时间上的即时状态，污染场地要求无扰动、微扰动及无交叉污染采样，如采用非侵入式的物探技术辅助探测，采用直推式原位封闭土样技术、薄膜界面传感器技术、现场快速测定技术、微扰动洗井采样技术、直推式地下水原位采样及快速测定技术等；具备应对复杂地质条件的方法及专用设备，如长三角部分地区砂质粉土层塌孔及粉砂返流无法取样和建井等困难；甚至在无法垂直式采样的地方采用倾斜式采样技术，如在垃圾填埋场、建筑物/构筑物的下方采样等。先进的采样技术的综合运用可以优化采样点位布设，实时获取检测结果，动态调整采样布点，增强样品空间分布与污染分布的契合性，使调查结果更加准确，同时实现缩短调查时间、节省调查成本的目的。

3.4.6 准确的检测技术

第三方实验室的样品检测是提供样品污染信息的权威终端，检测技术的准确性决定着所取样品检测结果的准确性。检测技术准确性又决定于检测方法的准确性和实验室质量控制的科学性和严格性。

检测方法要准确。对于许多没有检测方法，而又是场地重要污染物或特征污染物的，需要研究建立方法，并经过严格验证确认；只要能检测并保证一定的准确性就应尝试使用，而不应回避不测。当前环境调查实践中对没有标准方法的场地特征污染物未纳入检测项目的现象比较突出。

检测技术的准确性也包括现场快速筛查设备检测的准确性。现场快速测定尽管精度不如实验室检测，但是由于是现场测定，方便快捷、经济实惠，可为优化布点采样提供支持，极大降低调查的不确定性。实际操作时，对随机采集的样本进行双样测试，一种为精确测试，另一种是作为参考因子的非精确测试，在一定量的样本测试中建立两种测试方法结果的相关性，就能够在不进行精确测试的情况下较为精确地预测相关样本的真实值。

3.4.7 合理的评价方法

评价方法体系包括对检测数据的解释、评价标准的选用与确定、数据信息的处理、采用的模型方法、对污染状态及源汇的解释、风险评估方法等。评价方法具有技术性、经济性、区域性和时效性特点，合理的评价方法能较准确客观地描述场地污染状态和风险水平，既不夸大也不掩饰污染程度和风险，对管控与修复目标及体量的确定具有重要作用。

3.4.8 完善的质控管理

场地调查的质量保证（QA）和质量控制（QC）至关重要。现场质量保证与控制往往对调查结果有很大的影响，需要很强的专业性和责任感。

需要执行完善的现场钻探及建井、现场检测、样品采集、样品链管理、样品检测分析等质量保证及实验室质量控制制度。建立规范的现场采样记录格式，每个取样孔和监测井均须编制规范的柱状图，反映岩性、层位、取样深度、标高、快速测定深度及结果、感官指标（颜色、味道等）等。

在实验室质量控制方面，制度相对较多，关键把握好人、机、料、环等几个环节。检测人员（人）要有相应的专业素养和检测技术能力，仪器设备（机）要有严格的校准控制环节保证运转正常；实验耗材（料）质量要有效控制（包括试剂耗材验收、标准样品是否合格等）；实验室环境（环）要符合检测环境的要求。虽然目前也采用了盲样、分样、设备清洗空白样、运输和现场空白样等措施，但规范落实非常堪忧，也没有建立起有效的监管制度。建议强制执行平行样及标准样多方送检制度。

在现场质控方面，监管基本处于缺位状态。现场的记录五花八门，大多经不起检查与推敲。亟须探索有效的管理制度进行规范和约束。

3.5　精准化调查的工作程序

3.5.1　场地调查的阶段性

场地调查是分阶段进行的，分阶段的目的主要基于经济上的考虑。各个国家划分的阶段和名称有所不同，但是调查的内容及程序大体上是一致的，主流是分为 3 个阶段。

第一阶段调查主要以资料研究和现场踏勘、人员访谈为主，一般不采样，我国调查导则称为第一阶段调查，也有称初步调查的。第一阶段调查是场地调查最基本、最重要的阶段。这个阶段获取的调查结论（假设）直接决定是否开展下一阶段工作以及采样方案的合理性。结论不准确可能会导致遗漏高污染区域，也可能会高估场地污染程度。

第二阶段调查是进行初步的现场采样，对应于我国调查导则中第二阶段中的初步采样分析，也有称为"探索性调查"或"现场具体调查"的。主要目的是证明第一阶段调查的假设是否正确，调查的重点往往集中在疑似污染区域。对于初步采样的方法、数量、深度等，不同的国情以及技术人员的做法差异可能很大，难以形成统一的标准；一般是基于第一阶段的调查结论和费用情况而定。对于疑似污染但并不明显的场地，第二阶段调查的重要性就比较突出；对于污染特别严重的场地，这一阶段工作也可以与第三阶段合并进行或直接进行第三阶段调查。

第三阶段调查是详细调查，目的是在第二阶段调查确定的污染的基础上获取更为准确的污染空间分布范围，同时也应为后续的风险评估、风险管控与修复提供必需的信息，既包括污染信息，也包括污染物迁移转化、暴露途径、受体暴露以及场地地质、水文地质、土壤理化性质等信息。我国的调查导则把环境特征参数与受体暴露参数作为第三阶段调查内容。在实际工作中，无论是从工作的便捷性、时间和费用上还是相关方的协调方面，这些调查内容都不方便在一个独立的阶段进行，宜在详细调查阶段同时开展。详细调查往往不是一个一次性工作，而是一个互相交联、不断反复的动态过程，其中包含一些小阶段，每一个小阶段都是对之前阶段的验证、补充与扩展。因此，每一个阶段调查完成后即时或及时对调查结果进行研究分析是非常必要的，对后续布点位置、深度、数量、检测项目的确定和调整起到直接的支持作用。

3.5.2　精准化调查的工作程序

根据上述论述以及作者的实践经验,提出的精准化调查工作程序建议如图3-10所示。

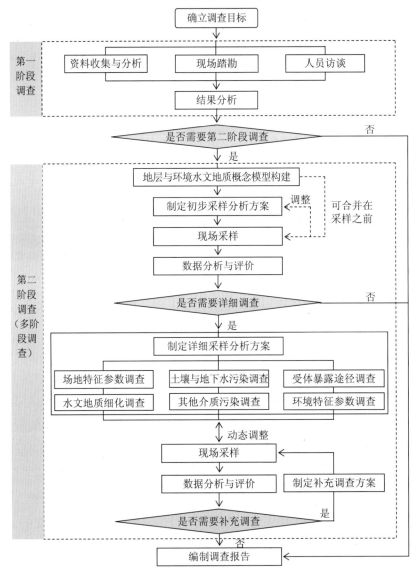

图 3-10　精准化调查的工作程序

第一阶段调查为资料收集与分析、现场踏勘和相关人员访谈。场地资料收集要尽量完整，充分利用各方面的信息资源；现场探勘要全面深入，辅助利用现场快速测定手段；人员访谈对象选择要合理，遵循广泛性、代表性和可信性原则。这三项工作要协同推进、相互佐证，才能得出相对可靠的结论。

第二阶段以采样调查为主，是一个多阶段调查的过程。其中初步调查很关键，决定着后续工作是否开展。初步调查的布点采样模式需要根据场地特征和调查目标慎重确定。由于需要确定土壤与地下水的采样深度，需要掌握场地的环境水文地质条件，如果收集不到相关可用的资料，需要先开展环境水文地质勘察，勘察的详细程度根据地块复杂程度而定，该阶段应构建场地地层与环境水文地质概念模型。环境水文地质勘察应充分利用钻探、物理探测、现场水文地质试验等手段，特别是要重视物理探测手段在协助布点以及揭示污染状态方面的重要作用。环境水文地质勘察可以先行开展，特别是对于比较复杂的场地；也可以与环境采样合并开展，首先选择代表性点位，钻孔取样的同时也掌握了地层与环境水文地质状况。当合并开展时，在现场掌握了场地水文地质条件后，需要根据环境水文地质概念模型对原定的布点采样方案进行动态调整，这样可以提高效率、节省时间。

初步调查之后，已经能够确定是否需要开展详细调查，初步调查方案制定得合理的话，场地的最大污染情况基本可以掌握，其实已经基本具备了判定是否能够开展风险评估以及是否需要修复的条件。因此，详细采样分析方案要尽量设计得科学合理，充分考虑边界控制、扩散控制、范围精度控制等要求，优化布点模式，尽量减少补充调查的次数。如果布点方案考虑不周，补充调查次数会增多，而且由于有时间间隔、前后做法不一致，有时会越调查越复杂，前后调查结果不统一甚至矛盾，对调查结果的总结会造成极大的麻烦。

详细采样分析方案一般应包括土壤与地下水污染调查、其他介质污染调查、水文地质细化调查、场地特征参数调查、环境特征参数调查、受体暴露途径调查等内容，后面三项主要为风险评估和管控及修复提供技术参数，这些也尽量在详细调查中完成。这些内容在调查过程中，应一边进行采样，一边分析调查结果，基于阶段性结果可实时对调查内容进行动态调整优化。详细调查阶段应根据场地特征和污染特征，充分利用钻探、物探以及其他多元化的先进调查技术手段，对调查结果进行相互印证和关联性分析，提高调查结果的准确性。

由于详细调查过程中实验室检测的滞后性，不可能在短时间内获取到全部调查结果，如果调查结果不满足调查目标的要求，需要开展补充调查。对于复杂的污染场地，甚至需要多次补充调查。精准化调查是一个动态的多阶段过程，各阶段之间是因果联系、补充校正、扩展验证的关系。

第4章

生产性因素及影响

4.1 生产性因素环境风险识别的重要性和原则

4.1.1 生产性因素环境风险识别的重要性

场地生产性因素是指在场地中生产、经营、贮存、处理处置有毒有害物质等活动可能导致污染及对人体健康或生态环境构成潜在风险的因素。

场地污染的性质及程度主要是由场地的人工属性决定的,生产性因素是场地污染的根本原因,是场地环境风险识别的最主要和最重要的内容。生产性因素环境风险识别的结果决定着检测指标的确定以及布点采样方案的制定。生产性因素环境风险识别不全会导致遗漏污染物质及其影响,对场地后续环境管理造成潜在风险。

生产性因素是从业者相对比较熟悉的内容,本书不做过多介绍,只对关键问题做简单概述。

4.1.2 生产性因素环境风险识别的原则

场地生产性因素环境风险识别应遵循以下原则:

(1)全过程识别

全过程识别包含两层意思,一是对场地不同历史阶段的生产活动以及同一阶段生产工艺的全流程都要进行识别分析,一般要追溯到场地未使用之前的状态。由于管理不规范,地块的历史使用情况资料有时不全,对识别造成了困难,许多场地检测的污染物与识别结果存在不符,这也是一个主要原因。二是对识别出的潜在污染物的生物地球化学过程进行识别,很多有机物在经过生物地球化学作用后会生成不同的中间产物,确定检测因子时也不能遗漏。

(2)全反应识别

识别生产反应要全面,包括所有反应,既要包括主工艺反应,又要包括副反应。污染物主要来自主工艺反应,但是副反应也会造成场地污染。副反应不是企业目标工艺,不纳入企业管理，往往被忽视。

（3）全物质识别

原辅料、产品等决定了污染物的种类、性质及危害程度。分析场地上生产活动涉及的所有生产原料、辅料、燃料、中间产品以及产品、副产品等物质，识别出有毒有害物质；特别是工艺中使用的助剂、溶剂、添加剂、催化剂等辅助材料也往往是造成场地土壤及地下水污染的污染源。各个流程的每个环节上需要具体识别出排放的污染物，即具体的化学物质，而不是排放的综合性指标，如化学需氧量（COD）等。

（4）危害性识别

在全过程及全物质识别的基础上，结合企业环保水平，对有毒有害物质的暴露量、毒性危害、暴露途径以及进入土壤与地下水的可能性进行分析，评估污染物的危害性及对场地环境的风险性。尤其注意，此处的风险性是指对土壤与地下水的污染风险，要注意与建设项目环境影响评价中的生产分析相区别，避免低估或高估污染风险，比如有些污染物主要以气态的形式暴露，并不容易进入土壤与地下水，其潜在环境风险并不大；但是在环评项目中却是企业大气污染评价的一个重要内容。

4.2　生产性因素环境风险识别

生产性因素识别主要依靠场地资料（特别是环评资料、运行记录、物料记录及检测记录等）的分析、现场踏勘以及相关人员访谈的完成。因此，场地资料的收集要尽量完整；现场踏勘要全面深入，充分利用现场快速测定手段；人员访谈对象选择要合理，要有不同群体的代表性，特别是周边居民的访谈往往能够发现场地过去存在的环境问题。

4.2.1　生产工艺及产排污分析

生产工艺决定了生产水平、产排污环节、清洁水平等。分析场地不同历史阶段生产工艺的原辅材料、燃料、中间产品、产品及副产品等在全工艺过程中的物质流动，明确工艺流程不同环节的污染物类型、排放形式及排放量，绘制工艺产排污示意图。尤其要注意危险化学品、危险废物等的种类、使用及存储量、处理处置、去向等情况。对生产辅助设施如废水、废气、固废处理设施等，应分析其工艺及水平、处理量、排放量、处理效率、环保水平及排放去向等。

工艺分析时要遵循全过程、全物质的识别原则，特别是不能遗漏一些辅助性生产环节中的物料，如催化剂等。例如，某化工厂中有一个铜洗工艺，主要用醋酸二氨合铜（I）吸收生产过程中产生的一氧化碳和二氧化碳等气体，如图 4-1 所示，该生产工艺还用到钴钼催化剂；除此之外该厂不涉及任何其他重金属类物质。调查结果显示，在该工段位置处造成了土壤与地下水铜、钴、钼污染。

图 4-1　某化工厂生产工艺中辅助设施

对场地历史生产情况分析时，要重点关注企业环保防护水平，特别是过去由于工艺落后、环保意识不强，地面不做防渗处理，污染物渗漏后极易进入土壤及地下水。如某金属材料加工厂，调查结果显示场地没有重金属污染，但是车间区域石油烃污染非常严重，污染深度达到了地下 5 m。主要原因就是车间内过去是裸露地面，未做防渗层隔离处理，机器生产过程中的润滑油长年累月地渗漏到地面后下渗。

随着环保要求的提高，现在企业厂房建设都会按设计要求做防渗隔离处理，这对防止污染物进入土壤与地下水是极其重要的。

4.2.2　生产布局分析

生产布局影响污染物的空间分布，决定采样布点空间位置。在资料收集分析及踏勘阶段，对照厂区平面布置图，结合环境影响评价报告内容，按照工艺流程，考察建筑物/构筑物，生产线，生产设备，物料管线，能源设施与管线，存储设施等以及污水处理、废气处理、固废处理设施及管线等的功能、能力、状态、年限、维护、事故等情况，落实平面以及地上、地下布局。

4.2.3　污染识别

通过上述分析，明确场地各功能区域、工艺流程及相应位置的具体污染物名称、排放形态及数量规模；总结踏勘时的污染痕迹，如各种构筑物/建筑物、设备、反应器、容器、槽罐、管线等的破损、腐蚀以及物料残留以及渗漏到土壤中的情况，结合现场快速测定结果，大致明确污染源及暴露途径的关系，初步建立场地污染概念模型；总结明确场地潜在的污染物及特征污染物；为布点采样及检测项目的确定提供依据。

4.3　邻近场地生产性因素的影响

4.3.1　邻近场地的影响

场地生产性活动在影响相邻场地的同时也受相邻场地的影响，这种情况也很常见。涉及相邻场地从事重污染工业活动时，需要更加关注其对调查场地的影响。因此，在污染识别时对相邻地块的生产活动应充分重视。

图 4-2 为某一场地的边界污染状况模拟图，场地自身并没有造成污染，主要污染物来自邻近农药厂地块，污染物为 $C_4H_{10}O_2S_2$，属于挥发性重质非水相液体，已随地下水迁移越过厂界进入调查地块中。

图 4-2　某一场地的边界污染状况模拟

4.3.2　邻近场地污染识别方法

识别邻近场地污染影响的方法主要有：

1）邻近场地生产污染识别，特别是环境事故、企业排污以及重污染企业非水相液体及溶解性污染物的产生情况；

2）场地水文地质条件与地下水动力学分析；

3）场地边界内外梯度式布点采样；

4）特征污染物、污染梯度、污染羽等分析。

第 5 章
非生产性因素及影响

5.1 场地污染的非生产性因素

场地非生产性因素的污染影响是场地人为干预性的重要体现，非生产性因素导致的污染往往与场地使用情况无关，常常给场地环境调查溯源分析造成很大的难度。事实上，非生产性因素是导致场地污染的一个普遍性因素，在场地调查中应予以重视。认识非生产性因素及其影响对于客观理性认识场地调查结果具有重要意义。

场地污染的非生产性因素主要有企业拆除作业、输入性填埋物、客土输入、钻探取样、人为排污、地形变迁、种植及焚烧等，以下对主要的非生产性因素及其对调查的影响做简要概述。

5.2 拆除作业

5.2.1 不规范拆除

工厂遗留的生产设备、储存设备以及环保处理设施中往往留有大量原辅材料及化学品，不规范拆除常常造成场地再次污染，使污染复杂化。我国目前工业企业的拆除作业还不够规范，拆除施工相对简单粗糙，如图 5-1 所示。

图 5-1 工厂生产设施拆除作业现场

我国场地再利用情况较为复杂，场地调查有时是在工厂未拆除阶段完成的，拆除后场地情况会发生变化。当前，还没有很好地协调地上建筑物/构筑物、固体废物、废液等与地下土壤及地下水环境调查的关系。

5.2.2 拆除作业对场地表层土壤污染的影响

拆除、挖、推、运输等行为使场地遗留的固体废物、化学品、废液等在场地表面重新分布、交替堆混，污染范围扩大，污染局面复杂化。相关统计显示，过去工业企业场地表层污染近一半是由于不规范拆除造成的。场地调查踏勘阶段需要对场地生产设施的状况进行全面的调查，了解拆除情况，采样布点时应考虑拆除的影响区域。

5.3 输入性填埋物

输入性填埋物是场地常见的人为干预因素。因输入性填埋物引起的场地污染事件在全国已大量发生。一种情况是场地的使用者在生产时非法在地下填埋，另一种情况是企业停产后在土地流转过程中由于管理不善导致外来固体废物的非法倾倒、堆置与掩埋，甚至也有在场地修复好后等待验收时被堆置了固体废物的情况。

5.3.1 常见的输入性填埋物

场地中常见的输入性填埋物形式主要是固体废物，有时也有固液混合物，表 5-1 总结了常见的场地输入性填埋物。

表 5-1 常见的输入性填埋物

名称	分类	来源
垃圾	生活垃圾	生活产生，主要为有机垃圾、布料、纸屑、塑料、玻璃、金属、木材
	建筑垃圾	建筑物、构筑物等建设及拆除过程产生，主要为混凝土、砖、砂浆、灰泥、沥青残渣等
	工业垃圾	来自工业生产，成分复杂，根据工业生产的性质、工艺而定
废渣（液）	金属渣（钢渣、铁渣、有色金属冶炼渣）	来自钢铁冶炼及有色金属冶炼
	粉煤灰	煤发电厂、煤热电厂等
	飞灰	煤发电厂、垃圾焚烧厂、煤热电厂等
	底灰	煤发电厂、垃圾焚烧厂、煤热电厂等
	化工废渣（液）	化工企业产生，种类复杂，根据化工生产情况而定

名称	分类	来源
采矿废物	煤矿废物（煤矸石）	采矿业
	砂矿废物	采矿业
污泥	城市污泥	城市污水处理厂、排水管网
	工业污泥	工业生产及工业废水处理
底泥	河道、湖泊、港口等底泥	河道、湖泊、港口等清淤、疏浚
土壤	土壤	各类建设用地

5.3.2　输入性填埋物的识别

由于场地环境管理与固体废物管理实施的制度不同，对于由固体废物填埋、堆置造成的污染场地，一个重要的工作就是区分固体废物与土壤，确定固体废物、污染土壤及地下水的体量，有时需要开展环境损害鉴定。输入性填埋物与土壤往往具有很高的异质性及岩性不连续性，在垂向及水平方向上的变化较大；但经过混合后形成的固体废物与土壤的混合体，识别的难度就很大；有些外来的污染土壤的混入，使识别难度变得更大。

识别输入性填埋物时，应综合运用外观判断、物探、钻孔采样、组成成分分析、污染物分析、违法事件信息分析等手段进行相互印证、核实决定。

有些固体废物在颜色上有明显差别，但成分却不容易区别；有些废物外观上难以区别，但是成分有差别，因此可通过原生矿物、次生矿物及元素组成指纹分析的方法识别；对含有特定污染物的固体废物，可通过分析固体废物与场地土壤中该污染物的含量、形态特征及与其他污染物的指纹特征进行识别。

对输入性填埋物体量的确定，可综合使用物探与钻孔采样的方法，单独采用物探方法确定体量需慎重。

5.4　客土输入与识别

5.4.1　客土输入

许多老厂由于历史久远，厂区布局变化较大，有外来土用于绿化或者回填。过去对这些土壤的环境质量并没有进行规范管理，许多土壤来路不明，可能存在不同程度的污染，污染物与场地识别出的污染物相关性不大。

客土输入导致的场地污染特征取决于客土污染特征以及回填状况，与原场地污染源扩散迁移造成的污染特征明显不同，复杂性也更大，调查布点密度要求更高。

5.4.2　客土识别

场地调查时应注意进行客土识别，通过历史追溯、用地功能分析、地质特征分析、成分分析等多种手段进行筛查判断。

（1）历史追溯

追溯地块历史地形地貌变迁，是否有回填土及回填状态如何等。

（2）用地功能分析

分析地块历史上的用地功能，如绿化用地容易有外来土。

（3）地质特征分析

对地块进行物探及钻探、槽探等勘探，分析判断地质特征，外来土往往与本地土的性状有差异。

（4）成分分析

分析土壤成分（有机质、矿物质、地球化学成分等），根据指纹特征判断与本地土壤的相关性。

如某化工场地初步调查时，在所有采样点位中只有一个点位上层土壤中检出重金属铬及汞，该厂历史上所有生产工艺环节都不涉及这两种重金属，因此对该点位进行采样复核。经核实，现场钻孔施工人员为方便钻孔，将原来布设在道路上的点位挪到了绿化带区域。因此，在绿化带距离原点位 20 cm 处以及距离 1 m 处的道路上重新布点检测，如图 5-2 所示；在相同深度处的土壤中未再检出这两种重金属。经向工厂管理人员了解，该绿化带使用了外来土，可以判定该两种污染物是由外来土引起的，且为偶发现象。后续详细调查可以排除这两种元素的调查，节省了检测成本及时间。

图 5-2　某化工场地绿化带处土壤采样

5.5　场地勘探及人为排污行为

5.5.1　场地勘察钻孔

场地在建设前，都需要做岩土工程勘察。根据《岩土工程勘察规范（2009 年版）》（GB 50021—2001）的规定，初步勘察及详细勘察的具体勘探要求见表 5-2 和表 5-3。

表 5-2　初步勘察勘探线、勘探点间距及探孔深度　　　　　　　　单位：m

勘探线、勘探点间距			探孔深度		
地基复杂程度等级	勘探线间距	勘探点间距	工程重要性等级	一般性勘探孔	控制性勘探孔
一级（复杂）	50～100	30～50	一级（重要工程）	≥15	≥30
二级（中等复杂）	75～150	40～100	二级（一般工程）	10～15	15～30
三级（简单）	150～300	75～200	三级（次要工程）	6～10	10～20

表 5-3　详细勘察勘探点间距　　　　　　　　单位：m

地基复杂程度等级	一级（复杂）	二级（中等复杂）	三级（简单）
勘探点间距	10～15	15～30	30～50

在地基复杂的场地，初步勘察时勘探点的密度及深度比较大，在详细调查时点位间距已非常小，探孔深度也非常大。勘察之后场地留下大量勘察孔。

5.5.2　环境调查钻孔及建井

近年来，国家完善了场地环境管理制度，工业企业用地转性时都需要做场地环境调查工作，场地初步调查和详细调查阶段也在场地留下了大量土壤钻孔及地下水监测井。特别是对复杂的污染场地，污染区土壤采样点位布设不大于 20 m×20 m 一个点位，有时会达到 10 m×10 m 一个点位甚至更密，这些土壤钻孔和地下水监测井也留在了场地中，行业的现状是基本都不做封孔处理。

5.5.3　钻孔和监测井是潜在污染迁移通道

由于岩土工程勘察关注的重点不是环境污染问题，在钻井钻进时使用循环水，现场作业时往往就地取水，常常是污染水，可能会导致地层中交叉污染；勘察孔一般也不做封堵处理。场地环境调查的土壤钻孔基本也不做封堵处理。地下水监测井中深度较大的混合井或质量不合要求的分层井往往穿过不同地层造成地下水越流。这些未做封堵的勘探孔、土壤钻孔以及监测井往往成了污染物的迁移通道，使得场地污染变得更加复杂和怪异。

5.5.4 人为地下深井排污

近年来，场地使用者在厂区中钻井排污事件时有报道，场地调查时也多有发现。人为钻井排污是严重的违法行为，不仅污染了含水层地下水，损害了周边饮用地下水的居民的健康，也加剧了场地污染的复杂性，给场地调查与污染治理造成了重大困难。

5.6 场地地形变迁

5.6.1 地形人为改造

大多数场地地形都受到不同程度的人为改造，常见的人为改造类型有：

1）依地势而建的场地，根据场地建设布局需要，对场地突出的坡、丘、岭、包等地形进行挖掘、削平，对低洼沟谷地形进行填平；

2）场地内有地下建筑物/构筑物、设施的，拆除后回填；

3）对场地内或穿过场地的河流、河浜、沟渠、池塘等进行填平处理，或场地紧邻河道的，河道拓宽，场地面积减少并被回填底泥；

4）整个或部分场地是充填或回填而成的。

5.6.2 地形变迁对污染物迁移的影响

地形变迁使得场地污染物的赋存形态、迁移路径更加复杂化，主要表现在：

1）地形改造活动使得新旧污染物在空间上变得更加重叠、交错与分散，规律性下降，无序性增加；

2）场地挖、填、平整等改变了场地的地质及水文地质条件，改变了污染物迁移转化条件及结果；

3）回填土可能与原土有差异，地层结构、渗透性、土壤理化性质等都相应发生了变化，污染物的环境行为规律也随之变化，如回填的河浜中污染物的迁移通量可能会增大。

场地调查应通过资料分析、现场踏勘、人员访谈等识别地形变迁情况，相应优化采样布点方案，识别与评估地形变迁对场地环境的影响。

5.7　场地种植

5.7.1　场地种植行为

　　企业搬迁之后到场地调查之间往往存在一定的空档期,这段时间内的场地管理往往不够规范,大部分场地或多或少都存在周边无关人员进入场地进行开荒种植甚至堆放垃圾等行为。图 5-3 为某场地工厂拆除之后,附近人员进入场地进行种植的情景。

图 5-3　某化工场地的种植情景

5.7.2　种植行为对表层土壤污染的影响

　　种植行为对场地表层土壤影响较大,并引起潜在的健康风险,主要体现在:

　　1)种植活动改变了表层土壤的空间状态,使得场地原有的表层土壤污染物重新分布,表层污染状态复杂化;

　　2)种植行为本身引入的农药、肥料等增加了场地污染的可能性和程度;

　　3)植物的生理活动使得土壤及地下水中污染物含量、种类及形态发生变化;

　　4)种植的食用性农作物可能对人体健康造成危害。

5.8　焚烧活动

5.8.1　焚烧行为

　　如上所述,场地中的垃圾(外来堆置的或工厂遗留的)或植被等有时会被无关人员或场地管理者焚烧,场地周边也可能存在垃圾焚烧厂。这些焚烧行为会对场地表层土壤造成新的污染,污染物可能与场地历史上的使用情况无关。这种现象在场地中也比较普遍。

5.8.2 焚烧引起的污染

市政垃圾或类似成分的垃圾焚烧过程容易产生多环芳烃（PAHs）、多氯二苯并-对-二噁英（PCDD）和多氯代二苯并呋喃（PCDF），有时也有重金属；但以检出 PAHs 最为常见。如果是企业遗留的工业垃圾，焚烧产生的污染物就更复杂，需要根据垃圾成分及燃烧反应判定生成的污染物种类。焚烧行为产生的污染物能随大气蔓延到距离焚烧点几十米、几百米甚至几千米的地方，对场地及周边土壤造成新的污染。因此，在调查场地周边有焚烧厂的情况下，增加一些特定指标的检测也是必要的。

第6章

污染物性质及场地环境行为

场地中的污染物种类繁多，其环境行为与污染物的理化性质以及水文地质特征密切相关。因此，了解典型污染物的性质及其环境行为对制定场地调查策略及布点采样方案具有重要意义。本章对场地中常见典型污染物的基本性质及其在场地中的环境行为进行简要概述；同时，以密度和溶解性角度分类的轻非水相液体、重非水相液体和溶解相污染物对场地调查有重要意义，本章也对其环境行为进行简单介绍。

6.1 场地中常见污染物类型

6.1.1 污染物的分类

污染物有多种分类方法，可根据污染物的物理化学性质、产生污染的行业或应用类型进行分类。图 6-1 是一种常用的分类法（Swartjes，2011）。

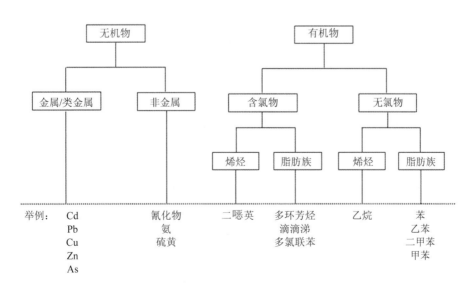

图 6-1 污染物的分类

场地中的污染物通常根据其化学或物理性质进行分类，主要包括以下几类：

1）金属和类金属；

2）挥发性有机污染物；

3）半挥发性有机污染物；

4）多氯联苯；

5）多环芳烃；

6）氯代烃；

7）苯系物；

8）酚类化合物；

9）持久性有机污染物；

10）石油烃；

11）农药。

上述分类中污染物存在一定的相互交叉。以下对上述污染物性质及环境行为分别进行简单介绍。

6.1.2 典型行业场地污染物

场地污染物类型与场地从事的行业密切相关，往往具有行业特征，表 6-1 为主要行业产生的污染物情况。

表 6-1　主要行业场地污染物情况

行业类型	主要工艺	主要污染物
铅锌冶炼	铅冶炼、锌冶炼	铅、锌、镉、砷、汞、铜、铬、锰
铜冶炼	铜冶炼	铜、镉、铅、砷、锌
钢铁冶炼	炼焦、炼铁、炼钢	铅、锌、镉、铬、镍、铅、铜、VOC、总石油烃类（TPH）
金属表面处理	电镀、化成、酸洗、涂装	镉、铬、锌、镍、铅、铜、铅、VOC、酸
铅酸蓄电池制造	铅粉制造、板栅制造、涂板、化成、清洗	铅、硫酸
其他电池制造	汞电池制造	汞、镉、铬、铜、镍、铅、锌、VOC
印刷电路板	电路板制造	镉、铜、镍、铅、VOC
半导体制造	半导体制造	砷、镉、铬、铜、汞、镍、铅、锌、VOC、SVOC
炼焦行业	干馏、结焦	苯系物、多环芳烃、氰化物、酚类
石油化工制造	石化品制造	TPH、VOC、SVOC、砷、镉、铬、铜、汞、镍、铅、锌
农药制造	制药过程	溶剂、砷、汞、铜、VOC、SVOC、农药
基本化学材料制造	基本化学材料制造	TPH、VOC、SVOC、砷、镉、铬、铜、汞、镍、铅、锌

行业类型	主要工艺	主要污染物
皮革鞣制加工	鞣制、染色	铬、镉、铜、铅、锌、VOC
合成橡胶制造	橡胶制造	VOC、SVOC、TPH
合成树脂及塑胶制造	合成树脂及塑胶制造	砷、铬、镉、铜、汞、镍、铅、锌、VOC、SVOC、TPH
人造纤维制造	人造纤维制造	VOC、SVOC、TPH
涂料、染料及颜料制造	制造过程	铬、铅、锌、镉、铜、VOC、SVOC
印染	染色、印花	六价铬、苯胺、三氯化苯、苯酚、硫化物、各种染料
造纸	制浆过程	有机氯化物、二噁英
硫酸制造	制酸	硫酸、砷
烧碱制造	电解、离子交换	氢氧化钠、钡、废石棉绒
肥料制造	化学合成	氟化物、磷、铵、砷、铬、镉、铜、汞、镍、铅、锌、钴、VOC、SVOC、TPH
火力发电	染料燃烧	砷、汞、铅、多环芳烃、PCBs、二噁英
加油站	油品储存、销售	TPH、苯、乙苯、甲苯、二甲苯、铅、甲基叔丁基醚

6.1.3 污染物在土壤与地下水中的存在状态

6.1.3.1 重金属的存在状态

重金属在土壤与地下水中的存在形态指重金属的价态、化合态、结合态和结构态。结合态有多种划分方法，主要有以 Tessier 等（1979）为代表提出的五步形态（可交换态、碳酸盐结合态、有机结合态、铁锰结合态、残渣态）、七步形态以及 BCR 法等。不同重金属价态各异，大多数带正电荷，少数带负电荷（如铬、砷）。大多数重金属以化合物（如氧化物、氢氧化物、硫化物、碳酸盐、磷酸盐等）的形式存在于土壤与地下水中，且大多以非溶解态的相态存在，少数为溶解态，个别存在单质态和挥发态。

场地调查应结合场地地球化学条件理解和判断重金属在土壤与地下水中的存在状态。

6.1.3.2 有机化合物的存在状态

有机化合物进入土壤与地下水中后进行多相分配平衡，在固-液相中符合吸附解吸规律，在液-气相中符合亨利定律。形成的相态有溶解态、吸附态、挥发态及自由态。大多数有机物为非亲水性和非溶解性的，多以自由态和吸附态存在。在场地严重污染时会存在非水相液体，在非水相液体的边缘部分发生溶解或挥发。此外，有机化合物也进行电离和水解，形成不同的带电基团和离子。可根据土壤与地下水中污染物浓度以及有机物水土平衡关系、地球化学条件、水文地质条件判断有机物的存在状态。

6.2 典型污染物性质及场地环境行为

6.2.1 金属和类金属性质及其环境行为

6.2.1.1 金属和类金属性质

金属是自然界中广泛存在的一类物质。纯金属在常温下一般都是固体（汞除外），有金属光泽，有延展性，密度较大，熔点较高，大多数为电和热的优良导体。金属容易失去电子，在土壤中易形成阳离子，与非金属离子形成金属盐；少数以阴离子形式存在，如六价铬、砷等；极少数很不活泼的金属（如金、银等）有单质形式。作为污染物，被广泛关注的是毒性较大的重金属（如铬、镉、铅、汞、镍、铜）以及类金属砷等。

6.2.1.2 重金属和类金属的场地环境行为

重金属和类金属种类繁多，以下只对几种重要重金属和类金属的环境行为做简单阐述。

（1）砷

砷（As）为元素周期表第 33 号元素，俗称砒。地壳中砷的平均含量为 5 mg/kg，自然土壤中砷的含量为 1～20 mg/kg，我国土壤平均含砷量为 9.29 mg/kg。土壤含砷量与成土母质（岩）的种类有很大关系，具体表现为石灰岩＞三角洲沉积物＞河流冲积物＞第四纪红土＞砂页岩＞片麻岩＞花岗岩。土壤中砷分为无机砷化合物和有机砷化合物。常见的无机砷包括 As_2O_3、As_2O_5、H_3AsO_3 等，而有机砷往往指甲基砷和二甲基砷。根据砷与土壤胶体的结合形式，大致可分为水溶性砷、吸附性砷和不溶性砷三类。其中，水溶性砷和吸附性砷通常合称为可利用砷或有效态砷，易于迁移，且易被植物吸收，毒害作用较大。相对而言，不溶性砷（如铁型砷、钙型砷、铝型砷和闭蓄型砷等）生物利用性较差，危害性相对较低。

在缺氧环境中，土壤中砷的主要赋存形态为三价砷，亚砷酸含量往往较高；而富氧环境中，五价砷则是其主导形态。土壤氧化还原电位的变化，使土壤中三价砷和五价砷之间发生相互转化。pH 值是影响土壤中吸附态砷转化为溶解态砷的主要因素。碱性条件下，土壤胶体的正电荷减少，对砷的吸附能力降低，可溶性砷的含量增加，生物毒性增强。土壤中的铁氧化物对砷有良好的固定作用。此外，有机质也是影响砷还原释放的关键因素之一。

（2）镉

镉（Cd）为元素周期表第 48 号元素，在自然界中常以化合物状态存在，一般含量很低。天然镉矿大多与锌矿伴生，也常与铅矿、铜矿、锰矿相伴生。镉主要以硫化镉（CdS）和碳酸镉（$CdCO_3$）的形式并存于锌矿中，如菱锌矿（$ZnCO_3$）、闪锌矿（ZnS）、锌铁矿（$ZnMnFe_2O_4$）、异极矿（H_2ZnSiO_4）等。土壤中镉的含量与成土母质（岩）的种类有很大关系，具体表现为石灰岩＞三角洲沉积物＞河流冲积物＞第四纪红土＞砂页岩＞花岗岩＞片板岩；除此之外，土壤中镉的含量还受到地形因素的影响，其含量表现为三角洲沉积平原＞河流冲积平原＞丘陵台地＞山地。

镉在旱地土壤中以 $CdCO_3$、$Cd_3(PO_4)_2$ 和 $Cd(OH)_2$ 的形态存在，并以 $CdCO_3$ 为主，尤其是在 pH 值大于 7 的石灰性土壤中以 $CdCO_3$ 居多；而镉在淹水土壤中则多以 CdS 的形态存在。酸性条件下，镉的溶解度增加，当 pH 值低于 4 时，镉的溶解度最大；碱性条件下，土壤胶体负电荷增加，氢离子竞争能力减弱，多以难溶的 $Cd(OH)_2$ 的沉淀形式存在，镉的有效性大大降低。同时，碱性条件下，pH 值每增加一个数量级，水溶性镉大致要减少 100 倍。土壤中的有机质能减少镉在土壤中的迁移转化。

（3）铬

铬（Cr）为元素周期表第 24 号元素，为银白色有光泽的金属。铬在地壳中分布广泛，平均含量为 200 mg/kg，铬在土壤中的背景含量为 70 mg/kg，但各类土壤的铬含量存在较大差异，其含量主要受母岩的影响。

铬常见的化合价有 0、+2、+3、+6 价，土壤中铬含量最高的价态为三价与六价。三价铬主要以 $Cr(H_2O)_6^{3+}$、$Cr(OH)_2^+$ 等形式存在，$Cr(OH)_3$ 的溶解性较小，是铬最稳定的存在形式。三价铬活性比较低，很容易被土壤胶体吸附而形成沉淀，生物毒害作用很小。三价铬的溶解度取决于 pH 值，pH 值较低时，三价铬会形成有机络合物，迁移能力增强；当 pH 值大于 4 时，三价铬溶解度降低；当 pH 值为 5.5 时，三价铬全部沉淀。当土壤中铁和锰的含量比较高时，三价铬的固定量也相应较高。

土壤中六价铬主要以 CrO_4^{2-} 和 $Cr_2O_7^{2-}$ 的形式存在，六价铬在所有 pH 值范围内都是水溶性的，且以阴离子形式存在，而土壤往往带负电荷，因此不易被土壤胶体吸附，活性高，迁移能力强。水溶性六价铬的含量一般较低，但其毒性远大于三价铬。不同类型的土壤或黏土矿物对六价铬的吸附能力有明显差异，具体表现为红壤＞黄棕壤＞黑土＞黄壤及高岭石＞伊利石＞蛭石＞蒙脱石。

氧化还原作用对铬的形态转化非常重要。碱性—微酸性条件下，六价铬在土壤中的迁移性很强。在一般土壤常见的 pH 值和 Eh 范围内，六价铬可被溶解性硫化物、二价铁离子以及某些带羟基的有机化合物还原为三价铬。有研究表明：六价铬进入土壤后，通常以水溶态和交换态的形式存在，其余部分被土壤有机质等还原为三价铬。因此，有机质含量较高的酸性土壤中一般六价铬含量较低，接近中性或弱碱性的土壤中六价铬含量较高。当土壤中存在氧化锰等氧化物时，三价铬可被氧化为六价铬，但在实际场地中这个过程较难发生。

（4）铅

铅（Pb）为元素周期表第 82 号元素，是原子量最大的非放射性元素。铅是一种高密度、柔软的蓝灰色金属，密度大、硬度小、熔点低、沸点高。常见含铅的物质有密陀僧（PbO）、铅丹（Pb_3O_4）、黄丹（Pb_2O_3）、硫酸铅（$PbSO_4$）等。自然界中的铅主要以方铅矿（PbS）及白铅矿（$PbCO_3$）的形式存在，也存在于铅矾（$PbSO_4$）中。

土壤中铅大多以二价态的无机化合物形式存在，极少数为四价态。二价铅离子可以与黏土中的一些阴离子（如 S^{2-}、SO_4^{2-}、CO_3^{2-}、OH^-等）结合生成 PbS、$Pb(OH)_2$、$PbCO_3$、$Pb_3(PO_4)_2$ 等难溶性沉淀，降低其迁移性。酸性土壤中，化合物沉淀发生溶解或形成可溶性铅络合物。土壤中的 pH 值升高，利于铅离子水解作用的进行，使水解产物羟基化铅增多，增加了土壤胶体对铅的吸附，从而降低铅的迁移性。

土壤中的铅易被有机质和黏土矿物吸附。各类土壤对铅的吸附量存在一定的差异性，具体吸附量与有机质含量和黏土矿物组成有关。

在氧化条件下，土壤中的铅可与高价锰、铁的氢氧化物结合，降低其可溶性，导致土壤中可溶性铅含量降低。

（5）汞

汞（Hg）为元素周期表第 80 号元素，俗称水银。汞在自然界含量很低，但分布很广。汞是亲硫族元素，常伴生于锌、铅、铜等有色金属的硫化物矿床中。汞在自然环境中的本底值较低，未受污染的情况下，土壤中汞的含量为 0.01～0.3 mg/kg，平均含量为 0.03 mg/kg。

土壤中汞的存在形态受土壤 Eh、pH 值、氧化还原条件以及配位体等因素影响。土壤中的汞有多种存在形态，包括金属汞、无机结合态汞以及有机结合态汞。无机结合态汞主要有氧化汞、碳酸汞、难溶性的硫化汞以及可溶性的氯化汞，有机结合态汞主要有甲基汞、乙基汞、二甲基汞等。各种含汞化合物中，甲基汞、乙基汞等有机结合态汞毒性最大，生物有效性较高。

土壤中的汞有三种存在价态：Hg^0、Hg^+、Hg^{2+}。单质汞常温常压下比较稳定，可存在于土壤中。单质汞与硫、氯等非金属元素反应生成无机汞化合物。大部分 Hg^+ 化合物不稳定，容易转化为其他价态。在好氧条件下，Hg^0 可以转化为 Hg^{2+}；在还原条件下，Hg^{2+} 可以在极毛杆菌、假单胞杆菌等微生物作用下转化为 Hg^0。Hg^{2+} 在含有 H_2S 的还原条件下，生成非常难溶的 HgS，当土壤中的氧气充足时，HgS 又可缓慢氧化为亚硫酸汞和硫酸汞，使 HgS 转化为 Hg^{2+}。

　　土壤中的黏土矿物和有机质对汞有强烈的吸附作用，因此汞进入土壤后能迅速被土壤吸收或固定。土壤中的黏土矿物含有带负电荷的离子，可吸附 Hg^{2+}、Hg_2^{2+} 等以阳离子形式存在的汞，而 $HgCl_3^-$ 等以阴离子形式存在的汞可以被带有正电荷的离子吸附。不同黏土矿物对汞的吸附量大小也存在不同，对于氯化汞来说，吸附能力排序为伊利石＞蒙脱石＞高岭土＞粉砂＞中砂＞粗砂；对于醋酸汞来说，吸附能力排序为蒙脱石＞水铝英石＞高岭石；对于甲基汞来说，吸附能力排序为伊利石＞蒙脱石＞粉砂。有机质吸附固定汞的能力高于黏土矿物，一般来说，土壤有机质的含量越高，吸附汞能力越强。有实验表明：土壤中有机质的含量每增加 1%，汞固定率增加 30%。

　　土壤 pH 值在 1～8 时，土壤对汞的吸附量随 pH 值的增大而上升，当 pH 值＞8 时，土壤对汞的吸附量基本不再发生变化。

　　土壤对汞的吸附十分牢固，相关研究表明，采用水或 EDTA 络合剂，都无法将吸附的汞提取出来。所以，土壤中的汞很难向深层迁移而污染地下水。

　　土壤中最常见汞的无机络合离子有 Cl^-、SO_4^{2-}、HCO_3^-、OH^-，这些离子均能与汞生成络合离子。土壤中氧气充足条件下，汞主要以 $Hg(OH)_2^0$ 和 $HgCl_2^0$ 的形式存在，当土壤溶液中 Cl^- 浓度较高时，主要以 $HgCl_3^-$ 和 $HgCl_4^{2-}$ 的形式存在。OH^-、Cl^- 对汞的络合作用大大提高了汞化合物的溶解度，进而提高了汞在土壤中的迁移能力。土壤中的有机配位体（如有机质中的羧基和羟基）对汞有很强的螯合能力。有机质中的正负离子对汞有很强的吸附固定作用，导致土壤中有机质的汞含量大大高于矿物质中的汞含量。

　　土壤中的无机汞可以转化为甲基汞，毒性增大，并会在生物体内积累，经食物链的富集而威胁人类健康。甲基化的途径有生物甲基化和非生物甲基化，生物甲基化是汞甲基化的主要原因。

6.2.2　挥发性及半挥发性有机化合物性质及其环境行为

6.2.2.1　挥发性及半挥发性有机化合物性质

　　挥发性有机化合物（VOCs）是在标准温度和压力下转化成气相的有机化合物，各个国家或组织对其都有不同的定义。一般认为其为沸点在 50～260℃、在标准温度和压力（20℃和 1 个大气压）下饱和蒸气压超过 133.32 Pa 的有机化合物。场地中常见的挥发性有机物有苯、甲苯、乙苯、二甲苯、四氯化碳、氯仿、1,2-二氯乙烷、1,2-二氯丙烷、顺-1,2-二氯乙烯、反-1,2-二氯乙烯、三氯乙烯、四氯乙烯、氯乙烯、乙醇类、酮类等。

　　半挥发性有机化合物（SVOCs）是在标准温度和压力下缓慢发生挥发的有机化合物。一般认为其是沸点在 260～400℃、在标准温度和压力（20 ℃和 1 个大气压）下饱和蒸气

压为 $1.33\times10^{-6}\sim1.33\times10^{2}$ Pa 的有机化合物。由于分类温度界限模糊，半挥发性有机化合物与挥发性有机化合物会有交叉。常见的半挥发性有机化合物有 1,2-二氯苯、1,3-二氯苯、3-3′-二氯联苯胺、六氯苯、2,4,5-三氯苯、2,4,6-三氯苯、五氯酚、毒死蜱、邻苯二甲酸二丁酯、邻苯二甲酸二乙酯等。

6.2.2.2 VOCs 和 SVOCs 的环境行为

场地中 VOCs 和 SVOCs 种类较多，其场地环境行为往往可以归为轻非水相液体和重非水相液体，分别见第 6.3 节和第 6.4 节。

6.2.3 多氯联苯性质及其环境行为

6.2.3.1 多氯联苯性质

多氯联苯（PCBs）是一类人工合成的化合物，是联苯苯环上的氢原子为氯所取代而形成的一系列具有不同取代数目和取代位置的氯代联苯类物质。多氯联苯理论上具有 209 个同类物，目前在环境中已经检测出 150 多种。

PCBs 相对密度比较大，耐火，具有很高的闪点（170～380℃）；化学性质非常稳定，难溶于水，溶解度随着氯含量的增加而降低，但是易溶于烃类、脂肪及其他有机化合物。209 个 PCBs 同类物的正辛醇-水分配系数（$\lg K_{ow}$）为 4.46～8.18。PCBs 导电性很低，耐热性很好，因此在电气设备中常用作冷却液和绝缘液。

PCBs 属于致癌物质，容易累积在脂肪组织，造成脑部、皮肤及内脏的疾病，并影响神经、生殖及免疫系统。

6.2.3.2 PCBs 的环境行为

进入场地中的 PCBs 易与土壤黏土中的有机物发生强吸附作用，且 PCBs 溶解性很低，虽然存在一定程度的生物及非生物的解吸作用，但整体上 PCBs 不容易进入地下水中发生渗漏。根据 PCBs 溶解度及正辛醇-水分配系数，土壤对含氯量低的 PCBs 的吸附强度低于对含氯量高的同类物的吸附强度，因此含氯量高的 PCBs 更不容易发生渗漏。

PCBs 在环境介质中时，除了光解外几乎没有其他形式的化学降解作用发生；在场地中除了表层裸露土壤能受到光照外，下部没有光照条件，光解作用几乎不能发生，PCBs几乎没有自然化学反应。研究证明（王连生，2004），只有 PCB-1221（平均含氯量 21%，为单氯代联苯和二氯代联苯及其异构体）和 PCB-1232（平均含氯量 32%，主要为单氯代联苯、二氯代联苯、三氯代联苯、四氯代联苯的异构体）的生物降解性能良好，其他 PCBs都不能被生物降解；相对来说，一氯联苯、二氯联苯、三氯联苯的生物降解比较快，四氯联苯的生物降解比较慢，而含氯量高的 PCBs 很难进行生物降解。因此，PCBs 一旦进入土壤中就比较稳定，往往能长期存在。

6.2.4 多环芳烃性质及其环境行为

6.2.4.1 多环芳烃性质

多环芳烃（PAHs）又称稠苯芳烃或稠环烃，是指含两个或两个以上苯环以两个邻位碳原子相连形成的化合物。主要有两种组合方式，一种是非稠环型，其中包括联苯及联多苯和多苯代脂肪烃；另一种是稠环型，即两个碳原子为两个苯环所共有。PAHs 大多是无色或淡黄色结晶，个别颜色较深；熔点及沸点较高，蒸气压很小；一般具有荧光，在光和氧的作用下会分解变质。

PAHs 是土壤中最常见的污染物之一。其自然来源主要为陆地、水生植物和微生物的生物合成过程以及森林、草原天然火灾及火山喷发物、化石燃料等；人为源主要是石化产品、原油、木馏油、煤焦油类（煤焦油、柏油、沥青、杂酚油）、润滑油、防锈油、矿物油、橡胶、塑胶、木炭、药物、农药、杀虫剂、染料、脱模剂、电容电解液、食品以及各种矿物燃料（如煤、石油和天然气等）、木材、纸以及其他含碳氢化合物的不完全燃烧或在还原条件下热解形成。

在污染场地中，PAHs 检出率很高。多年场地调查的结果显示，苯并[a]芘的超标率最高，其次为二苯并[a,h]蒽、苯并[a]蒽和苯并[b]荧蒽，茚并[1,2,3-cd]芘、䓛、萘和苯并[k]荧蒽等超标率相对较低。

PAHs 由于具有毒性、遗传毒性、突变性和致癌性，对人体可造成多种危害，如对呼吸系统、循环系统、神经系统造成损伤，对肝脏、肾脏造成损害。已有 16 种［萘、苊烯、苊、芴、菲、蒽、荧蒽、芘、䓛、苯并[a]芘、苯并[a]蒽、苯并[b]荧蒽、苯并[k]荧蒽、茚苯[1,2,3-cd]芘、二苯并[a,h]蒽、苯并[g,h,i]芘］被美国 EPA 列为优先控制污染物。

6.2.4.2 PAHs 的环境行为

PAHs 非常难溶于水，特别是分子量在 228 以上的只能在土壤中存在，水溶性较大的萘以及溶解度中等的蒽和菲能在土壤和地下水中同时存在。大部分 PAHs 很难进入地下水，因此，在场地中很少发现地下水中 PAHs 污染。PAHs 在场地中的迁移扩散也较难，往往是较小的斑点状污染，场地调查在采用插值法确定污染范围时需要考虑范围的准确性。

PAHs 在紫外线作用下能发生光解和氧化，除了裸露的地表土壤外不受此影响。PAHs 可以被生物降解，降解速率与 PAHs 的性质以及溶解度相关。随着苯环增多，PAHs 对生物降解的阻抗增加。最易降解的是菲，其次是芘，蒽和芴需要对微生物驯化后才能降解，荧蒽和䓛只有在浓度较低时才能生物降解。

6.2.5 氯代烃性质及其环境行为

6.2.5.1 氯代烃性质

烃分子中的氢原子被氯原子取代后的化合物称为氯代烃。氯代烃是很好的有机溶剂，广泛用于工业生产，如化工、农药、石油炼化、电子、机械、皮革、干洗等行业，因此也是场地中最常见的污染物之一。

氯代烃溶剂主要包含氯代烷烃、氯代烯烃以及氯代芳香烃 3 种，如二氯甲烷、氯仿、氯苯等。最主要的氯代烃污染物为三氯乙烯（TCE）、四氯乙烯（PCE），其他较为常见的氯代烃污染物为四氯化碳、1,1-二氯乙烷、1,1-二氯乙烯、1,2-二氯乙烷、顺-1,2-二氯乙烯等。大部分氯代烃密度大于水，水中溶解度较低，具有较低的辛醇-水分配系数，脂溶性强。氯代烃具有挥发性，是挥发性有机污染物。

氯代烃溶剂具有神经毒性且具有致畸、致突变的危害，部分氯代烃溶剂为一类致癌物质。

6.2.5.2 氯代烃的环境行为

由于氯代烃比水重且黏度较小，属于重非水相，进入场地后会很快下渗到含水层中，并下潜到含水层底部向低洼处汇集。氯代烃的辛醇-水分配系数较低，不易被吸附作用阻滞，往往能大范围迁移，其场地环境行为参见第 6.4 节。

6.2.6 苯系物性质及其环境行为

6.2.6.1 苯系物性质

苯系物为苯及衍生物的总称，是人类活动排放的常见污染物，广义上的苯系物绝对数量可高达千万种以上，但一般意义上的苯系物主要包括苯、甲苯、乙苯、二甲苯、三甲苯、苯乙烯、苯酚、苯胺、氯苯、硝基苯等，其中，苯(benzene)、甲苯(toluene)、乙苯(ethylbenzene)、二甲苯（dimethylbenzene）4 类为代表性物质，也将苯系物简称为 BTEX。

苯系物的来源广泛，其主要来自工业生产、汽车尾气、装修装饰材料（如油漆、板材、人造板家具、装饰材料等）、胶黏剂、办公设备（如复印机、打印机、传真机、计算机等）、干洗、印刷、纺织、合成橡胶、人为活动（如吸烟、烹饪、燃香等）等。

苯（benzene）在常温下是一种无色、有甜味的透明液体，密度小于水，易挥发，具有强烈的芳香气味。苯极易燃，具有毒害作用。苯不溶于水，易溶于有机溶剂中，本身也可作为有机溶剂。苯最重要的用途是做化工原料。苯主要通过呼吸道吸入、胃肠及皮肤吸收的方式进入人体，长期吸入会侵害神经系统，导致白血病的发生，急性中毒者会产生神经痉挛甚至昏迷、死亡。

甲苯（toluene）是一种无色、带芳香气味的液体，密度小于水，较易挥发，甲苯不溶于水，易溶于二硫化碳、乙醇、乙醚、氯仿和丙酮等有机溶剂中，本身也可作为有机溶剂。在农药染料、合成树脂等化工行业中用途广泛。甲苯对人类的皮肤、黏膜具有刺激性，对中枢神经系统有麻醉作用。人体长期接触，可引发神经衰弱综合征、肝肿大等损伤。

乙苯（ethylbenzene）是一种无色、有芳香气味的液体，密度小于水。易燃，遇到明火、高热或与氧化剂接触，都有引起燃烧爆炸的危险。乙苯极易挥发，它是生产聚苯乙烯塑料中间体的重要原料。乙苯可经消化道、呼吸道及皮肤被人体吸收，对皮肤黏膜有较强刺激性，对人眼及上呼吸道具有刺激作用，可致神经衰弱。乙苯重度中毒可致使昏迷、抽搐、血压下降及呼吸循环衰竭。

二甲苯（dimethylbenzene）是无色透明液体，密度小于水。具有刺激性气味、易燃，不溶于水。易与乙醇、氯仿或乙醚等有机溶剂任意混合。二甲苯毒性不高，具有一定致癌性。短时期内人体吸入较高浓度的二甲苯对人眼及上呼吸道有明显刺激，致使眼结膜及咽喉充血、头痛、恶心、胸闷、意识模糊。二甲苯重度中毒患者可引起躁动、抽搐、昏迷，甚至有癫病症状发生。

6.2.6.2　BTEX 的环境行为

BTEX 具有挥发性，密度比水小，属于轻非水相液体。进入场地后，在包气带挥发进入土壤气。到达含水层后易于浮在地下水水面上，并在平面方向扩散，其场地环境行为详见第 6.3 节描述。

6.2.7　酚类化合物性质及其环境行为

6.2.7.1　酚类化合物性质

酚类化合物是一个苯环上的氢原子被一个或多个羟基取代并可能带有其他类型取代基（如氯、甲基、硝基）的化合物。酚类化合物根据能否与水蒸气一起挥发而分为挥发酚（沸点在 230℃以下）和不挥发酚（沸点在 230℃以上）。常温下酚类化合物大多以固态存在，为无色晶体，只有少数为液体。酚类化合物一般具有较高的溶解度，易溶于苯、乙醚、醇类、酯等有机溶剂；具有相对较低的蒸气压和辛醇-水分配系数。但对氯代酚来说，随着氯代程度增加，化合物溶解度降低、辛醇-水分配系数增加。

自然界中存在的酚类化合物大部分是植物生命活动的结果，称为内源性酚；其余的称外源性酚。外源性酚主要来自树脂、尼龙、增塑剂、抗氧化剂、添加剂、聚酯、药品、杀虫剂、炸药、染料和汽油添加剂等。

酚是一种中等强度的化学毒物，与细胞原浆中的蛋白质发生化学反应。酚类化合物可经皮肤黏膜、呼吸道及消化道进入体内。低浓度时使细胞变性，可引起蓄积性慢性中毒；高浓度时使蛋白质凝固，可引起急性中毒以致昏迷、死亡。

6.2.7.2 酚类化合物的环境行为

酚类易溶于水和有机溶剂，并具有较低的辛醇-水分配系数，对有机质和腐殖质等亲和性弱，因此酚类化合物在地下水中容易迁移。氯酚随着氯原子的增加，分配系数增加，在土壤中的亲和性也增强；五氯酚只有在酸性条件下才被土壤显著吸附，吸附容量与土壤有机质含量成正比；五氯酚在碱性条件下易于迁移，酸性条件下不易迁移。硝基酚的性质差异较大，其在环境中的行为也不同。

酚类化合物蒸气压低，在包气带中的挥发不是损失的重要途径。酚类化合物容易生物降解，如酚、苯基酚和壬基酚类化合物。氯酚由于氯原子对苯环上电子云的强烈吸附导致苯环上电子云密度降低，在地下厌氧环境中容易被还原，发生还原脱氯反应而被降解。

6.2.8 持久性有机污染物性质及其环境行为

6.2.8.1 持久性有机污染物性质

持久性有机污染物（Persistent Organic Pollutants，POPs）是指具有毒性、难以降解、可在生物体内蓄积、在环境中持久存在，并对人类健康及环境造成严重影响的有机化学物质。POPs 具有长期残留性、生物蓄积性、半挥发性和高毒性等特点。被《关于持久性有机污染物的斯德哥尔摩公约》限制和禁止的 POPs 多达 21 种，主要包括有机氯农药、多环芳烃等。POPs 严重危害健康，可导致癌症、先天缺陷、免疫系统及生殖系统疾病等。

6.2.8.2 POPs 的环境行为

POPs 在环境中的行为正如其名，难以发生化学分解和光解，且难以生物降解，一旦排放到环境中就会长期存在。

6.2.9 总石油烃性质及其环境行为

6.2.9.1 总石油烃性质

总石油烃（TPH）是多种烃类（按结构可分为烷烃、环烷烃、芳香烃、烯烃 4 类）和少量其他有机物（如硫化物、氮化物、环烷酸类等）的混合物。石油烃是环境中广泛存在的有机污染物之一，包括汽油、煤油、柴油、润滑油、石蜡和沥青等。

汽油常温下为无色至淡黄色的易流动液体，难溶于水，易燃，具有蒸发性、安定性、抗爆性、腐蚀性和清洁性，主要成分为 $C_5 \sim C_{12}$ 脂肪烃和环烷烃类以及一定量芳香烃，汽油具有较高的辛烷值。汽油是由石油炼制得到的直馏汽油组分、催化裂化汽油组分、催化重整汽油组分等不同汽油组分经精制后与高辛烷值组分经调和制得的。

煤油纯品为无色透明液体，含有杂质时呈淡黄煤油色，略具臭味。密度小于水，不溶于水，易溶于醇和其他有机溶剂，易挥发，易燃。煤油为碳原子数在 $C_{11} \sim C_{17}$ 的高沸点烃类混合物。主要成分是饱和烃类，还含有不饱和烃和芳香烃。因品种不同，含有烷烃 28%～48%、芳烃 20%～50% 或 8%～15%、不饱和烃 1%～6%、环烃 17%～44%。此外，还有少量的杂质，如硫化物（硫醇）、胶质等。其中硫含量 0.04%～0.10%。不含苯、二烯烃和裂化馏分。

柴油是复杂的烃类混合物，碳原子数在 $C_{10} \sim C_{22}$。主要由原油、页岩油等经蒸馏、催化裂化、热裂化、加氢裂化、石油焦化等过程生产的柴油馏分调配而成（还需经精制和加入添加剂）。根据原油性质的不同，有石蜡基柴油、环烷基柴油、环烷-芳烃基柴油等。柴油分为轻柴油（沸点范围为 180～370℃）和重柴油（沸点范围为 350～410℃）两大类。

6.2.9.2 总石油烃的环境行为

石油烃是轻非水相液体，其环境行为参见第 6.3 节。石油烃是碳氢化合物，土壤环境中有很多微生物能够降解石油烃，如细菌、丝状菌和酵母菌等。石油烃类的组分不同，微生物降解的程度差异也很大。

6.2.10 农药性质及其环境行为

6.2.10.1 农药性质

农药是指用来预防、消灭或控制危害农业、林业植物及其产品的病、虫、草和其他有害生物以及有目的地调节植物、昆虫生长发育的化学合成物质或来源于生物、其他天然物质的一种或几种物质的混合物及其制剂。

农药品种很多，按用途主要可分为杀虫剂、杀螨剂、杀鼠剂、杀线虫剂、杀软体动物剂、杀菌剂、除草剂、植物生长调节剂等；按化学结构分，主要有有机氯（如 DDT、狄氏剂、林丹、氯丹、碳氯特灵、七氯、艾氏剂等）、有机磷（如敌敌畏、乐果、对硫磷、甲拌磷、乙拌磷、马拉硫磷、二嗪农等）、有机氮、有机硫、氨基甲酸酯、拟除虫菊酯、酰胺类化合物、脲类化合物、醚类化合物、酚类化合物、苯氧羧酸类、脒类、三唑类、杂环类、苯甲酸类、有机金属化合物类等，它们都是有机合成农药。

6.2.10.2　农药的环境行为

农药种类不同，性质各异，对土壤的污染程度差异也很大。有机氯杀虫剂有特有的环状结构、挥发性小及多氯等特点，大多为难降解有机物，性质稳定，残留时间可达几年至十几年。

相对有机氯农药，有机磷农药则容易降解，主要降解途径是水解和氧化，可降解为单或双取代的磷酸、膦酸或硫代类似物。有机磷农药在酸性环境中比中性条件更加稳定。生物降解也是一个降解因素。

6.3　轻非水相液体性质及场地环境行为

6.3.1　主要的轻非水相液体性质

不与包气带及潜水面以下的水发生混合的液体通常被称为非水相液体（Non-aqueous Phase Liquids，NAPLs）。其中，密度比水小的叫作轻非水相液体（Light Non-aqueous Phase Liquids，LNAPLs）。LNAPLs 污染物具有比重小、非混溶于水的特点，往往具有挥发性。常见的 LNAPLs 主要有石油烃（汽油、柴油、煤油、芳香烃类和短链烷烃等）和苯系物。LNAPLs 类产品广泛用于交通运输和石化产品中。在场地中非常常见。

6.3.2　LNAPLs 的环境行为

NAPLs 主要由重力、浮力和毛细管力控制其迁移。LNAPLs 的迁移主要以吸附、扩散、挥发为主，主要影响因素为污染物密度、黏滞性、界面湿润性和饱和蒸气压。当 LNAPLs 在地表开始泄漏时，在重力作用下进入包气带土壤孔隙中并向下迁移，同时受到包气带土壤毛细管力的作用进行横向迁移，形成以污染物质泄漏点为源头、向下向四周扩散、饱和程度由内向外逐渐降低的污染区，下渗过程重力起主导作用，毛细管力起次要作用。LNAPLs 在重力作用和毛细管力作用下继续向下、向周边迁移扩散，如果污染源并不持续或渗漏量较小，后续的污染物没有继续跟进，则重力作用逐渐变小，转向以毛细管力作用为主，污染物饱和浓度逐渐下降，直至达到一个相对稳定的状态，形成以孤立岛状、小球团状或独立液滴为主的存在形式，即残余饱和条件，形成土-油-气的稳定平衡状态，如图 6-2 右上侧所示。穿过包气带时，部分 LNAPLs 挥发逃逸至大气；部分在包气带孔隙中以气相存在；部分被包气带中的水溶解，并随土壤的含水量变化而变化。发生在包气带的污染物吸附是干态或亚饱和态的吸附。如果此时有降水并产生径流，则一部分污染物随入渗水流加快下渗扩散速度，另一部分可能进入地表径流。干态或亚饱和态吸附时土壤中的矿物质可能是吸附污染物如石油类的主体，当土壤中湿度变大，由于石油烃的疏水性，会更倾向于在土壤有机质上吸附，土壤有机质的含量成为影响吸附平衡的重要因素。

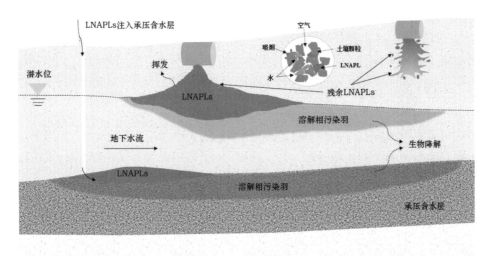

图 6-2　LNAPLs 场地环境行为

如果地下水位埋深较浅且表层 LNAPLs 泄漏量较大，重力作用驱动较大，LNAPLs 入渗锋面将达到潜水水面，由于密度比水小，LNAPLs 将会在水面处聚集成一定厚度，对地下水有重力下压作用，同时受到地下水的顶托作用。LNAPLs 在地下水水面处的毛细带内进行明显的横向扩散，并在地下水流的作用下沿水流方向迁移，在迁移的横截面的两侧边缘达到残余饱和状态。整体上形成一个透镜体状态。这个过程中，LNAPLs 透镜体底部和四周中部分污染物会溶解在水中，但 LNAPLs 的主体很难向地下水以下迁移，如图 6-2 中部所示。

如果 LNAPLs 在加压条件下注入承压含水层（图 6-2 下部），LNAPLs 在浮力作用下汇集在含水层上部，并沿隔水顶板底部向最高处运动，有时是逆地下水流运动。LNAPLs 聚集体的下边缘则溶解后沿地下水流方向形成污染羽。

LNAPLs 迁移扩散过程中，其中的可生物降解部分也受到微生物的降解作用，但是这个作用与迁移扩散相比要小得多。

一般来说，场地中一旦有 LNAPLs，污染物存在于 LNAPLs 中的量远远大于溶解态的。在场地调查时，判断是否存在 LNAPLs，可通过观察地下水监测井水面是否有聚集（一层区别于水的油膜或油花状物质）或者在土样中出现进行判断；也可以通过简单的计算来判断是否存在 LNAPLs。但残余 LNAPLs 很难被发现。

如某加油站场地调查中，根据资料分析，预计泄漏了 4.6 t 石油烃（苯含量为 1.8%），造成了面积约 1 700 m²、深约 3.6 m 的地下水石油烃和苯污染带。现场采样测得土壤中苯浓度 C_b 为 86 mg/kg，估计该处是否存在非水相。为进一步确定污染情况，在场地布设了 4 口地下水监测完整井，地下水中苯的检测浓度分别为 0.11 mg/L、0.12 mg/L、0.09 mg/L、0.14 mg/L，进一步估计场地中是否有苯的非水相存在。（苯的分配系数 K_{oc} 为 38 L/kg，纯相溶解度为 1 740 mg/L，含水层的土壤孔隙度 n 为 0.32，土壤容重 ρ 为 1.8 kg/L，土壤中天然有机碳含量为 0.2%）

解：采用土壤污染物检测结果估算如下：

苯的有效溶解度 S_e = 0.018×1 740 = 31.32 mg/L

苯的分配系数 K_d = $K_{oc} \cdot f_{oc}$ = 0.002×38 = 0.076 L/kg

则苯在毛细管中水的理论浓度为：

$$C_w = \frac{C_b \cdot \rho}{K_d \cdot \rho + n} = \frac{86 \times 1.8}{0.076 \times 1.8 + 0.32} = 338.9 \text{ mg/L}$$

由此可见，C_w 大于 S_e，土壤中存在非水相。

采用地下水污染物检测结果估算如下：

释放到场地中的苯的总量为：

$$4.6 \times 1.8\% \times 1\,000 = 82.8 \text{ kg}$$

被污染的地下水体积为：

$$1\,700 \times 3.6 \times 0.32 = 1\,958.4 \text{ m}^3$$

地下水中溶解态的苯含量为：地下水的体积与苯的平均溶解度之积，即：

$$1\,958.4 \times 1\,000 \times 0.115 \div 10^6 = 0.225 \text{ kg}$$

可见，溶解态的苯的量远小于泄漏的量，地块中苯存在非水相形态。当然，本估算没有考虑石油烃随地下水的流失以及挥发、生物降解等因素，如果油罐在地下泄漏，而且泄漏时间不长，则挥发和生物降解的作用不显著。

6.4　重非水相液体性质及场地环境行为

6.4.1　主要的重非水相液体性质

非水相液体中密度比水大的称为重非水相液体（Dense Non-aqueous Phase Liquids，DNAPLs）。DNAPLs 的来源非常广泛，几乎遍布所有的工业类型。主要有高毒性含氯有机溶剂、氯酚、氯苯、煤焦油、TCE、PCE、三氯甲烷（TCA）和杂酚油等挥发性和半挥发性污染物，是场地中常见污染物。

6.4.2　DNAPLs 的环境行为

DNAPLs 在场地中的运动主要取决于比重和地层结构。DNAPLs 渗透至地表后，在重力、黏滞力和毛细压力的作用下向下迁移，重力是主要驱动力。在均质土壤结构中，DNAPLs 沿着孔隙均匀下渗，若存在大孔隙、小裂隙及孔洞等，它会通过这些"捷径"快速下渗。穿过包气带时，形成了岩土-空气-水-NAPLs 四相体系。部分 DNAPLs 挥发逃逸至大气；部分 DNAPLs 被包气带中的水溶解，形成水溶相 DNAPLs，这部分会随着土壤的含水量变化而变化；部分在包气带孔隙中以气相存在；部分 DNAPLs 在下渗路径上因重力不够或撤除，将以不连续的球状液滴储存在介质孔隙中，称为残余相，残余相是无法迁移的固态；移动相的 DNAPLs 在向下迁移时，若遇到颗粒较细的土壤层，如黏土层时，可能会阻止其下渗，堆积在上形成 DNAPLs 池，DNAPLs 池更容易在地层的低洼处汇集，在以黏性土为主的地层中，这个作用往往比地下水流驱动 DNAPLs 的作用大很多。在包气带 DNAPLs 很容易从土层的优先通道下渗。自由连续的 NAPLs 饱和度在 15%～25%，剩余饱和度值在 5%～20%，剩余饱和度值与土壤性质和成分有很大关系，与 NAPLs 的化学组成并无太大关系。

在实际场地中，经常遇到在较厚的含水黏土层下面仍然有 DNAPLs 污染的现象。黏土层对水流有明显的限制作用，DNAPLs 一度被认为难以渗透穿过，然而由于土层的微尺度异质性，黏土通常具有一些很小的裂缝（小于 20 μm），从而成为 DNAPLs（主要是氯代化合物）渗透的优先通道，黏土层对其没有明显的限制作用（USEPA，1992；Saines，1996）。也有研究证明，氯代烃类与黏土作用使其微观结构发生了一定的变化，土层渗透性增大，DNAPLs 穿透黏土层的能力大大增加。传统意义上的黏土隔水层或低渗透地层能够减缓 DNAPLs 的渗透，但并不是能够阻隔 DNAPLs 的隔污层（隔离污染物穿透的地层）。

DNAPLs 经过包气带土壤层到达地下水面后，继续向下迁移进入饱水带，饱水带土壤空隙被水充满，无空气存在，因此饱水带中 DNAPLs 主要为移动相和溶解相，有小部分残余相存在，无气相。DNAPLs 在向下迁移过程中不断发生溶解进入地下水，溶解相 DNAPLs 受水动力作用沿水流方向形成污染羽，部分溶解相污染物吸附在颗粒表面。由于重力作用 DNAPLs 最终穿透含水层，一直迁移到隔水层后在其上部积聚，沿着底板向低洼处扩张形成污染池。自由相和残余 DNAPLs 滞留在含水层中，缓慢溶解于地下水成为长期污染源。包气带中的残余 DNAPLs 受到外力或在降雨入渗作用下，可能发生向下迁移，成为二次污染源。DNAPLs 的迁移与转化如图 6-3 所示。

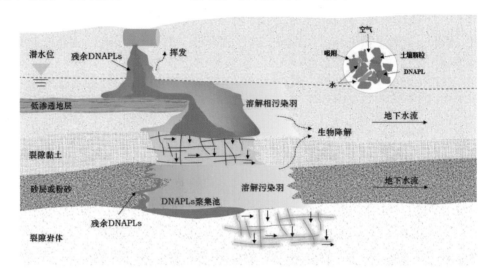

图 6-3　复合地层中 DNAPLs 的迁移与转化

在许多沿河流的下游区域，河床坡度变小，流速减慢，冲积层厚度较大，下部往往为砂砾层；由于上层细颗粒物具有相对的隔水性，DNAPALs 一旦突破上层进入下层粉砂或砂砾层，往往会较快下潜并随地下水流沿含水层横向扩散，造成更大范围的污染，给环境调查及治理带来极大的难度。

受现有技术的限制，污染场地中 DNAPLs 很难被发现。美国 EPA 研究指出，57%的研究场地中都有存在 DNAPLs 的可能，但是只有 5%的场地能够被观测到。即在地下水监测井中很少发现，但是场地中的 DNAPLs 存在的可能性却很大。实践中一般直接在监测井中进行测量，但测量的结果与真实情况差异会较大；或者实际存在但由于建井不合理或者只有剩余 DNAPLs 而测量不出来。有时直接观察采集的土壤样品的性状，性状不明显时可与水一起放在瓶中摇动后再进行观察。另一个经验做法是"1%原则"，即检测到污染物浓度大于该污染物质纯相或有效溶解度的 1%时，则 DNAPLs 可能存在（USEPA，1992；Saines，1996）。还可以利用土壤污染物检测数据对是否存在 DNAPLs 进行估算，如上例所示。此外，许多物探方法对探测场地中的 NAPLs 有一定效果，如可视化静力触探（VisCPT）、高密度电阻率法等，在场地中的应用也逐渐增多。

6.5 溶解相污染物性质及场地环境行为

地下水中溶解性污染物种类更多，场地调查一般关注有毒有害物质，如重金属、氰化物、溶解性有机物等；对以场地特征物存在的氯化物、硫酸盐、氨氮、硝酸盐、磷酸盐、氟化物等也较为关注。

溶解性污染物随水相的迁移转化相关内容可参考第 1 章第 1.3 节。

第 7 章

土壤理化性质及影响

7.1　土壤基本理化性质

土壤的理化性质主要有土壤成分、土壤质地（粒径分布）、土壤结构、土壤构造、土壤孔性、土壤含水性、土壤密度、土壤酸碱性、土壤氧化还原性、土壤吸附性等。

土壤理化性质对场地调查、风险管控与修复都有重要影响，本书基于对环境调查起到较大影响的理化指标（如土壤质地、土壤酸碱性、土壤胶体性质、土壤氧化还原性、土壤有机质、土壤地球化学特征等）开展相关探讨，其他性质可参考相关书籍。

7.2　土壤质地与土壤异质性

7.2.1　土壤质地的概念及分类

土壤是由不同粒径土粒组成的，土壤学中把不同粒径构成的重量比例的组合称为土壤质地，工程上多称为级配。

国内外对土壤分类的方法各不相同。从土壤学角度，有国际分类制、美国分类制、苏联卡庆斯基分类制。

从工程分类上看，国内主要有《土的工程分类标准》（GB/T 50145—2007）、《建筑地基基础设计规范》（GB 50007—2001）、《岩土工程勘察规范》（GB 50021—2001）、《土工试验规程》（SL 237—1999）、《公路土工试验规程》（JTG E40—2007）等标准规范。这些标准规范中粒径划分的原则主要考虑了粒组在工程中所起作用的程度，同时也兼顾了相适应的颗粒分析测定技术以及便于记忆的原则。

从环境科学的角度，更关注不同粒径的土壤对污染物作用的差异。笔者研究了现有的文献、报道发现，部分研究表明在土壤粒径小于 0.002 mm 时，土壤对 Cu、Zn、Cd、Pb 等的吸附量会呈现大幅提高；大于 0.002 mm 时，吸附量并未有明显差异。但并非所有实际污染土壤都会出现重金属含量随粒径变化大幅改变的现象。对有机物的研究结果显示，大多数土壤对有机物的吸附量随土壤粒径减小而增大，但部分有机物在不同粒径土壤下的吸附量并未呈现明显差异。

由此可见，想基于对污染物的作用程度对土壤颗粒进行粒径分级难度较大，因为土壤与污染物的性质差异都太大，作用的结果难以有很强的规律性。但总体来看，颗粒越细对污染物的吸附能力越强，是具有普遍性的。从对污染物的吸附角度，把土壤有机质含量作为定义土壤性质的一个参考因素是有一定意义的。

图 7-1 为笔者采用比重计法测定的几种土壤粒径分布图。

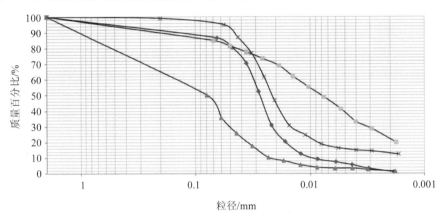

图 7-1   几种土壤粒径分布图

7.2.2   土壤的微尺度异质性

土壤微尺度异质性是指场地中微小范围内（几厘米）土壤或现场采集的单个土壤样品中土壤的异质性。如第 3.3.1 节所述，即便是微尺度，其异质性也很明显。微尺度的异质性主要是由于土壤的质地不同造成的，其次是污染的非均质性。土壤是由不同粒径的颗粒组成的，粒径不同时成分也不同，石砾、砂砾和粉粒几乎全部是由原生矿物组成，颗粒大，比表面积小，对污染物的吸附能力弱；黏粒则以次生矿物为主，有机质含量高，具有胶体性质，颗粒小，呈板状或片状，比表面积大，具有强烈的负电荷以及较弱的正电荷，从而能够吸附正离子和负离子，对有机物及无机物的吸附能力都很强。黏土颗粒的分层板也为吸附污染物提供了空间，如蒙脱石两个黏土板之间的阳离子（如 Ca^{2+}）可以吸引二苯并对二噁英分子的负电荷部分实现对二噁英的吸附。有机质对有机污染物的分配作用显著。黏粒对污染物的富集能力远远大于砂砾和粉粒，而且吸附牢固，很难解吸，在地下水中往往随同颗粒一起迁移。

图 7-2 是笔者在不同场地中所取土壤对镉、砷、铅以及苯系物（BTEX）和多环芳烃（PAHs）的吸附能力。由图 7-2 可知，无论是重金属还是有机物，土壤颗粒越小，污染物

吸附量就越大，尽管个别粒径组不完全符合这个规律，但总体上来说，细颗粒土壤占据了大部分的污染物吸附量；这与诸多文献的研究结果也相似。由表 7-1 可知，粒径小于 0.001 mm 的土壤质量仅占总土壤重量的 18.5%，但是其对铅的持有量却达到了总铅量的 40.1%；粒径小于 0.075 mm 的土壤颗粒铅持有量占总铅量的 69.6%。

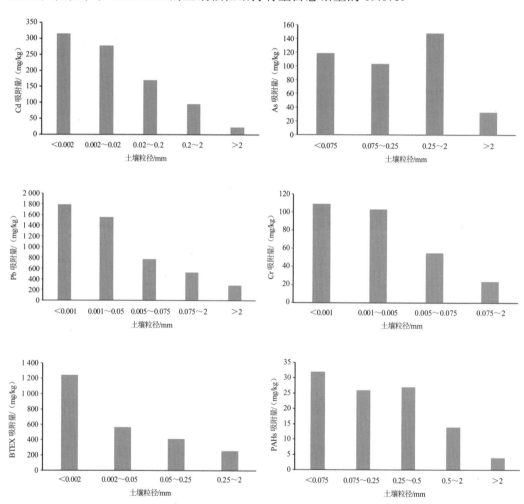

图 7-2　不同粒径土壤对污染物的吸附量

表 7-1　土壤粒径与铅吸附量的关系

土壤粒径/mm	粒径占比/%	Pb 吸附量/（mg/kg）	占铅总吸附量比例/%
<0.001	18.5	1 790.38	40.1
0.001~0.05	11.3	1 554.2	21.2
0.005~0.075	8.9	770	8.3
0.075~2	32	523.2	20.3
>2	29.3	286.3	10.1

图 7-3 为实际氯代烃污染场地中土壤样品的检测结果。尽管不同类型的土壤受到氯代烃污染的原始浓度不同，但是总体上看，黏性土对四氯化碳、氯仿、三氯乙烯和四氯乙烯的吸附量最大，其次是粉质黏土，粉土与细砂的吸附量明显小很多。

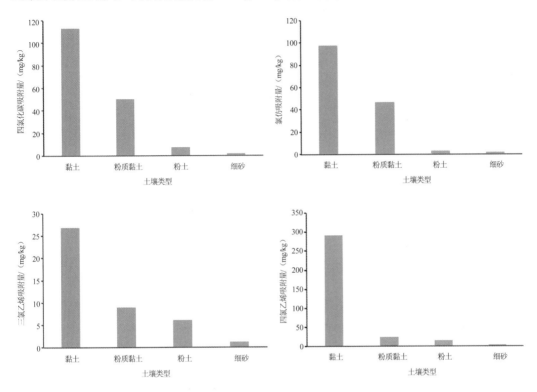

图 7-3　实际污染场地中不同类型土壤对氯代烃的吸附量

土壤粒径严重影响着污染物与土壤的吸附热力学与反应动力学；土壤粒径的调查除了揭示与污染物的关系外，也影响着土壤修复技术的选择；如纯粹黏性土壤单纯采用洗脱/淋洗技术效果往往不佳，原位注入药剂的扩散性也不好。

7.2.3　土壤异质性导致的评价偏离

微尺度异质性往往会导致检测和评价结果偏离实际水平，主要体现在以下两方面。

（1）实验室测试结果的偏离

由上述可知，一份土壤样品的污染物浓度的高低往往取决于细颗粒物在实验室分析样中的占比，有时同一个样品不同位置处土壤的质地也有差别，如果实验室不能采取措施规范地避免样品的异质性，那么同一样品的平行样之间也会有较大差异，这在实际工作中是比较常见的。实验室中常用四分法、长堆法、二分器缩分法等均质化方法进行混匀，但是对挥发性及半挥发性污染物不做混合处理，检测结果与实验室取样方式有关系。

（2）检测预处理导致的偏离

根据《土壤环境监测技术规范》（HJ 166—2004）中对土壤预处理的要求，土壤样品需要经过粗研磨（过 0.25 mm 筛）和细研磨（过 0.15 mm 筛），处理后的土壤用于分析污染物。这样的处理方法有时会造成样本偏差，导致评价结果的偏离。场地砂层中细颗粒土壤占比少，为分离到足够的可以用于检测的土壤量，通常需要在现场加大采集量。这样检出的污染物结果，其实是代表粒径小于 0.25 mm 或 0.15 mm 土壤的结果，但我们在使用该结果时，却认为这个浓度即是砂层土壤的浓度，从而高估了实际土层的污染水平，导致了修复体量增加，对修复技术的筛选也容易造成误判。

如某场地存在一个粗颗粒地质层，现场采集了 3 kg 样品（干重），经实验室处理后测得小于 0.15 mm 粒径的土壤重量占 13%，检测后测得土壤镉浓度为 140 mg/kg。根据研究结果，假设粒径小于 0.15 mm 的土壤吸附的镉占土壤总镉量的 78%。经过推算可知，实际整个土体的镉浓度为 23.3 mg/kg。

结果分析时，根据目前做法，该层土壤镉浓度就是检测结果 140 mg/kg，已经超过第一类用地的管制值（120 mg/kg），需要修复。但实际上，该层土壤的真实污染情况用 52.6 mg/kg 的检测值更为客观，该值低于第二类用地的筛选值。用 0.15 mm 筛孔过筛检测，会高估实际污染程度。

一般最大粒径小于 2 mm 的颗粒才会被视为是土壤范畴，美国 EPA 标准规定，测定金属元素时，是过 2 mm 筛，国外许多国家都以 2 mm 筛为界，基本包含了土壤范畴内的所有粒径的颗粒，可较好地避免这个问题，更为合理。

目前，我国场地环境管理的相关规范标准尚未考虑这个因素，实际上场地中的土壤质地结构差异很大，大的石砾、砂砾甚至大块杂质成分较高，这与农用地土壤显著不同。在我国西北很多省份以及其他省份的部分地区，场地中砂土、粉土居多，在现场采样及运用检测结果时，应考虑这种因素导致的评价结果的偏差。这要求在场地调查地勘阶段时需要对地层构造及土壤质地进行检测，实际操作时可以计量小于实验室筛孔孔径的土壤质量比例 L，用实验室检测值 C_s 与 L 的积大致估计整个土体的污染水平。

土壤质地的层次构造可为后续修复技术的筛选提供参数借鉴，大颗粒土壤中的污染物较容易解吸脱离，黏粒土壤污染物难以分离，对砂性、粉性土壤采用洗脱/淋洗技术可以实现大颗粒土壤的污染分离和污染土壤的减量。

7.3 土壤有机质

土壤是矿物和有机物的复杂异质混合物。广义上讲，土壤有机质包括土壤中各种动植物残体和微生物分解与合成的有机化合物。狭义上讲，土壤有机质主要是指有机物质残体经微生物作用形成的一类复杂的具有多种成分和功能基团的高度分散的复杂大分子有机化合物，即腐殖质，其组成包括碳水化合物、芳族化合物、酚、纤维素、木质素、脂类等。尽管在大多数土壤中有机质的含量较低，但它对土壤特性以及污染物与土壤的作用影响重大。

土壤有机质指标可以帮助理解污染物在土壤中的赋存特征，有助分析对调查结果的成因及关联性。土壤有机质对污染物分配及迁移的影响，使得它也成为风险评估的一个重要参数。

7.3.1　土壤有机质与有机污染物的作用

有机污染物分为极性和非极性两大类。极性有机污染物带有各种官能团和可电离物质，整体上具有极性，极性有机污染物通常具有亲水性。非极性有机物在结构上具有对称性，但分子结构中可能包含极性键，非极性有机污染物通常具有疏水性。有机污染物与土壤有机质中的官能团结合以及存在于土壤有机质的内部孔隙中，是土壤吸附有机污染物的两种形态。

有机质是影响土壤中疏水性有机污染物环境化学行为的重要因素之一。有机污染物的疏水性是与土壤有机质结合的关键特性，即具有高疏水性的有机污染物与土壤有机质官能团的结合力更强。例如，磺胺与萘的平均结合能仅等于六氯苯与萘的平均结合能的约 1/3。此外，磺胺与羧酸的平均结合能约为六氯苯与羧酸的平均结合能的一半。一般非极性污染物通过吸附或吸收与土壤有机质结合的趋势比极性污染物更为明显；极性有机污染物可以通过离子交换和质子化、氢键、范德华力、配位交换、阳离子桥和水桥等机理与土壤有机质结合，以这种途径结合的极性污染物也更容易解离。极性污染物与土壤有机质的静电相互作用占主要贡献；而非极性污染物的疏水作用（范德华力作用）超过了静电作用。

在土壤-水两相体系中，土壤对有机化合物的吸附能力常用分配系数表示：

$$K_p=C_S/C_w \tag{7-1}$$

式中，K_p——有机化合物在土壤-水中的分配系数，等于吸附等温线的斜率；

C_S——吸附在土壤中的有机化合物的平衡浓度；

C_w——水相中的有机化合物的平衡浓度。

对于同样的有机化合物，分配系数因土壤而异，研究发现分配系数与土壤中有机碳含量 f_{oc} 呈线性关系，从而：

$$K_p=f_{oc}K_{oc} \tag{7-2}$$

式中，K_{oc}——有机化合物碳分配系数，即有机化合物在纯有机碳中的分配系数；

f_{oc}——土壤有机碳含量。

有时也使用土壤有机质的分配系数 K_{om}，由于有机碳仅为有机质的一部分，因此 K_{oc} 大于 K_{om}，二者的近似关系为：

$$K_{oc}=1.724K_{om} \tag{7-3}$$

由于很多有机化合物没有 K_{oc} 值，有时就把 K_{oc} 与其他易得的化学特性相关联，比较常见的是正辛醇-水分配系数：

$$K_{ow}=C_{ow}/C_w \tag{7-4}$$

式中，K_{ow}——有机化合物在正辛醇-水两相体系中的分配系数；

C_{ow}——有机化合物在正辛醇中的平衡浓度；

C_w——水相中的有机化合物的平衡浓度。

K_{oc} 和 K_{ow} 小时，有机化合物是亲水性的，土壤对化合物的吸附作用弱；K_{oc} 和 K_{ow} 大时，有机化合物是疏水性的，土壤对化合物的吸附作用强。二者之间有一定的关系：

$$\log K_{oc}=a\log K_{ow}+b \tag{7-5}$$

式中，a 和 b 为经验系数。不同有机化合物的经验系数可查阅相关文献获得。

土壤有机质的内部孔隙对其与亲水性和疏水性有机污染物的结合有很大影响，结合能随着孔隙尺寸与污染物尺寸的匹配程度的增加而增高。因此，增加土壤有机质孔隙的数量将提高与污染物的结合程度。有研究（Ahmed A A，2015）表明，与没有孔隙的情况相比，存在小孔和大孔分别使六氯苯与土壤有机质的结合增加了 2.5 倍和 1.7～2.2 倍；对于磺胺，则分别增加了 2.8～4.6 倍和 1.5～2.8 倍。

土壤有机质含量对场地风险评估结果产生重要影响。随着土壤中有机质含量增加，人体暴露于有机污染土壤的健康风险降低，主要归因于土壤中有机质含量增加时，有机质对有机污染物的吸附能力增强，富集其中的有机污染物就越难被释放到环境中，不易通过呼吸吸入等方式进入人体。

7.3.2　土壤有机质与重金属的作用

土壤有机质的存在影响着重金属离子在土壤中的吸附-解吸行为。土壤有机质成分复杂，且不同组分对不同重金属吸附解吸、迁移富集的影响都不同。土壤腐殖质具有与重金属螯合配位的多种官能团，如羟基、氨基、亚氨基、酮基、硫醚等，具有很强的螯合能力。有些腐殖质如富里酸能与某些重金属离子形成水溶性配合物，增加了重金属的移动性；而有些腐殖质（如腐殖酸和胡敏酸）与重金属形成的络合物是不溶性的，如胡敏酸能还原 Cr（Ⅵ）成 Cr（Ⅲ），并与羧基形成稳定的复合体，限制了六价铬的移动性。

7.4　土壤酸碱性

重金属在不同的 pH 值条件下与氢氧根形成金属氧化物的溶度积不同。因此，土壤 pH 值的大小显著影响土壤中重金属的存在形态及活性。一般在酸性条件下，大多数重金属容易溶解析出；在偏碱性环境下容易形成氢氧化物沉淀，也可能以碳酸盐和磷酸盐的形式存在，它们的溶度积都很小，因此在土壤溶液中重金属离子浓度也很低。有些重金属在 pH 值继续升高时又形成配位化合物进一步溶解析出，如铜、锌等。

土壤与地下水的酸碱性对土壤中矿物的溶解、沉淀影响很大，如弱碱条件下含氟矿物在含水层沉积物中的水解释放是地下水高浓度氟的重要原因。

土壤酸碱性有助于理解同一点位重金属在土壤及地下水中的分配状态。几种重要重金属受酸碱性的影响情况可参见第 6 章描述。

由于场地中历史活动的复杂性，土壤酸碱性异常在场地调查中非常普遍，对原因的解释往往也比较困难。

7.5　土壤氧化还原性质

土壤环境是一个复杂的氧化-还原体系，包括 H_2O-O_2 体系、锰氧化物体系、铁氧化物体系、硫体系、H_2 体系、碳系统、氮体系等。土壤氧化还原性对可变价态的重金属的存在形态具有重要影响，如砷，在还原条件下 As（Ⅴ）转化为 As（Ⅲ），而亚砷酸盐的溶解度比砷酸盐大；因此，在地下水中容易检出 As（Ⅲ）。在还原状态下，重金属更容易以硫化物的形式固定在土壤中。在铁氧化物体系的强还原环境中，氧化体/氢氧化铁可能会形成铁斑、铁核，容易富集砷、钒、镍、铬、钴等重金属。

土壤氧化还原性质有助于理解多价态重金属在土壤-地下水中的存在形态。几种重要重金属受土壤氧化还原性质的影响情况可参见第 6 章描述。调查时可通过地下水氧化还原电位对氧化还原状态进行判断。

7.6　土壤胶体性质

土壤中有丰富的无机和有机胶体，对于进入其中的重金属有明显的固定作用，吸附能力的大小取决于土壤胶体的代换能力、酸碱度及土壤溶液中重金属离子浓度。土壤胶体对重金属的吸附，一种是吸附在胶体的表面上，这部分重金属随着土壤环境的变化能比较容易地释放出来；另一种是吸附在胶体的晶格中，这种比较牢固，很难释放。土壤胶体一般带有负电荷，重金属在土壤中大都以阳离子形式存在，因此与土壤结合得比较牢固；对于呈现阴离子形态的重金属如 As、Cr（Ⅵ）等，则不容易与土壤结合，更容易释放到土壤溶液中，在地下水中更容易检出。目前的调查工作基本不涉及土壤胶体的性质，可采用辅助信息进行判断。

7.7 土壤地球化学特征

7.7.1 土壤中的微量元素

土壤中的微量元素丰度与土壤形成因素（气候、母质、生物、地形、时间等因素）密切相关，其起始微量元素含量取决于母质中的丰度，后期受风化作用及地球化学过程的强力影响，导致土壤中微量元素的丰度差异很大。

在降雨较少、淋溶作用微弱的气候条件下，由玄武岩发育而来的土壤中的钙、镁以及钴、铬、铜、铁、锰、镍、钒等金属元素保持了较高的浓度；在高降水量、淋溶作用强烈的地区，风化良好的玄武岩土壤损失了大量硅、钙和镁，但由于重金属转化成了低溶解度的氧化物或氢氧化物，仍然保持了较高的浓度。花岗岩、页岩中的金属浓度较低，但其发育成的土壤中的重金属容易向底土迁移。

地球上许多地区覆盖着大面积全新世冲积物、风积物和冰碛物，这些经过搬运过的土壤由不同来源的物质混合而成，其地质起源比较复杂，风化程度较低。许多地区覆盖着很厚的第三纪风化土层，大多是原位形成的。

7.7.2 土壤环境背景值

由上所述，自然形成的土壤在一个短期内基本保持了相对稳定的元素丰度，即土壤环境背景值，也称为土壤背景含量或土壤本底值，是指在一定时间条件下，仅受地球化学过程和非点源输入影响的土壤中元素或化合物的含量；是基于土壤环境背景含量的统计值，通常以土壤环境背景含量的某一分位值表示。

背景浓度与自然过程和人为活动有关。天然背景浓度是指未受人类活动影响的环境中的污染物浓度；人为背景浓度是指由于人类活动导致的环境中的天然或人造污染物浓度（USEPA，2002），比如人类生产活动大气排放导致的区域性背景浓度升高，或人为活动导致环境中原有污染物在空间上的变化等。因此，自然背景值并不是一个固定的值，随着时间的变迁及人为活动，背景值也在发生变化。

　　土壤污染一般是人为活动与天然土壤背景浓度叠加的结果。由自然背景导致的微量元素（通常是金属类）的高值不应被认为是场地污染的证据，但也不能认为是没有风险的。天然土壤中的重金属一般是痕量元素级别，基本不存在毒理效应。但是在一些冲积平原或盆地，由于地质营力的搬运作用，可能会使土壤中的痕量重金属元素富集，超过健康风险值。

　　自然条件下，大多数重金属浓度异常高的地方，重金属的溶解性和迁移性一般较低，通常可以忽略其生态风险。但有些重金属含量的局部升高会影响与其接触的地下水、土壤、植被等其他介质，可能导致风险不可接受。

　　土壤元素环境背景含量是统计性的范围值，是按照相关要求采集一定数量的未受污染的土壤样品，通过分析，将元素含量数值经过异常值剔除、频数分布检验和分布类型确定，以能代表该区域土壤中该元素背景含量水平并用一定置信范围表达的数理统计值。常用的方法有参比元素标准化方法、累计频率法等。

　　场地调查时，有时需要判断金属元素富集是自然因素还是人为污染，可以采用确定自然背景值的几种方法进行识别判断。

第 8 章
环境水文地质条件及影响

场地环境水文地质条件是污染物迁移转化的空间载体与约束边界，对场地污染状态及变化有重要影响，是场地环境调查的关键性内容。本章对与场地环境调查密切相关的水文地质调查内容及相关问题进行探讨。

8.1 环境水文地质的研究内容

环境水文地质学是介于环境学科、水文学科与地质学科之间的边缘学科，是运用水文地质学的基础理论研究人类活动与地下水或水文地质环境之间相互关系的地质学。对环境水文地质学的研究范畴目前存在不同的看法，概括地讲，可以分为狭义上的和广义上的。狭义的环境水文地质学往往局限于研究水质与人体健康问题或人类活动造成的地下水污染问题。广义的环境水文地质学是研究与人类生活生产活动相关的一切水文地质问题，包括但不限于水污染、地面沉降、海水入侵、岩溶塌陷、土壤退化等。随着环境水文地质学的发展，现已形成了不同的学科分支，如污染水文地质学、病例环境水文地质学、资源环境水文地质学、工程水文地质学、生态环境水文地质学等。其中与污染场地密切相关的是污染水文地质学。

污染水文地质学是研究污染物在地下包气带、饱和带中的迁移转化的环境水文地质学，涉及地下水污染源、饱和带与包气带中物质的迁移转化、多相流、土壤与地下水监测、场地修复等内容。

本书只针对影响场地调查的主要水文地质因素进行阐述。

8.2 地层构造与特征

8.2.1 相关概念

一般来说，土壤在形成过程中在不同的地质年代和不同的成土因素驱动下，形成了一些形态特征各不相同的重叠的层，同一层内的土壤物质组成和结构、构造基本一致，土壤性质大致相同，这就是土壤发生层，即常说的"土层"。岩土工作者从工程地质及建筑条件角度，提出了"土体"概念，强调土体不是由单一而均匀的土组成的，而是由性质各异、厚薄不等的若干土层以特定的上下次序组合而成的。相对于土层，土体是一个更宏观的概念，一般是多层土层的组合体或单一土层的均质土体。

在一定土体中，结构相对均匀的土层单元体的形态和组合特征，称为"土的构造"，包括土层单元体的大小、形状、排列和相互关系，单元体的分界面称结构面或层面。在地质勘察和工程地质勘察中又有多种叫法，如"工程地质层""土的构成""岩土层结构""岩土构成""土/岩性""地层分布""地层结构"等。

"土壤结构"或"土的结构"一词，在土壤学与工程地质学中含义基本一致，是指土粒大小、形状、表面特征、连接关系和排列特征；"土的构造"如上文所述，可见二者含义不同。为与土的结构相区别，本书将土体的成层特性称为"地层构造"。

地层划分的依据不一，以岩石地层单位最为常用，与污染场地环境行为最相关。

8.2.2　我国典型地区的地层构造

土层沉积的时间长短不同，使得土体中土层单元体的厚度不一，单元体的形状多为层状、条带状和透镜状。土体由单一地层组成称为单一结构；土体由厚度较大、岩性不同的土层单元体相互交替叠置而成，称为互层结构；由厚度较大的与厚度很小的单层组成的，称为夹层结构。

不同地域或同一地域地层构造的差异都很大，特别是污染场地从尺度上讲是一个微观的区域，地层构造的差异会更大。图 8-1 为我国典型区域地层构造示意图。由于污染场地中污染物分布范围有限，往往只关心距离地表较浅的部分，图中仅显示了 50 m 以浅的地层构造；这些地区的地块在作为场地使用时，最上层往往有杂填土或素填土层。

图中数据全部来源于地质云平台的钻孔数据库。绘图时随机选取区域中的若干钻孔，结合区域地质条件，将钻孔数据进行综合。示意图中各地层岩性及厚度均为综合结果，由于区域地质条件复杂，未表示出地层倾向、地表起伏、构造断裂带、挤压带、侵入岩体以及局部的岩性变化，仅适用于区域地质条件中浅层第四系沉积物及岩层风化带参考。

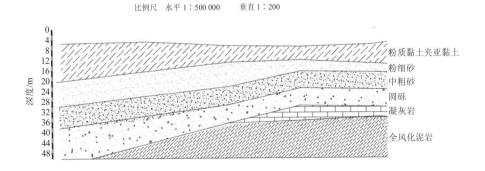

东北地区地层剖面示意图
比例尺　水平 1 : 500 000　　垂直 1 : 200

京津冀地区地层剖面示意图

比例尺　水平 1∶500 000　　垂直 1∶200

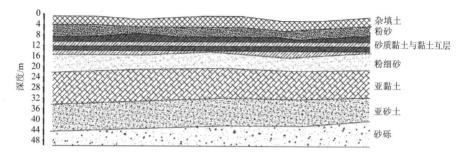

长三角地区地层剖面示意图

比例尺　水平 1∶500 000　　垂直 1∶200

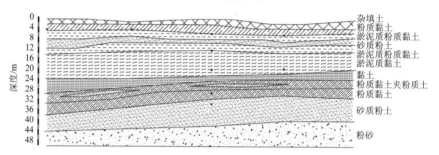

华东地区地层剖面示意图

比例尺　水平 1∶500 000　　垂直 1∶200

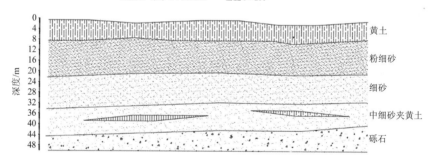

华南地区地层剖面示意图

比例尺　水平 1∶500 000　　垂直 1∶200

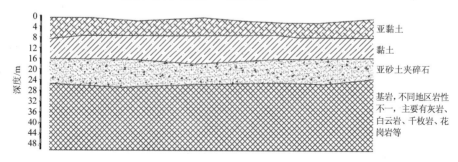

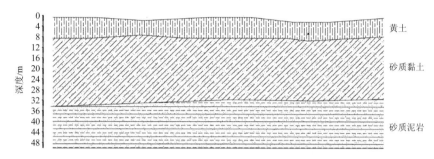

黄土高原地区地层剖面示意图
比例尺　水平 1∶500 000　　垂直 1∶200

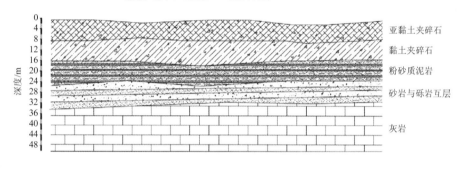

四川盆地地层剖面示意图
比例尺　水平 1∶500 000　　垂直 1∶200

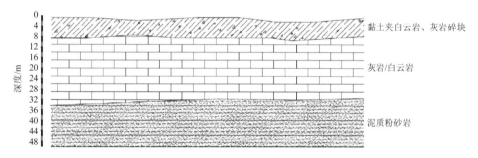

云贵高原地区地层剖面示意图
比例尺　水平 1∶500 000　　垂直 1∶200

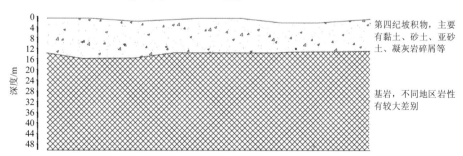

青藏高原地区地层剖面示意图
比例尺　水平 1∶500 000　　垂直 1∶200

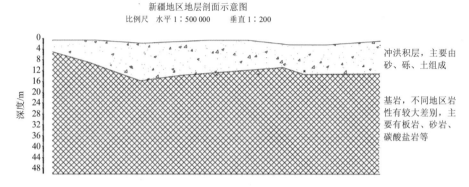

图 8-1　我国主要地区地层构造示意图

8.2.3　土壤与成层土体的渗透性

土体的成层特性（即地质异向性）不仅影响着土的工程特性，从环境科学的角度，同样也影响着污染物的迁移与归趋。地层构造主要通过渗透性与土壤理化性质影响污染物的迁移转化。由于土体由渗透性不同的层构成，在极小的地块范围内构造面大多呈水平或倾斜式，这使得地块在水平和垂直方向上的整体渗透性差异很大，以下具体讨论地层的渗透性大小。

8.2.3.1　不同类型土壤的渗透系数

土壤具有渗透性能，渗透系数是衡量土壤渗透性强弱的一个主要力学指标；渗透系数无法理论计算，只能通过试验测定。影响渗透系数的因素较多，如土的种类、密度、颗粒大小、级配、孔隙比、矿物成分、土壤气体、温度等，因此要准确地获取土壤的渗透系数要尽量保持土壤的原始状态。渗透系数可通过现场试验和室内试验方法测得。室内试验是场地勘察获取的土壤样品送到实验室测定，土样从地下取出后应力得到释放，水温发生变化，一定程度上改变了土体的原始状态；而现场试验则尽可能地保持了土体的原始状态，测得的结果比实验室内更准确可靠。

不同的土类的渗透系数不同，表 8-1 给出几种土类的渗透系数参考值。表中的渗透性是针对未污染的、具有一定地球化学特性的地下水而言的。

表 8-1　不同土层的渗透性

土类	渗透系数/（cm/s）	渗透性
砾石	$>10^{-1}$	高渗透性
粗砂	$10^{-2} \sim 10^{-1}$	中渗透性
中砂	10^{-2}	中渗透性

土类	渗透系数/（cm/s）	渗透性
细砂	$10^{-3} \sim 10^{-2}$	中渗透性
粉砂	10^{-3}	中渗透性
粉土	10^{-4}	低渗透性
粉质黏土	$10^{-6} \sim 10^{-4}$	低渗透性
黏土	$< 10^{-7}$	极弱透水（不透水）

8.2.3.2　土体水平渗透系数

土壤成层的特征使得一定土体在水平方向上总的渗透系数与垂直方向不同。图 8-2（左）为成层土体的渗流示意图。设水平渗流长度为 L，各土层的厚度为 H_j（$j=1$，2，…，n），总厚度为 H，对应各土层的渗透系数为 k_j（$j=1$，2，…，n），土体的水平平均渗透系数为 k，土层的平均水力梯度为 i；通过各层的渗滤量为 q_j，通过土体总的渗流量为 q。

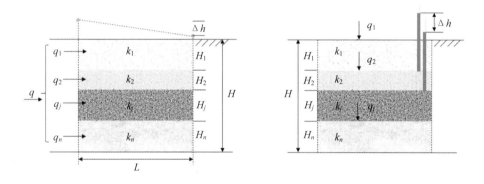

图 8-2　成层土体的渗流示意图

根据达西定律，通过整个土体的总渗流量为：

$$q = kiH \tag{8-1}$$

对于每一土层，各土层水平相同距离的水头损失均相等，因此各土层的水力梯度与整个土体的平均水力梯度也是相等的，所以，任一土层的渗流量为：

$$q_j = k_j i H_j \tag{8-2}$$

通过土体总的渗流量为各层的渗流量之和，即：

$$q = q_1 + q_2 + \cdots + q_n = \sum_{j=1}^{n} q_j \tag{8-3}$$

所以：

$$kiH = \sum_{j=1}^{n} k_j iH_j \tag{8-4}$$

因此，整个土层水平渗透系数为：

$$k = \frac{1}{H} \sum_{j=1}^{n} k_j H_j \tag{8-5}$$

由上式可知，当土体各层厚度差别不大，而渗透系数差别较大特别是存在数量级的差别时，渗透系数较小的土层对渗透性贡献较小，甚至可以忽略，土体整体水平渗透系数取决于透水性最好的土层的厚度及渗透性。这就是渗透性好的土层最容易成为污染物的传输通道的理论依据。

8.2.3.3　土体垂直渗透系数

对于垂直于土层的渗流情况，如图 8-2（右）所示，设垂向渗流面积为 A；各土层的垂直渗透系数为 k_j（$j=1$，2，$\cdots$，n），土体的垂向平均渗透系数为 k；通过各层的渗滤量为 q_j，通过土体总的渗流量为 q。渗流通过任一土层的水头损失为 Δh_j，水力梯度 i_j 为 $\Delta h_j/H_j$，则整个土体的水头损失 h 为 $\Sigma \Delta h_j$，总平均水力梯度为 h/H，则由达西定律可知，通过整个土体的总渗流量为：

$$q = k \frac{h}{H} A \tag{8-6}$$

对于任一土层，通过的渗流量为：

$$q_j = k_j \frac{\Delta h_j}{H_j} A \tag{8-7}$$

根据水流连续原理，通过各层土壤的渗流量也等于通过整个土体的渗流量，即：

$$q_1 = q_2 = q_3 = \cdots = q \tag{8-8}$$

因此有：

$$k_j \frac{\Delta h_j}{H_j} A = k \frac{h}{H} A \tag{8-9}$$

即：

$$\Delta h_j = k \frac{h}{H} \frac{H_j}{k_j} \tag{8-10}$$

又由于：

$$h = \Delta h_1 + \Delta h_2 + \cdots + \Delta h_n = \sum_{j=1}^{n} \Delta h_j \tag{8-11}$$

所以：

$$h = \sum_{j=1}^{n} k \frac{h}{H} \frac{H_j}{k_j} \tag{8-12}$$

即：

$$k = \frac{H}{\sum_{j=1}^{n} \left(\dfrac{H_j}{k_j} \right)} \tag{8-13}$$

由式（8-13）可知，渗透系数越小的层，在分母中占的权重也越大，土体整体渗透系数就越小，垂向平均渗透系数取决于最不透水土层的厚度和渗透性，这就是场地的黏性土层往往成为隔水层的原因。比较上述两个渗透系数公式可知，场地的整体水平渗透性远大于垂向渗透性。

土壤渗透性的测试方法较多，有原位的，也有实验室的，实验室检测需要从现场取样送至实验室，土柱离开地层后应力释放，已经不能代表原位状态，测试结果与原位检测可能差别较大。为能更好地支撑修复技术方案的编制，地层渗透性需要采用抽水试验、注水实验及微水试验等现场测试方法获取。现场试验结果更具有环境调查意义。

图 8-3 为某场地地下水监测井水位随时间变化的实测数据。监测井为混合井，井深 7.0 m，地面以下至 3.5 m 处为粉质黏土，3.5～7.0 m 为粉质砂土，水位埋深为 2.10 m。先快速将水位降至井底，然后记录水位与时间之间的关系，根据 Cooper-Bredehoeft-Papadopulos 方法进行计算，并得到含水层的渗透系数为 4.12×10^{-5} cm/s。

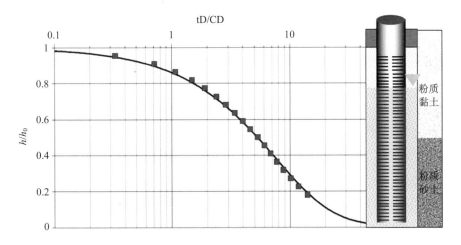

图 8-3　成层土体监测井水位 Cooper-Bredehoeft-Papadopulos 曲线图

8.2.4 地层构造对污染物迁移的影响

8.2.4.1 含水层与弱透水层

污染物进入场地后的迁移扩散受地层特征影响很大，基于调查经验和实践，需要对地层构造做特别说明。

水文地质上，岩土按渗透性及给水性可分为含水层、隔水层和弱透水层。能够透过并给出相当数量水的岩层称为含水层；不能够透过并给出相当数量水或能够透过并给出水的数量很少的岩层称为隔水层或不透水层；透水性能很差，但在水头差作用下（如天然大水头差或强烈抽水）且过水断面较大时通过越流方式可交换较大水量的岩层，称为弱透水层（也称越流含水层），如松散沉积物中的黏性土，裂隙稀少而狭小的坚硬基岩中的砂质页岩、泥质粉砂岩等。

含水层、隔水层与弱透水层具有相对性，在一定条件和不同视角下可以相互转化。如一般认为黏土不能透水，但是当水压差大到能克服其中结合水的抗剪强度时，则可以透水，可视为含水层；弱透水层因此也可称为透水层。从水资源意义上讲，在一定渗透性和水头条件下是隔水层（如黏土层）；但从环境科学角度来看，在同样渗透性及水头条件下，水中溶有无机污染物时，电离的离子会压缩土壤颗粒吸附水的双电层，使孔隙变大，透水性变好；特别是有非水相液体污染物存在时（如氯代烃化合物），非水相液体与土壤之间的相互作用，使得土壤结构发生微观变化，颗粒之间空隙变大，此时隔水层就会变成弱透水层或透水层，实践也证明，重非水相液体穿透很厚黏土层的污染场地比比皆是。基于这个原因，在场地调查与修复领域，不存在真正的隔水层，宜称为弱透水层或相对隔水层。

8.2.4.2 污染源分布与地层约束下的迁移

场地地层构造对进入地下的污染物的迁移转化有重要影响。不同的层序组织形成了渗透性各不相同的土层空间结构，在不同的水文条件和地下水动力条件下，污染物在其中的迁移、转化、归趋等行为也有很大不同。

污染源的空间影响程度与地层构造密切相关。从空间位置上来看，污染源主要分为地表源和地下源。地表源主要是生产生活环节的渗漏、排放、存储、废弃、堆置化学品或含化学品的液相、固相等行为造成的；地下源又分为生产性地下源和人为源，生产性地下源主要是地下的反应器、存储容器或构筑物、物料或污水管线等的渗漏造成的，人为源是人为在地下填埋固体废物、深层井排污等造成的排放源。这些污染源分布在地块不同的地层中，其环境行为差别很大。

污染物的种类很多，但是污染物的密度及溶解性对其运动属性影响最大，污染物进入场地后，受地层构造的约束，其迁移转化规律亦不相同。可参见第 6 章部分介绍。

由于场地的微观性，一般地层大多是呈水平或倾斜度较小的形态分布，但是在复杂的地质条件下，也有既不是水平也不是垂直的情况，图 8-4 为某重金属冶炼场地，岩层倾斜角度极大，污染物的迁移取决于岩层分布及岩层之间渗透性特征，调查难度很大。

图 8-4　某金属冶炼场地地层分布

通过对地层构造以及污染物性质的了解，结合厂区分布及污染物排放情况，可以大致判断潜在的污染区域、深度及扩散范围，这为场地环境调查布点采样方案的制定提供了重要指导。

8.3　地下水水位变化机制与测量

8.3.1　地表水体与地下水的水力联系

地表水体主要包括河流、湖泊、水库、池塘、湿地等，地表水体与含水层之间的水力联系对地表水量平衡和局部地下水水位及流向变化产生重要影响。当场地靠近地表水体时，场地中地下水流场受地表水的影响很大，需要特别关注。

根据水文地质条件的不同，地表水与场地地下水之间的水力联系基本可分为 4 种情况。如图 8-5（a）所示，河流或湖泊处于潜水含水层中，河流与地下水有直接水力联系；当河流水位比地下水水位高时，河流补给地下水；当河流水位比地下水水位低时，地下水以泄流形式补给河流；场地大多属于这种情况。当河流最高水位都处于隔水层时，河流与场地没有直接的水力联系，如图 8-5（b）所示。当河流最高水位高于场地潜水水位时，河流补给场地地下水，当河流水位低于隔水层底部时，场地地下水补给河流，如图 8-5（c）

所示。如果河流与场地承压水连通，河流与场地的补给关系视二者水位情况而定；当承压水水头低于河流水位时，河流补给承压水层；反之场地承压水层补给河流，如图8-5（d）所示。

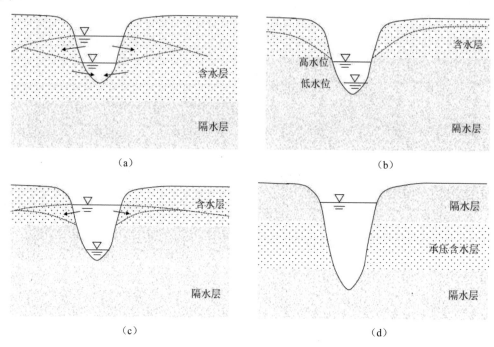

（a）　　　　　　　　　　　　　　（b）

（c）　　　　　　　　　　　　　　（d）

图 8-5　地表水与地下水之间的水力联系

当地下水监测井靠近地表水体时，地下水水位也因上述关系相应发生变化，在做场地流场图时尽量不使用靠近地表水体的监测井。在考察场地与地表水体水力联系时，才使用这些监测井，并需要收集分析长期监测数据，评估流场的变化情况。

8.3.2　降水对地下水水位的影响

降水对场地地下水水位影响巨大。主要体现在两个方面，一是降水在短时间内形成地表径流，一部分排泄出去，另一部分降水会在高低不同、凹凸不平的地面上积存，并缓慢下渗补给地下水，使得场地局部流场发生更为复杂的变化，如图8-6所示。二是突然的降水会使潜水含水层水位明显升高，这种升高并不是因为降水补给地下水引起的，而是降水下渗压缩包气带中的空气，在空气压力下监测井中自由水面上升。实际上，只有较长时间的降水才会抬升地下水水位，但流场也不会有太大改变。短时间的暴雨之后几天内，地下水水位可恢复至初始水位。因此，场地地下水水位的调查宜在雨后3~5天开展。

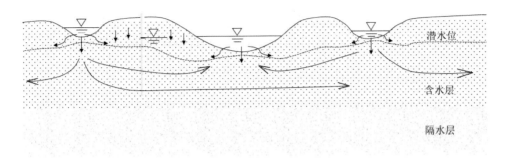

图 8-6　降水引起的场地地下水流场变化

8.3.3　潮汐变化对地下水水位的影响

滨海及河口海岸地区水位受潮汐周期性变动影响。涨潮时水位抬高（高潮），退潮时水位降低（低潮），高潮和低潮水位与平均水位差为潮汐振幅。高潮时海水或潮汐河水向含水层中流动，低潮时反之，这种双向流动的范围称为感潮带。对于感潮河流，河水还未排泄出去又被涨潮回灌，河水入海口带排泄能力下降。相应地，感潮带内监测井中地下水水位呈现波动变化，这种波动沿含水层向内陆传播，波动的振幅也逐渐减小，超过感潮带范围后振幅可忽略。

受潮汐作用的影响，许多滨海及潮汐河网地区的场地地下水呈双向流，在揭示地块水文地质条件以及污染物迁移情况时不能忽视这个作用。这种情况下，对场地地下水的调查需要更长时间的观测数据。

8.3.4　蒸散发作用对地下水水位的影响

蒸散发作用包括土面蒸发、水面蒸发和叶面蒸发（蒸腾），是干旱气候条件下松散沉积物构成的平原和盆地地下水的主要排泄方式。

靠近地表土壤中的毛细水由液态转变为气态而蒸发排泄。潜水埋深不大时，毛地带距离地表较近，潜水不断沿毛细管上升转变成气态蒸发排泄，潜水得到消耗。

叶面蒸发或蒸腾是植物根系吸收水分通过叶面蒸发散失的过程。特别是在有发达根系植被的情况下，植物蒸腾作用强烈，比裸露地面的蒸发作用大得多。根据测量，在靠近树林的地下水水位白天明显降低，夜晚时又会逐渐回升，呈现周期性变化。因此，地下水水位调查应尽量避免使用靠近树木处的监测井信息。如果整个场地都长满树木，则需要选择合适的测量时间，以免做出的水位图不能反映真实情况。

蒸散发作用影响局部地下水流场，但对区域流场影响很小。

8.3.5 场地基础层对地下水水位的影响

场地地下大量构筑物对地下水流场有重要影响，鉴于该部分内容的重要性，专门在第8.5节中详细介绍。

8.3.6 地下水流场的估计与测量

8.3.6.1 资料缺失时的流向判定

在缺乏地下水水位信息时，可根据地形地貌大体判断地下水流向。根据地下水水文学研究及经验，在许多情况下，潜水水位变化与地表地势具有一致性，地势较高处具有较高的势能，多属补给区；地势较低处的势能也低，多属排泄区，地下水埋深也比地势较高处更小。当然，也有不少例外情况，如干旱地区蒸散发作用强烈，不具有此种规律。

8.3.6.2 地下水水位测定法

地下水水位测定法依据的是地下水从高水位向低水位流动的原理。因此，地下水流场估计至少需要不在同一条直线上的 3 口地下水监测井的水位数据才能做出。在现场能够先获得 3 口井的水位信息，就可以通过图解法画出场地的大致流场图。如果配合抽水试验或微水试验，可以求得含水层的渗透系数 K，进而通过达西定律可以求出地下水流速。这种方法多用于区域性地下水流场，因为区域性调查尺度大，地下水观测井距离远，水头差大，做出的地下水流向大多能与实际相吻合。对于污染场地调查来说，由于调查尺度小，场地地下水构筑物多，地质异质性大，有水位差，也不意味着地下水实际上是流动的；所以，仅仅通过 3 口观测井做出流向图与实际情况可能差距较大。特别是在有上层滞水的情况下，做出的流向图甚至与实际情况相反。因此，尽量采用更多的观测井的水位数据。在作图方法上，可使用 Surfer 等软件模拟，方便快捷。

8.3.6.3 地下水流向仪测定法

地下水流向仪可直接在监测井中测量地下水的流向。常用的流向仪有旋页式、电磁式、热流式、多普勒式等，不同原理的仪器精确度也不同。热流式测定仪测定精度高、速度快、适用范围广，实际工作中使用较多。

采用流向测定仪需要注意以下问题：

1）监测井过滤管的滤缝宽度或穿孔孔径不能太小，避免水流不畅导致测定不准确。

2）监测井中石英砂粒径不宜太小，颗粒较大的更有利于流向的测定。

3）监测井的过滤管不能太短，测定仪应置于过滤管覆盖的区域。

4）尽量对更多的监测井进行测量，以绘制较为准确的全场地地下水流场图。

8.3.6.4　模型模拟法

在获得较多的水文地质资料时，还可以采用地下水模拟软件进行模拟，获得地下水流向、流速、水文分布等。在具有高度异质性的复杂场地，水文地质条件刻画不准时模拟结果也不准确。

8.3.6.5　示踪法

将示踪剂投入含水层中，通过测定示踪剂的浓度变化可以推算出地下水的流向及流速。一般要求示踪剂应无毒无害、廉价易得。常用的示踪剂有氯化钠、氯化钾、荧光剂、碘等。具体介绍可参见第 13.6.6 节内容。如果仅仅是获取场地地下水流场信息，示踪剂法用得较少，该法更多用于含水层参数测定以及污染物迁移转化模拟测试。

8.4　地层-水文-地下水动力作用

污染物在地层、水文、地下水动力等因素作用下的迁移性，影响调查的范围、程序与结果，进一步影响到修复技术方案的确定。精准化调查不仅仅是样品检测结果的评价，还需要对全场地数据的真实情况进行还原，形成完整的证据链。

8.4.1　场地污染空间分布的动态性

流体在场地中的运动是多孔介质的渗流。多孔介质包括孔隙岩土、裂隙岩土及孔隙-裂隙岩土。地下流体主要为水（含溶解的污染物质）、非水相及气（空气及气态污染物）。污染物进入场地介质孔隙后在重力及压力的驱动下产生运动，这种运动的变化取决于场地水文条件的变化。由于降雨、降雪、蒸发、蒸腾、潮汐等因素的影响，场地始终处于一个动态的水文循环过程中，地下水的流动也始终是变化的，由此导致污染源释放、污染物随地下水运移、水-土吸附释放再平衡、生物降解等过程的变化，污染状态是动态变化的；其动态变化的程度根据不同的场地而异，总体上来说，场地污染空间的分布是一个短期相对稳定、长期动态变化的过程。

场地环境调查的结果是场地某个时段的结果，初步调查、详细调查及补充调查结果的分析及评价需要充分考虑场地污染状态的动态性，分析不同阶段检测结果的差异性、连续性和统一性，阐述结果，还原过程，解释原因。

如某石油烃污染场地，分别在 2008 年 4 月、2009 年 7 月和 2010 年 12 月做过三次地下水井上层油膜厚度及地下水水样检测，2008 年污染最严重的地下水井上层油膜厚度为

3 cm，2010 年检测油膜厚度为 1 cm，对检测结果的模拟如图 8-7 所示。该地区 6—8 月为丰水期，11 月至次年 4 月为枯水期，地下水总体流向由南往北。由图 8-7 可见，不同时期的污染检测结果是变化的。2009 年 7 月，石油烃的污染范围比 2008 年的扩大了，相应的检测值降低了；2010 年 12 月的污染分布范围又缩小了，检测值进一步降低。

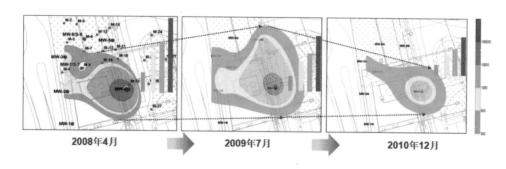

图 8-7　不同时间场地地下水中污染物浓度模拟分布图

　　影响该场地污染变化的因素主要有 2 个，一个是石油烃在水文因素驱动下的迁移性；另一个是石油烃的自然衰减。通过对场地地下水水位变化及流向、当地气候气象数据的分析可知，2009 年 7 月是丰水期，降水较多，地下水水位升高，对上层油膜有顶托作用，油膜向周边扩散，同时受地下水流向影响，油膜面积扩大，向地下水下游方向扩散明显；相应由于地下水水量增多，具有稀释作用，溶于水中的石油烃浓度相应变小。2010 年 12 月是枯水期，极少降水，地下水水位下降，水面上的油膜面积回缩，同时受生物降解及井管挥发等作用影响，地下水中的石油烃浓度继续降低。不同阶段石油烃最高浓度与最低浓度相差十几倍。

8.4.2　区分污染物迁移与自然衰减

　　场地环境调查时，土壤及地下水的布点位置是固定的，由于场地状态的动态性，特别是地下水，不同时间哪怕是相邻很近的时间点取出的水样都不能代表之前测定时的状态。不同时段测定的结果可能升高也可能降低，在对比不同时间检测数据时，尤其需要注意要避免将降低的数据认为是自然衰减的结果，导致对场地修复技术决策的错误。

　　如某靠河边化工场地建于 20 世纪 80 年代，场地地层主要为杂填土、粉土及粉砂土构成，分别在第一年的 3 月和第二年的 8 月做了两次调查，结果显示场地存在氯苯污染，最大污染浓度为 106 mg/L，污染羽不连续。两口地下水井的监测数据和年降解率如表 8-2 所示。场地允许长时间修复。

表 8-2　地下水中氯苯不同时间检测值及降解率

点位	检测值/（mg/kg）		降解率/ [mg/（kg·a）]
	2010 年 3 月	2011 年 8 月	
地下水井 SW1	33.5	28.6	8.6
地下水井 SW2	21.3	17.4	9.9

编制技术方案时，通过分析场地调查数据，认为氯苯具有一定的生物降解性，经计算，SW1 井年降解率为 8.6 mg/（kg·a），SW2 井年降解率为 9.9 mg/（kg·a），因此认为场地氯苯自然衰减效果很好，为保守起见，选取降解率较小者 8.6 mg/（kg·a），采用监控自然衰减法修复，预计 5 年后可达到修复目标值。

该技术方案看似合理，但是深入分析就发现氯苯的检测值降低并不是自然衰减导致的。首先来分析可生物降解污染物的降解规律，根据大量研究与实践证明，微生物降解污染物的过程大多是一级反应，污染物浓度与时间的关系为：

$$C_t = C_0 e^{-kt} \tag{8-14}$$

式中，C_t——微生物降解时间为 t 时的污染物浓度；

C_0——$t=0$ 时的污染物浓度；

k——反应速率常数；

t——降解时间。

降解曲线如图 8-8 所示，一般来说在降解的开始阶段，降解速率较快，降解曲线下降较快，然后逐渐趋缓。以监测井 SW1 为例，在过去的很多年里氯苯的降解率一般应该大于 8.6 mg/（kg·a），计算时按 8.6 mg/（kg·a）计，可以大体估算出场地中污染浓度最大的地下水经过大约 12.3 年即可降解完毕，实际在场地调查时已经建厂 26 年，按照这样的降解速率，场地中不应再检测到这么高浓度的氯苯。

分析场地地层构造及地下水等水位线图可知，场地主要为杂填土、粉土及粉砂土构成，场地的渗透性很好，场地处于河网地区，场地与河流水力联系密切，地下水流向做周期性转换，如图 8-9 所示，2010 年 3 月为枯水期，场地西侧河中水位降低，地下水从场地流向河流；2011 年 8 月是丰水期，河中水位升高，地下水向场地流动，地下水水位升高，水量增大，污染物被稀释，浓度降低，水的流动导致污染羽的迁移，2011 年 8 月取的水样是已经被稀释过的水样。

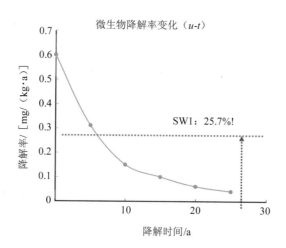

图 8-8　污染物微生物降解曲线图

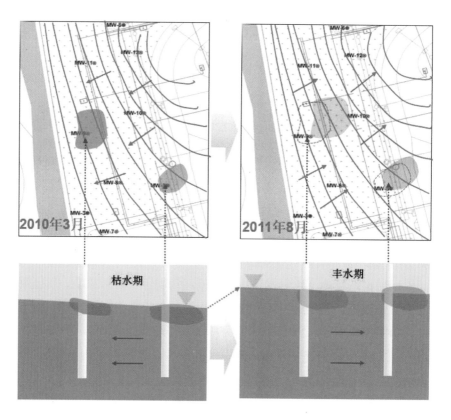

图 8-9　不同调查时间地下水中污染羽的迁移情况

8.4.3 潜水位变动带污染物分配平衡

气象水文因素导致场地潜水水面上升或下降，最低水位与最高水位之间的区域称为水位变动带。潜水面浮动导致水位变动带的污染物始终处于水-土-气相的再分配平衡的过程。再分配平衡的动力主要来自干湿交替、毛细作用和微生物作用。

水位上升时，水中溶解性污染物及 LNAPLs 污染物进入上层土壤中，污染物主要在水-土两相中进行吸附-解吸平衡，氧化还原状态从好氧向缺氧转变，微生物降解作用被抑制；水位下降时污染物主要在土-气两相中进行吸附、挥发平衡，同时由于空气进入，氧化还原状态从缺氧向好氧转变，微生物降解活跃。在潜水水面上部还存在一个毛细带，毛细带中主要为支持毛细水；在细粒土壤与粗粒土壤交互成层时，由于弯液面毛管力的不同，会在细粒土中保留与下面水面不相连的悬挂毛细水；在土壤颗粒接触点上还有触点毛细水。毛细作用使得毛细水填补了地下水面以上土壤中的空隙，为污染物迁移提供了途径和通道，促进了污染物垂向空间上的扩展。这些作用使得在水位变动带处呈现出了污染物更加富集的"涂抹"效应。

场地在地勘阶段应探明地层构造，测量地下水水位，并根据历史水文资料确定场地最低水位和最高水位，在水位变动带设置土壤采样点；特别是地下水水位变动带处于地层构造变化的临界带时，尤其需要掌握污染物行为规律，并能解释调查时的看似"异常"的现象。

如对某加油站场地持续跟踪检测了数年，大多数情况下石油烃污染羽分布如图 8-10 左图所示，其中 13 号地下水井中地下水一直未检测到石油烃污染。在 6 月的一次取样检测发现，13 号混合地下水井中石油烃检测值较高，经复检核实并不是检测原因造成的，这种情况与过去有明显差异。

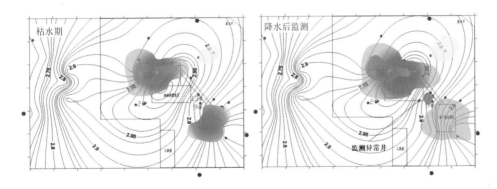

图 8-10 场地两次取样检测的污染分布情况

分析场地地层可知，最上部为杂填土层，下层分别为淤泥质黏土及粉质黏土。之前检测期间地下水最低水位、常水位及最高水位如图 8-11 左图所示，最高水位不高于杂填土层。6 月的取样是在一场连续几天的大雨之后进行的，测得的地下水水位如图 8-11 右图所示，已经高于之前测定的最高水位，并进入了杂填层。由于杂填土渗透性好，在贝勒管洗井时，地下水回水很快，水位下降极为缓慢，而之前洗井时由于水位在黏土层中，渗透性不好，回水很慢。杂填土中的地下水大量进入水井，导致采集的水样基本是杂填层中的水，而该位置杂填土中有石油烃污染，只是地下水水位一般低于杂填土层，土中石油烃未能释放到地下水中。连续降雨抬高了地下水水位至杂填土层，土中的石油烃经水浸泡重新释放到水中，所以检测到了石油烃。如果不设地下水井和洗井，杂填土地下水中的污染物也不会迁移到下层中。

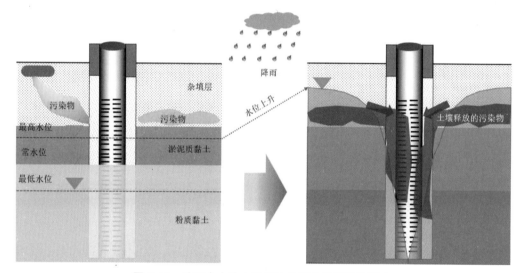

图 8-11　地下水水位上升后洗井导致的污染物渗入

本案例说明，潜水地下水位浮动导致了污染物的重新分配，地下水完整井的建设方式及洗井方法又导致了这部分水进入井中被采集到了，检测结果很容易误导认为下层地下水中有污染。因此，场地调查时对这种异常现象一定要综合各种因素进行深入分析，任何表象背后都是有原因的，按图索骥，还原真相，是精准化调查所要求的。

8.4.4　越流污染导致的调查结果偏离

含水层之间具有水力联系且存在水头差时，水头高的含水层会向水头低的含水层补给。能否发生越流取决于上下含水层之间的水头差、中间隔水层的渗透性及厚度、越流持续时间等因素。

当隔水层厚度较薄或不连续时，在其缺失部分形成天窗，发生水力联系，如图 8-12

所示。在地层类型较多、隔水层厚度较小场地，混合井建得过深会导致不同含水层之间贯通，如图 8-12 右侧所示，由于不同含水层之间的压力有差别，污染物在压力差驱动下会在不同层间进行渗透，造成越流污染。

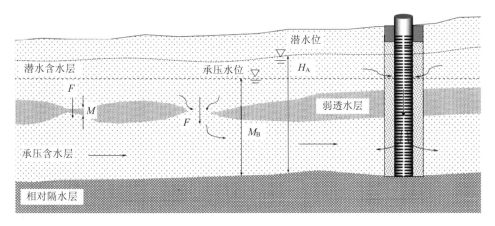

图 8-12 承压含水层越流补给示意图

越流水量计算公式如下：

$$Q = FKit = FK\frac{H_A - H_B}{M}t \qquad (8-15)$$

式中，Q——越流补给量，m^3/a；

F——越流面积，m^2；

K——弱透水层的渗透系数，m/d；

i——水力梯度；

t——越流时间，d/a；

H_A、H_B——两个含水层的水头，m；

M——弱透水层厚度，m。

从未污染的含水层越流到污染含水层，会稀释污染含水层的浓度；污染含水层越流到相邻未污染含水层时，造成相邻含水层污染，污染物的量可用以下公式大致估计：

$$q = Q \cdot C \qquad (8-16)$$

式中，q——污染物越流量，g/a；

Q——越流补给量，m^3/a；

C——越流处污染物的浓度，mg/L。

在许多河流的下游区域，河床坡度变小，流速减慢，冲积层厚度较大，下部往往为砂砾层；由于上层细颗粒物具有相对的隔水性，下层砂砾层往往具有微承压性，在平原等平坦地区微承压水位标高一般小于潜水水位标高，混合井贯通后上部污染潜水就很容易在压力下进入微承压水层。在地形起伏较大、承压水层在较高处有露头的情况下承压水头高于潜水水头，污染的潜水相对不容易进入承压含水层，但是当有 DNAPLs 污染物时，仍然可以进入承压水层。因此，混合井的地下水检测结果往往难以说明具体的污染地层，造成调查结果评价的偏离。

8.5　基础层-水文作用

8.5.1　基础层的定义

场地中的建筑物/构筑物埋在地面以下的部分称为基础，分为浅基础和深基础。本书将基础以及基础所处的地层称为基础层。大多数场地地上建筑物/构筑物拆除之后，基础仍留于地下，场地生产活动越复杂其地下基础也往往越复杂，这是场地人为干预性特征的重要体现。

基础的存在对场地水文过程、地下水的运动、污染物的迁移等产生重要而复杂的影响，是场地环境调查及场地管控与修复需要重点研究的内容。

8.5.2　基础层对潜水运动的影响与等水位线图解译

地层中的建筑物/构筑物基础使得地下水的侧向径流受阻较大或完全阻断，在基础围成的封闭或半封闭区域内，潜水排泄受阻，水位维持不变或变化缓慢，特别是降水后这些位置的潜水水位比没有基础的地方往往显著升高或降低，如图 8-13 所示，（a）的基础在杂填层中，基础范围内降水渗入地下后做垂向下渗，从基础最下部绕流而出；（b）的基础渗入黏土层，渗透性很差，地下水下渗受阻，基础内的水位相比（a）更高；（c）是封闭基础，降水进入后无法排泄，只能靠蒸发散失，水位维持得最高。结果就形成了场地基础层高高低低各不相同的复杂的潜水面形状。地下水等水位线图是根据各点的水位绘制的，因此也就产生了许多"奇怪"的地下水等水位线图。

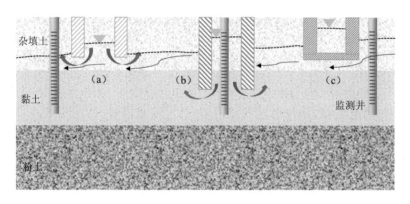

图 8-13　地基对潜水地下径流的影响

图 8-14 为某场地潜水等水位线图，该场地较为平整，但是等水位线图中有很多闭环的等水位线，呈现由中心向四周流动的辐射状，或由周围向中心流动的汇入状。由物质守恒定律可知，如果测点没有注入井或者抽提井，地下水一般不可能呈现这种状态的流动。这主要是由于上文所分析的场地基础阻滞了地下水的侧向及垂向流动，部分点位呈现高水位或低水位。对地下水等水位线作图时，测得不同点位水位标高后，点位之间的标高采用内插法计算，然后将水位标高相同的点连接起来，即为等水位线或等水压线，地下水的流向垂直于等水位线，从高水位处向低水位处流动，并没有考虑人为障碍物或阻隔地质体的影响。采用这些潜水水位很高但又流动很慢或基本不流动的地下水水位信息，就产生了这种辐射状的潜水等水位线图。有时在承压水水位高于潜水时，绘图时采用了承压水水位信息也会产生辐射状图；在平原地区，等水位线图的汇入状往往是由于采用了微承压水的水位信息造成的（微承压水水位低于潜水水位）。

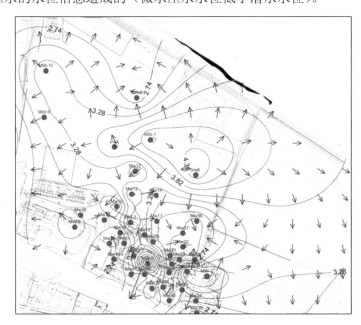

图 8-14　某场地潜水等水位线图

由图 8-14 可见，这些点位大部分都落在场地厂区建筑内，而且在建筑物密集的地方等水位线也密集。等水位线密集一般说明地下水水位落差较大、流速较快，但这是在自然条件下没有阻隔地质体或人为障碍物的情况下，在污染场地环境中，这种密集的闭环的等水位线一般意味着水力阻断，地下水流动不畅；特别是在降水之后测定的水位差异更大。这种等水位线图在污染场地中是非常常见的。

分析潜水等水位线图也有助于我们判断场地地下基础及阻隔地质体的分布情况，有利于点位布设的调整与优化。

如图 8-15（左）为某场地潜水等水位线图，由图可知 SW18 号监测井处闭环的等水位线，地下水以井为中心向四周呈辐射状流动。图 8-16 展示了 SW18 号监测井与周边 SW10 号、SW4 号监测井的水位关系，SW18 号监测井位于厂区一个拆除的车间内，受车间建筑基础的阻挡，地下水侧向流动受阻，水位下降缓慢，井内水位比周围监测井高，作图时就形成了闭环的等水位线。这种等水位线图不利于判断场地地下水的整体流向；将 SW18 号监测井去掉，重新模拟，形成的潜水等水位线图如图 8-15（右）所示，地下水主流向就比较明晰，是从西侧河流处由西向东流动，与测量时丰水期的水文特征相符合。

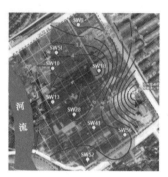

图 8-15　某场地潜水等水位线图（左：原图；右：修正图）

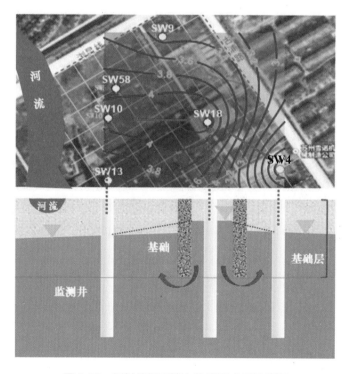

图 8-16　辐射状闭环等水位线图成因示意图

8.5.3　等水位/水压线图绘制的目的和要求

场地调查的等水位/水压线图与水文地质调查的等水位/水压线图有所不同,绘制场地等水位线图的目的为:

1）揭示场地地下水赋存及运动状态,判断地下水对场地污染物迁移扩散的作用及影响,协助土壤及地下水的采样点位布设,采样深度、建井类型及深度等的确定。

2）确定场地地下水主流方向,合理设置对照点。

3）揭示场地地下水与周边水体的水力联系,判断周边水文要素对场地的影响以及场地对周边地下环境的影响。

4）推断含水层的岩性和厚度。

5）为风险评估提供信息支持。

6）为风险管控或修复技术方案制定时阻隔技术、抽提井、注入井等的方案优化提供信息支持。

7）为场地风险管控或效果评估概念模型更新以及采样布点提供支持。

污染场地等水位/水压线图绘制的要求为:

1）潜水等水位线图与承压水等水压线图要分开绘制,不能交叉使用地下水水位或水压信息,否则会导致等水位线图或等水压线图混乱,误导对场地地下水状态的判断。

2）潜水等水位线尽量不要穿越河流及湖塘等,潜水等水压线穿越地表水时应确定地表水体与潜水无水力联系。

3）不同调查阶段绘制地下水等水位线图时,尽量采用相同的地下水井,有利于进行不同时期相同点位的地下水状态对比。

4）地下水监测井分层井与完整井水位信息不要混用。

5）在判断场地地下水主流向时,对呈辐射状或汇入状的点位,在确定点位处于地下基础范围内时,可将该点去掉,重新进行模拟（参见上文中的案例分析）。

6）在修复技术方案制定及效果评估概念模型更新时,宜保持地下水等水位线图的原貌,这有利于在确定管控与修复技术时对阻隔墙、抽提井、注入井等进行优化布设,以及区别管控或修复工程对基础的改变以及挖掘、回填等引起的地下水状态的改变。

第 9 章

场地勘察与布点采样方法

9.1 场地环境水文地质勘察

9.1.1 污染场地勘察的特点与目的

场地环境水文地质条件影响着污染物在土壤与地下水中赋存、迁移、转化和分布。环境调查方案的科学性需要建立在对场地水文地质条件准确掌握的基础上，布点采样之前需对场地进行勘察，主要目的是揭示场地环境水文地质条件，为场地布点采样、风险评估及管控与修复方案制定提供环境水文地质信息。

由于工程地质勘察是场地开发利用前的一个必备前期工作，从资料获取的便捷性的角度出发，目前大多数场地调查都是引用已有的工程地质勘察报告，对地层的描述提供的也是工程地质剖面图。但是工程地质勘察的侧重点是地层物理力学性质，不能完全满足场地的环境调查的要求，场地环境调查需要开展环境水文地质勘察，勘察内容包括一定深度范围的地层分布及其渗透性，地下水的类型、埋藏条件、流场特征及补排条件，污染源类型及其分布，岩土和地下水污染类型、污染程度和范围、运移特征等。

9.1.2 环境水文地质勘察的程序与内容

过去，场地环境调查工作对水文地质调查重视不够，随着行业实践与经验的积累，逐渐认识到了环境水文地质调查对场地调查的重要性，国家相关技术导则、指南中已有所体现和规定；特别是复杂的大型污染场地，环境水文地质调查已经达到近乎区域尺度，水文地质勘察尤为重要。目前，国家尚未制定专门的、系统性的技术规范用以指导污染地块的环境水文地质调查工作，不过已有相关地方或行业规范出台，但基本还是沿用过去水文地质调查的做法，未能体现污染场地的污染水文地质学特征，有些做法的科学性、合理性有待商榷。以下为针对场地环境调查、风险评估、管控与修复的要求，建议的环境水文地质勘察主要程序与内容。

（1）收集与分析地块相关水文地质资料，初步制定勘察方案

通过资料收集、现场踏勘与人员访谈，收集与区域及地块相关的地形地貌、地质、水文地质、土壤、水文、气象及环境资料，初步分析地层结构特征、地下水埋深与流场、地块与周边水体水力联系、厂区布局、生产工艺、潜在污染大致分布及迁移转化等；制定环境水文地质勘察方案。

污染场地环境水文地质勘察可分初步勘察与详细勘察两个阶段进行，当已经判定场地存在污染且污染种类明确时，可合并勘察阶段，直接进行详细勘察。

对于历史简单、污染可能性小的地块，如果前期水文地质资料比较准确，可以支撑后续布点采样的要求，则可以不做勘察工作或者只做初步勘察；对于比较复杂的地块，一般需要进行详细的水文地质勘察。

（2）查明场地地下构筑物、污染源及填埋物分布

结合地球物理勘探技术对场地进行无损探测，探测地下构筑物（污水池、罐、槽、防空设施等）、管线、沟渠、暗浜、填埋物和可能的污染源分布等。根据勘察结果，优化水文地质勘察布点方案。

本工作可在现场踏勘时开展，也可在勘查工作的前段开展。

（3）开展现场勘察工作，查明场地地层结构与水文地质条件

根据勘察方案，开展现场物探、钻探采样、编录及高程测绘工作，并根据勘察的要求和深度开展必要的水文地质试验。查明场地地形地貌、地层结构、含水层分布、地下水类型、地下水水位、地下水流场、水力梯度、补给与排泄条件等。

水文地质勘察工作可以在环境调查采样之前进行，也可以二者合并按先勘察后采样的程序进行；水文地质勘察可以同时兼具环境采样功能。根据勘察与环境调查结果，必要时可对场地开展补充勘察。

（4）测定土壤理化及水文地球化学参数

土壤理化性质是风险评估与修复方案制定的重要依据。一般需要调查土壤有机质含量、容重、含水参数（含水率、给水度）、土壤孔隙率、渗透性、土壤质地、阳离子交换容量等参数以及根据工作要求需要测定的其他水文地球化学参数。

该工作宜在详细调查阶段完成，《建设用地土壤污染状况调查技术导则》（HJ 25.1—2019）涉及的土壤污染状况调查的工作内容与程序中，参数调查是在第三阶段土壤污染状况调查中，在实际工作中比较难以操作，从经济及时间成本上也不划算。

（5）绘制相关图件，构建水文地质概念模型

绘制地块地形高程图、钻孔柱状图、地下水监测井结构图、水文地质剖面示意图、地下水潜水等水位线图或承压水等水压线图，构建环境水文地质概念模型，形成环境水文地质报告成果，为环境调查布点采样方案的制定提供依据。

9.1.3 污染场地勘察布点及深度确定原则

目前，针对污染场地水文地质勘察布点还没形成规范的、完善的标准规范，部分地方性规范中的要求也不一致，业界技术人员的理解也不尽相同。本书根据作者自身工作经验与认识，提出几点原则供参考。

1）勘探点位应基于场地污染识别结果布设，并结合物探的无损探测优化勘察点，在保证勘察行为不导致污染扩散的前提下，宜在疑似污染比较严重的地方多布点。这些区域的水文地质勘察信息更能保证环境调查布点、风险评估及修复方案制定的准确性。在污染程度轻或无污染区域可少布点。但是，对有些指标如土壤有机质受场地有机污染影响，检测的结果不能代表土壤原有机质含量，宜在无污染区域采样。一般水文地质条件相对简单的场地，勘探点位可设置3～5个；针对止水帷幕设计的勘察方案应沿帷幕走向加密布点；复杂的场地需要根据实际情况增加；环境采样钻探也可以起到水文地质勘察的作用，可以补充大量水文地质信息，应充分利用环境采样勘察成果。

2）不同地质和水文地质条件区域、不同地质单元体都要有布点，特别是大型污染场地以及水文地质条件复杂的区域。

3）勘探布点的走向尽量设置在水位地质条件变化最大的方向以及在地下水流向和垂直方向上，有利于分析含水层结构的变化与地下水运移之间的关系。如图9-1左侧平面图所示，沿地下水流向及垂直方向设置了5个勘察点，右上侧图显示了I-I'剖面地下水在高渗透性地层中的流动情况，该场地地层分布很规整，如果含水层底部不平整，就容易影响重非水相液体的运动及赋存形态。右下侧图为II-II'剖面高渗透地层情况，地下水是垂直于纸面流动的，在水位差相同的情况下，场地右侧的过水通量大于左侧。

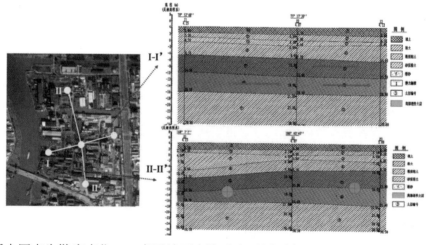

（图中圆点为勘察点位，⊕表示地下水流垂直于纸面向里）

图9-1 场地勘察布点走向与地下水流向的关系

4）地块中如有不连续弱透水层形成的上层滞水，需要布点揭示其分布及与地块之间的关系。针对地块有滞水存在但其他位置没有地下水的情况（如受周边地下水开采影响导致的区域性地下水整体下降的情况），至少要设置一口见水的深层控制井。

5）在垂向上探测的深度应能满足揭示地块含水层分布的要求，对于单一潜水含水层地区，勘探深度可至稳定分布的低渗透黏土层或基岩，进入黏土层的深度根据该层的污染状态确定，应穿过污染层；进入基岩的深度，可根据基岩性质确定。对于多含水层，如果已经获知污染源的分布，勘探深度宜穿透污染源下伏的第 1 个含水层（不含上层滞水），但实际工作中勘察阶段往往很难掌握污染状态，因此勘探深度在不导致污染向下扩散的条件下，尽量加深。所有的勘探孔最后都应做好严格的封堵措施，防止不同含水层间的越层交叉污染。

6）探孔采样间隔、试验井深度、检测指标以及水文地质试验应根据试验目的、水文地质条件、污染特征等综合确定。

9.1.4　场地勘察土工参数检测方法与使用

当前污染场地土工参数的检测方法基本都是来自岩土工程勘察规范，多采用现场采样送实验室检测的方法；但污染场地土壤理化参数主要为污染迁移转化特征识别、风险评估以及修复与风险管控方案制定提供支持，这些参数的检测要求与风险评估方法及修复或管控技术工艺有关。如地下水采用抽提处理时，需要土壤渗透性参数，地层不同土壤渗透性也不同，不管是完整抽提井还是分层抽提井，在不导致污染扩散的前提下，渗透性应采用现场抽水试验、注水实验、微水试验等原位测定方法。采用实验室测定，土柱从深地层中取出后应力释放，土体结构会发生一定变化，已经不能代表原位时的状态，测定结果与原位测定结果可能差异较大，检测结果的代表性较差，较难满足精准修复的设计要求。再如，风险评估关注污染物扩散途径，对土壤样品的采样位置有要求，样品的数量、代表性、采用的检测结果的统计值都需要符合风险评估方法的要求及保守的原则。

目前，污染场地地层及土壤理化参数的检测及数据使用方法尚无规范性文件。实际工作中检测及数据使用应以符合污染物迁移转化模拟预测、风险评估方法、修复与风险管控技术工艺等要求为原则。

9.2　场地布点采样的特点与原则

9.2.1　场地调查的环境学角度

过去，土壤学以及水文地质学都是以资源的角度研究土壤与地下水的；而环境学关注的是污染物进入土壤及地下水后的赋存形态、迁移转化、污染特征、风险水平及治理修复。由于污染物的介入使得土壤与地下水环境介质的特性以及污染物的状态都发生了很大变化，要揭示污染场地的污染特征，过去对土壤及地下水的一些概念、规律及方法等需要基于环境学的角度重新认识。

例如，土壤采样方式需要考虑挥发性物质损失的问题；离场的土壤样品参数的测定也不同于地下自然状态，水文地质角度的检测方法也不完全符合环境科学的要求。从水资源角度研究地下水关注的是从岩土介质中提取足够的符合水质要求的水，基于这个角度，将不能够提供足够量的地下水的饱和黏土层称为隔水层，但是以 DNAPLs 类为代表的污染物可以改变黏土的土体结构并穿透黏土层继续向下扩散造成深层污染，这在场地中很常见。污染物性质的不同也决定了其在土壤及含水层以及土-水界面环境行为的不同。水文地质上地下水采样主要考虑了污染物溶解态，难以评估自由态、吸附态和挥发态的影响；从水资源的角度其建井、洗井的方法主要关注浊度，未考虑污染场地地下水性质的高度非均质性以及建井方法对水样代表性的影响。地质调查采样采用的循环泥浆护壁的方法，也会导致上下层交叉污染。从资源角度在场地尺度上的调查无须高密度地采样，但是从揭示污染特征的环境学角度，对布点密度、空间位置、方法方式以及对调查的简便快捷、经济环保性等的要求就高得多。

因此，传统从资源角度的调查技术不完全适合于土壤与地下水环境调查，污染场地的调查需要从环境学角度构建布点及采样方法；这个特点决定了土壤及地下水的采样原则。目前，对污染场地土壤及地下水布点采样原则尚没有统一的共识，本书尝试提出两个原则：一个是实时空间，另一个是实时状态。场地采样应该最大程度地满足这两个原则，如下所述。

9.2.2 实时空间

实时空间是指在某个时刻场地中的空间位置，采集的样品反映的是那个时间、那个位置上的信息。在此需要把握 3 个空间尺度概念（参见第 7.2.2 节）。一个是大尺度，即区域尺度，如图 9-2（左）所示的上海地区；一个是小尺度，即场地尺度，如图 9-2（中）所示的区域地块；一个是微尺度，即采样尺度，图 9-2（右）为图 9-2（中）场地中的一个采样点，该处的样品的检测数据代表这个空间上的信息。由于土壤的异质性，采样尺度过大和过小都不合适，目前并没有统一的标准。根据当前的调查实践以及采样设备状况，一个点上采集的土壤的量应满足检测、复测以及备样要求，建议每个点位采集直径及长度不超过 30 cm 为宜。如图 9-2（右）所示，这个点位在纵向上代表不超过 30 cm 的土壤长度；在平面方向上代表不超过直径为 5 m 的圆的平面范围。

| 大尺度（区域尺度） | 小尺度（场地尺度） | 微尺度（采样尺度） |

图 9-2　空间尺度示意图

对于地下水来说，主要的采样方法是构建地下水监测井取样。大多数情况下构建的是完整井或混合井，即过滤管从上到下几乎贯穿整个地层，过滤管与井壁之间填充石英砂。由于采样前进行洗井，洗井时水位快速下降，周围不同深度的地下水在压力差驱动下经过石英砂快速进入井管中形成了混合水体，取样时采集的是混合水样。由于不同土层的渗透性不同，各层地下水进入混合水体的量也不同。水样检测超标时，其实难以判断是哪个深度上的地下水受了污染，也就是采样的行为改变了地下水的实时空间位置，导致检测结果不能准确反映空间位置，某种程度上建一个 6 m 的完整井与建一个 10 m 的完整井结果都是差不多的。在地层复杂的情况下，完整井的采样方式也会导致假阴性结果，如黏土层中地下水污染超标，但由于渗透性差进入完整井的水量很少，被大量来自粉土或粉砂层的无污染水所稀释，最终检测结果并不超标。所以在调查时要配合使用分层井或其他技术解决这个问题。

9.2.3　实时状态

实时状态是指场地在某个时刻的既定状态。场地污染状态从长期来看是不断变化的，从短期来看是相对稳定的；这主要源于不同时期场地水文地质条件不同的客观事实。在此需要把握一个时间尺度的概念，根据现有的场地调查经验，在水文、气候相似的时间段内场地污染状况变化较小；因此，我们可以根据场地当地水文特点进行时间维度划分，如将丰水期、平水期和枯水期各作为一个时间段，调查结果分别代表各个时期的污染状态。如第 8.4.1 节所述的石油烃污染案例，可以明显看出不同时间场地调查结果的差异性。

实时状态原则可以说明初步调查与详细调查在相同点位处调查结果往往不同，特别是在调查时间分跨不同水文时期时；也说明对有些场地（如 LNAPLs 污染、地块渗透性较好）一次调查难以全面反映地块真实污染状态及变化情况。但当前受调查费用、时间因素和认知水平所限，在管理上还没有多次调查的要求和做法。

9.3 常用布点方法及原理

《建设用地土壤污染状况调查技术导则》（HJ 25.1—2019）中提到了系统随机布点法、专业判断布点法、分区布点法和系统布点法 4 种方法；《建设用地土壤污染风险管控和修复监测技术导则》（HJ 25.2—2019）中提到了系统随机布点法、系统布点法及分区布点法 3 种方法。这些方法是常用的基本方法，还有一些其他布点方法。在实际应用中，往往很少单独采用一种方法，常常是多种方法组合使用，下文对各种方法及原理进行介绍。

9.3.1 系统随机布点法

9.3.1.1 方法简介

系统随机布点法（Random Sampling）是将场地分成等面积的若干工作单元，随机抽取一定数量的单元，在每个单元格内布设一个监测点位。随机选取时不做任何人为判断，完全随机地选择采样点位及采样时间，但应估算出最少采样数量以满足统计学的要求。

系统随机布点法分为一维布点、二维布点和三维布点，场地中多用二维布点法，如图 9-3 所示。一般每个点位在垂向上的布点不是均匀的也不是随机的，大多根据地层特征确定。在场地有填埋物时，垂向上更多采用系统布点法，有时会用到系统随机布点的三维布点法，如图 9-4 所示。

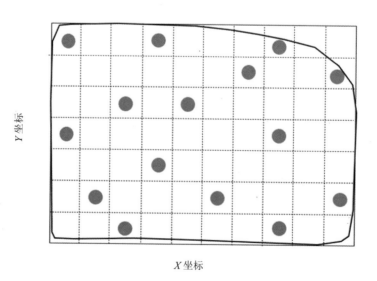

图 9-3 场地二维空间采样布点示意图

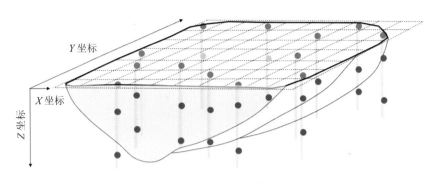

图 9-4　场地三维空间采样布点示意图

该方法一般用于场地污染在空间上没有大的差异且采样数较少的情况，如停车场、历史上是农用地等；污染场地由于异质性突出，实际场地调查中该法使用相对较少。

9.3.1.2　最少采样数量估计

最少采样数量一般可以采用两种方法进行估计：一种是统计估计法，另一种是查表法。

（1）统计估计法

统计估计法是运用了统计学的原理估计最少采样量。如某场地后续规划为建设用地中的第一类用地，某污染物质的筛选值为 C mg/L，采用系统随机布点法对表层土壤进行调查，在满足统计要求下估算最小采样数量。

假设先随机选取 5 个点，土壤样品检测结果分别为 X_1、X_2、X_3、X_4、X_5。

其平均值及变异系数分别为：

$$\bar{X} = \frac{\sum\limits_{i=1}^{n} X_i}{n} \tag{9-1}$$

$$S^2 = \frac{\sum\limits_{i=1}^{n} X_i^2 - \left(\sum\limits_{i=1}^{n} X_i\right)^2 \Big/ n}{n-1} \tag{9-2}$$

查 t 分布表，计算采样数 n：

$$n = \frac{t^2 \times S^2}{C - \bar{X}} \tag{9-3}$$

如果 $5 < n < 6$，说明 5 个点不够，则按照 6 个取样，重复上述计算，并验算信赖区间 μ。

$$S = \sqrt{S^2} \qquad (9\text{-}4)$$

$$\mu = \overline{X} \pm t\frac{S}{\sqrt{n}} \qquad (9\text{-}5)$$

比较置信区间与筛选值的大小，判断是否需要继续采样。

（2）查表法

查表法多用于固体废物的采样，本书不做详细介绍。

9.3.2 系统布点法

9.3.2.1 方法简介

系统布点法（Systematic Sampling）有时也称网格布点法（Grid Sampling）或规则布点法（Regular Sampling）。系统布点法又分以空间单元及以时间单元为划分依据，污染场地主要是采用前者。空间单元系统布点法是将调查区域分成面积相等的诸多规则网格单元，每个工作单元内布设一个监测点位，点位可以设在每个单元的中心，如图 9-5（a）所示，也可以在每个单元中随机选取，图 9-5（b）体现了一定随机采样的特点。网格单元可以是正方形也可以是长方形、圆形、等边三角形或正六边形。系统采样法有一维采样法、二维采样法和三维采样法，场地中平面布点采用二维法，在垂向上一般不均匀布点，但如果场地有填埋物，多用三维系统布点法，如图 9-6 所示（为显示清晰，图中只画了部分垂向采样点）。

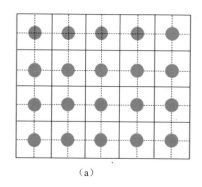

（a）

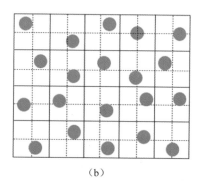

（b）

图 9-5　场地二维空间采样布点示意图

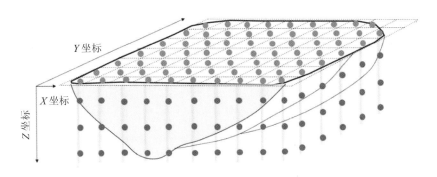

图 9-6　场地三维空间采样布点示意图

该法的适用条件一般为：

1）评估场地整体污染水平，需要对样品总体进行平均估算；

2）判定场地污染的空间关系；

3）寻找污染区域，特别是在场地污染事件调查时；

4）在污染程度差别不大或信息严重缺乏难以掌握场地污染特征的情况下，如堆置场地、农用地或生活区域场地等。

系统布点法比系统随机采样法精度更高，标准偏差及置信区间都小；但没有指向性，不能有针对性地采样，对污染情况差异大的场地较少采用，往往联合其他方法使用，如分区采样法和随机采样法。

9.3.2.2　网格形式与密度

采用系统布点法寻找污染区域（热点区域）时面临一个准确率的问题，即在一定的可信度条件下，网格多大才能找到污染区域，以一定大小的网格找到污染点的概率有多高。

一般认为，在寻找污染点时，三角形的网格比矩形网格更有效，矩形网格中非排列成行网格又比排列成行的有效。英国环保署提出了用鱼骨状的布点方法。关于网格的大小，各国做法不同，我国现有规定是在有污染的区域布点网格不大于 20 m×20 m 一个点。

9.3.3　分区布点法

9.3.3.1　方法简介

分区布点法（Stratified Sampling）也称分层布点法，是将调查区域分成不同区域，在每个区域中再采用不同的布点方法采样，如系统随机布点法、系统布点法等。分区布点法比随机布点法有更高的精度，在场地环境调查中应用较多，大部分场地调查都会用到该法。

该法适用于以下情况：

1）场地空间布局有明显差异，污染特征有区域性差异。同一区域性质相对均匀，不同区域之间的变异可以通过检测数据差异来区分，如工厂的生产区、办公区、生活区、辅助区等，每个区域根据功能或污染程度不同还可以细分为不同的单元，在每个单元中布点采样。

2）场地不同，区域土壤类型、地貌或其他场地特征有明显差异，需考察不同区域平均污染水平及相互关系。

3）在同一场地中受管理、时间、经费或其他因素影响，场地被分成了不同的区域，需要单独评价。

9.3.3.2 区界划分与采样数量

区域划分时，尽可能使区内单元性质相同，标志值相近，区间单元差异尽可能大，从而达到提高调查精度的目的。分区采样的分区标志可以是定性的，也可以是定量的。定性分区，分区界限明确，不同类型的个体归入不同的区。这种分区在污染场地环境调查中最常用。一般是根据厂区平面内的布置，按照不同生产功能进行分区，在每一个区域中布点采样，可对每个区的子总体及场地总体进行统计计算。

如果分区标志是定量标志的话，分区界限的确定就比较复杂。一般来说，如果目标变量的分布已知，则适合以目标变量作为分区界限；但实际上，目标变量的分布往往是未知的，需要知道一个与目标变量高度相关的辅助变量，并且知道其分布特征，则可以将辅助变量作为分区的标志，利用辅助变量的信息界定分区的界限。

分区采样时总是假定层权，层权未知或者不准时，对结果的影响会很大；层数一般不宜超过 6 个。各区平均值的差异越大分层效果越好，差异越小分层效果越差，没差异，分不分层差别不大。

各区合理的采样数量可由式（9-6）计算：

$$n_i = n \left(\frac{W_i \sigma_i}{\sum\limits_{i=1}^{l} W_i \sigma_i} \right) \tag{9-6}$$

式中，n_i——第 i 区的布点数量；

n——地块总的布点数量；

W_i——层权；

σ_i——第 i 区的检测指标值的标准偏差；

l——层数。

9.3.3.3　示例

某场地根据生产功能可分为 4 个区域，现对其表层土壤中特征污染物 A 进行环境调查，受经费所限，估计只能布设约 80 个点位，如何进行布点能使调查结果精度最高？

将地块分成 4 个区域，初步调查根据专业判断法和系统布点法在各区布设少量点位，如图 9-7 所示，采样送检，根据检测结果，污染物 A 的各区域母体标准偏差（以样本偏差代替）及权重（由先验概率确定）如表 9-1 所示。各分区的布点数量可根据上述公式计算。如果进一步减少布点数量，不同采样数量下的标准偏差和置信区间如表 9-2 所示。

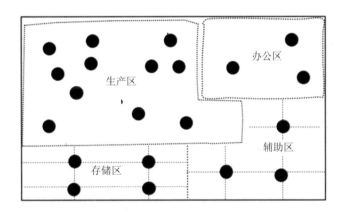

图 9-7　场地生产功能分区及初步布点示意图

表 9-1　场地主要污染物 A 的各区域母体标准偏差及权重

分区	标准偏差 σ	权重 W	分配数
生产区	34	0.72	68
存储区	18	0.13	7
办公区	9	0.06	2
辅助区	15	0.09	4

表 9-2　场地主要污染物 A 的各区域母体标准偏差及权重

分区	简单随机采样法	分区随机采样法				
样品数	80	80	70	60	40	30
标准偏差	3.92	3.45	3.83	4.21	5.34	7.98
95%置信区间	±7.46	±6.55	±7.87	±9.02	±11.89	±14.32

由表可知，分区随机采样法比简单随机采样法精度高，实际采集 70 个样品即可达到简单随机采样法的精度。

场地调查时往往是对多种污染物同时进行调查，可对重要的污染物分别进行上述计算，得出一系列各区的采样分配数，取同一区中分配数最大的作为最终布点数量。

9.3.4 专业判断法

专业判断法（Authoritative Sampling）有时也被称为主观判断法（Judgmental Sampling）、目标采样法（Purposive or Subjective Sampling）和非统计采样法（Non-statistical Sampling）。专业判断法是运用专业的知识或经验确定采样位置、采样时间及采样数量的方法。先验概率是专家判断法的理论基础。该法有一定的主观性，其准确性往往取决于调查者的专业知识和经验，统计学上的基础相对不足。专业判断法由于人为在敏感区域布点，调查结果会整体高估场地的污染程度，从统计学上来说，用这样的调查结果预测场地整体环境质量会产生重要偏差；但是，这样的结果又很有价值，因为它揭示了人们更为关心污染存不存在、在哪儿的问题。

该法在场地环境调查工作中使用最多，特别是在经费受限的情况下往往是首选。在实际工作中，专业判断法往往配合其他方法联合使用。

该法的适用条件一般为：

1）潜在或高风险污染比较明确；

2）受经费等因素限制采样量很少；

3）快速判断场地是否受到污染；

4）场地已有一定样品信息，需要进一步确定或发现污染。

专业判断法的本意是希望在对场地特性具有专业认识的基础上抓取最可能的污染区域，但是由于受调查人员的专业性限制，布点可能也不够"专业"，调查的结果也可能差异很大，因此，该法称为"主观判断法"更为合适。该法使用时一般要求使用人具备一些基本的专业知识，包括不限于以下几点：

1）生产工艺知识及产排污特点；

2）污染物的物理性质、化学性质及生物学性质；

3）土壤性质及与污染物的关系；

4）场地的地层构造、水文地质特征；

5）污染物在场地中的环境行为及暴露途径等；

6）场地的具体相关信息。

9.3.5　排序组合布点法

9.3.5.1　方法简介

排列组合采样法（Ranked Set Sampling，RSS）是对调查对象进行分组，在组内进行检测值的排序，然后选取不同组中的大、中、小值进行统计的方法，是一种系统随机采样法与专业判断法或现场快速检测结果相结合的方法，该法用到较多的统计学知识。该法在污染地块调查中很少使用，更多用于其他环境或生态调查。

根据每一组内采样数量的不同，RSS 法可以分为两类，一类是每一组的采样数量相同，称为平衡式 RSS，适用于采样母体属于对称分布的情况；另一类是每组的采样数量不相同，称为非平衡式 RSS，适用于采样母体属于非对称性分布且偏向右边的情况，非平衡式 RSS 要求设计准确，否则其准确度低于平衡式 RSS。

判断场地整体污染程度（平均值）是否高于其他地块，可用 RSS 法。如图 9-8 所示，随机选定 3 组样品，每组中 3 个样品。每一组中检测值进行大小排序，在第一组 A 中选最小值 A_1，在第二组 B 中选中间值 B_2，在第三组 C 中选最大值 C_3，组成一组（A_1、B_2、C_3），送实验室检测。分组时，每一组内的样品数为组内数 m，组数为 r。组内数过多会造成排序困难，一般来说组内数不超过 5。

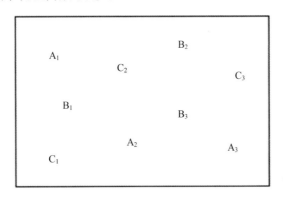

图 9-8　排序组合采样法布点示意图

本法的适用条件为：

1）获取比随机系统布点法更准确的平均值，或在经费有限的情况下提高评估的准确性，多用于背景值调查；

2）现场易于快速检测或进行专业判断，实验室的检测费用远大于现场快速检测，专业判断的准确性高，这是该法调查的结果能否更准确以及更经济的关键。

9.3.5.2 操作方法

（1）判断 RSS 法是否比简单随机采样法节省费用

一般来说，现场快速检测要比实验室检测便宜很多时才会考虑使用 RSS 法，而且现场快速检测与实验室检测结果要有很好的相关性。表 9-3 为不同组内数及不同程度排序错误时的实验室检测与现场检测费用比，表 9-4 为组内数不同及现场检测与实验室检测结果的相关系数不同时对应的实验室检测与现场检测费用比。当费用比大于表中数据时才表示排序组合采样法比简单随机采样法节省费用。

表 9-3 不同组内数及不同程度排序错误时实验室检测与现场检测费用比

排序错误	组内数 m		
	2	3	5
无	4	3.25	2.75
中等	5.5	5	4.5
严重	7.25	6.25	6.5

表 9-4 不同组内数及相关系数下实验室检测与现场检测费用比

现场检测与实验室检测 结果相关系数	组内数 m			
	2	4	6	8
1.0	5	3	2	2
0.9	6	5	5	5
0.8	7	8	8	9
0.7	12	12	14	16

（2）选定组内数

选定组内数，一般不超过 4 或 5。

（3）计算相对准确度

根据简单随机初步采样（数量为 n）检测结果估算变异系数，根据组内数 m 及变异系数 CV 查对数正态分布表，确定相对准确度 RP。

（4）计算组数

组数 $r=(n/m) \times (1/RP)$。

（5）确定送回实验室检测的数量

需要送实验室检测的数量为 $n=r \times m$。

9.3.6　追踪布点法

9.3.6.1　方法简介

追踪布点法（Tracing Sampling）也称自适应聚类采样法或应变丛集采样法（Adaptive Cluster Sampling），是对场地中关注点位（常常是超标点位）附近继续布点检测，进一步追踪确认高污染区域的方法，是一种多层次采样法。该法常常需要多次追踪或应变才能找出高污染区域。该法在场地详细调查阶段被大量采用。

该法的适用条件一般为：

1）查找场地高污染区域，也可评估场地平均污染程度；

2）场地污染程度较高且分散性较大时，该法得到的结果更为准确；

3）样品数量不足、样品结构松散的不明场地。

该法的缺点是需要经过多次追踪，耗时较长，花费也较大。在使用时可结合现场快速测定减少追踪区域，或者在第一次追踪时一次性将布点密度达到单个点能代表的最小布点单元。

9.3.6.2　操作方法

首先选择初步调查中的超标点位，二维平面和三维空间上的追踪布点如图 9-9 所示。图中深颜色的为超标点位，浅颜色的为追踪布点点位。

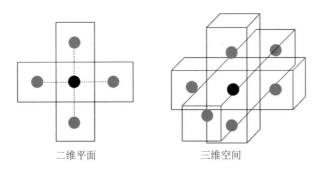

二维平面　　　　　三维空间

图 9-9　追踪布点法

场地第一次布点如图 9-10（a）左所示，有两个点位检出超标，其他未超标。该两个点位成为起始点，在其周围进行第一次追踪布点，如图 9-10（a）右所示，其中有 2 个点位超标。在超标点位周围进行第二次追踪布点，如图 9-10（b）左所示，又有 4 个点位超标。在超标点位周围再进行第三次追踪布点，如图 9-10（b）右所示，又有 3 个点位超标。在超标点位周围再进行第四次追踪布点，如图 9-10（c）左所示，其他所有点位都不超标。

最后绘出的污染区域的范围如图 9-10（c）右所示，污染边界位置可在超标点位与外侧不超标点位进行插值确定。

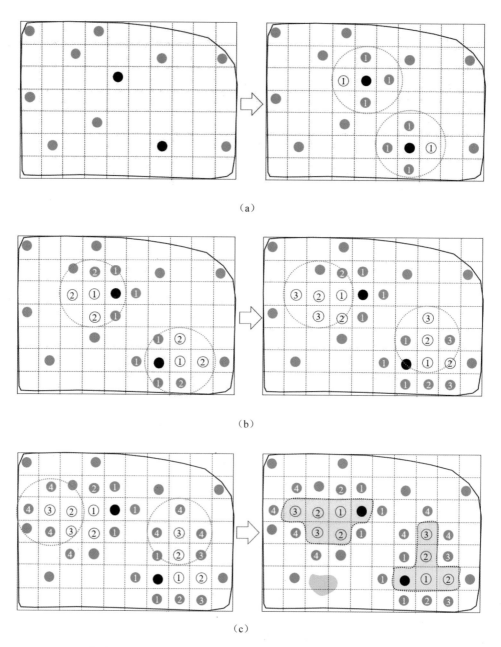

（a）

（b）

（c）

● 为起始超标点位　　　　ⓝ 为第 n 次追踪超标点位　　　▨ 为污染区域

● 为起始检测未超标点位　ⓝ 为第 n 次追踪未超标点位

图 9-10　追踪法布点

由图 9-10 可见，场地中污染区域共有 3 块，通过追踪布点法发现的污染区域是 2 块，还有一块未发现区域，是由于初步采样未在该污染区域布点、后续缺乏追踪目标所致。为减少这种情况发生，在实际操作中，可在未发现污染超标点位区域也进行一定密度的布点。如《建设用地土壤环境调查评估技术指南》（环境保护部公告　2017 年第 72 号）中规定，在详细调查阶段，对于根据污染识别和初步调查筛选的涉嫌污染的区域，土壤采样点位数每 400 m² 不少于 1 个，其他区域每 1 600 m² 不少于 1 个。

9.3.7　物探辅助采样法

9.3.7.1　方法简介

物探辅助采样法（Geophysical Exploration Assisted Sampling）是借助物理探测技术辅助进行布点的方法。地球物理探测法（即物探法）是以场地岩土物理性质差异为基础，运用地球物理方法探测场地物理场的分布及变化，通过综合分析解译推测岩土体或其他物体的空间分布。物探法在岩土工程上应用甚广。由于土壤及地下水中含有污染物时，激发的物理场会发生异常，通过解译分析，一定程度上也能反映污染物在土壤及地下水中的分布特征，因此，近年来物探法也被大量用于污染场地调查中。由于污染物种类、特性及场地特征的复杂性，物探结果的解译及其准确性的保障是一个很大挑战。目前，物探法可以揭示地层结构、地下构筑物、管线、沟渠、池体、暗浜以及一定程度上的污染平面及剖面分布。

物探揭示的异常区域未必是污染区域，但通过结合其他信息进行多方验证分析，可以初步判断出区域受污染的可能性，在这些区域重点进行布点采样，可以更加准确地捕捉到污染区域，减少钻孔采样布点数量。物探法是无损检测，快速经济，具有一定的准确率，在污染地块调查时物探辅助采样法值得大力推广。常用的物探方法有电阻率法、探地雷达法、激发极化法等，各方法可联合应用，进行综合判断。

该法的适用条件一般为：

1）探测对象应具有介质物理差异性，且具有一定规模和空间分布。

2）物探探测的物理场应能从背景场中识别出来。

9.3.7.2　示例

图 9-11 为采用电阻率法测得的地块影像图，深颜色区域的污染可能性较大。采样布点时，如图 9-11 左所示，在这些区域应加大布点密度，在浅颜色区域可减少布点。在地块深度方向上，如图 9-11 右所示，以一个点位为例，采样位置应覆盖并超过深颜色区域，最深取样点还应结合污染物特征及地层结构综合判断。

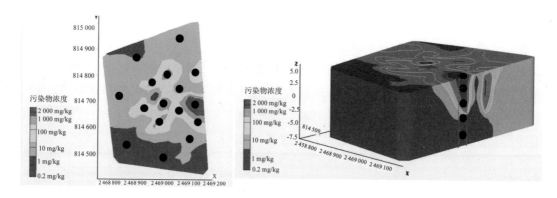

图 9-11　物探辅助法布点（左：平面；右：三维）

9.3.8　截面采样法

关于地下水的调查评估与管理，美国 ITRC 在 2010 年发布了一个污染物通量和释放总量（mass flux，mass discharge）测定与使用的技术文件。这是区别于污染物浓度的一个新概念，用于评估污染源对场地环境的相对影响。在某些场合，是比污染物浓度更为科学合理的指标。近年来逐渐受到从业者和环保监管部门的认可。

污染物通量和释放总量的测定采用了截面采样方法（Transect appoach），这是相对于随机布点采样的一种方法，即在场地的多个横截面进行多层多深度的采样分析，是逐渐被国际上认可的有效的高精度调查方法。

9.3.8.1　方法简介

截面采样法的主要原理是在流动的污染羽中与水流方向垂直设立多个横截面，并在截面上不同位置以及不同深度处设立一系列监测点，通过估算监测点位的污染物浓度和地下水流速来计算单位时间、单位面积上通过的污染物的量［通量，mass flux，用"质量/（时间×面积）"表示］，进而对截面上不同子集进行加和以估算污染源的释放量（mass discharge，用"质量/时间"表示）。除了确定污染源强度和污染衰减率外，mass flux 估算还可以确定大部分污染物流通的平面区域。

9.3.8.2　操作方法

截面采样法分为以下 5 个步骤来计算污染物通量及源释放量。

（1）确定污染羽浓度

对于每一个选定的污染羽段，需要设立足够多的地下水采样点位；除此之外，还需要测量污染羽的总体宽度和厚度以及通过多层监测井或者单层监测井检测污染物浓度分布。

（2）确定地下水流特征

通过达西定律（$q=K \cdot i$），对水流梯度（i）和水力传导率（K）进行测量，确定水流速度。因为本方法获取的都是静态测量数据，为了获取到更有代表性的结果，可在一个或多个地点结合其他方法［如抽水试验、微水试验、被动式磁通计（passive flux meters）试验、钻孔稀释（borehole dilution）试验、示踪试验等］推算。

（3）确定污染羽横截面及布设检测点位

横截面需要贯穿整个污染羽，并与地下水流向垂直，横截面设置多个，在横截面上不同位置、不同深度处设监测井，如图 9-12 所示。

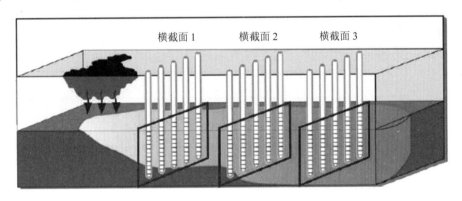

图 9-12　污染羽横截面示意图（ITRC，2010）

（4）采样插值法计算

插值法主要应用于数据较少的情况下，可以有效使污染羽浓度数据趋势变得平滑。常见的插值法包括克里格法（Kriging）、近邻法（Nearest Neighbor）和泰森多边形法（Theissen Polygons）。克里格法通常涉及使用计算机程序在数据点之间进行插值，例如，SURFER 和地下水建模软件（GMS）软件程序都包括克里格算法。近邻法是一种简单的插值方法技术，只需选择最近的点的值，而不考虑其他邻近点相对于该采样点位的影响。

其中，泰森多边形法是最常用的方法，该法将整个横截面分为多个矩形或者多边形的子区域。子区域的分界线通常为测量点位距离的一半，即每个子区域是在相邻两个采样点间作垂直平分线，并将各垂直平分线依次连接组合而成。泰森多边形法的实际应用如图 9-13 所示。

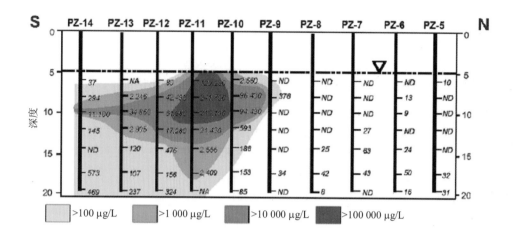

图 9-13　泰森多边形插值计算示意图（ITRC，2010）

（5）计算通量

为了计算整个横断面的污染物通量，每个多边形都要重复以下计算，并将最终结果相加。

$$M_{\mathrm{d}} = \sum_{j=1}^{n} M_{\mathrm{d}j} = \sum_{j=1}^{n} C_j \cdot q_j \cdot A_j \qquad (9\text{-}7)$$

式中，M_{d}——污染源释放量，M/t；

　　　$M_{\mathrm{d}j}$——通过多边形 j 的横截面质量释放量，M/t；

　　　C_j——横截面上多边形 j 的成分污染物浓度，M/L³；

　　　q_j——横截面上多边形 j 的流速，L/t；

　　　A_j——横截面上多边形 j 的面积，L²；

$$q_j = -K_j \cdot i_j$$

　　　K_j——横截面上多边形 j 的导水率，L/t；

　　　i_j——横截面上多边形 j 的水力梯度，L/L。

9.3.8.3　不确定性分析

通过截面采样计算污染物通量的方法是基于流量和浓度数据,两者都有不确定性。Nichols 等(2004)将截面采样法估算质量通量的不确定性和缺点总结如下:

1)虽然截面采样法可以更好地了解整个羽流的浓度分布,而且计算简单,但是需要在空间和时间上采集大量样本来减少不确定性,因此分析成本会增加。

2)质量流量计算软件带来的不确定性主要有以下 3 个因素:①实际浓度、水力传导率和梯度测量中的不确定性。污染羽数据(浓度)的不确定性是由时间和空间的变化引起的。时间上的不确定性可以通过监测一段时间内的数据趋势去减小,空间不确定性与监测点位是否能够捕捉到横截面中地下水浓度的变化有关。②插值方法的不确定性。不同的插值方法将导致不同污染源释放量结果。③与未测量值有关的不确定性。其他未涉及因素也可能影响最终释放量的估计。

Li 等(2007)使用地质统计方法对相关不确定性进行量化并随机模拟,结果表明可有效减少第 2 类和第 3 类不确定性,并可估计释放量数值范围和发生概率。

9.4　场地调查范围确定与调整

9.4.1　启动范围与实际范围

场地调查时,一般委托单位会明确提供调查的场地边界范围,而且这个范围是根据未来用地规划人为划定的,随时存在变动的可能。一般一个工厂或园区作为一个地块开展调查比划分成多个小地块成本要低,特别是作为一个地下水单元在处理技术上也具有整体性。

平面布点范围除对照点外一般与给定的场地范围一致。但是,由于人为活动和污染物的迁移作用,场地影响界外或被邻近场地影响的范围并不局限在给定的范围内,实际影响的范围与污染物特性、场地特征及人为活动的程度密切相关。因此,从场地污染迁移规律角度,一旦识别出场地污染物对界外有影响或受外界污染物影响时,调查范围需扩大。业主给定的调查范围可称为"启动范围",实际的布点采样范围可称"实际范围"。实际范围是一个动态的范围,随着场地调查的不同阶段以及调查结果情况动态调整。实际调查范围扩展到多大距离,难以有一个明确的规定,一般应根据场地实际污染迁移情况及规律而定。

9.4.2 调查范围的调整

复杂的污染场地大多会涉及调查范围的调整，一般具备但不限于以下情况时需要调整实际布点范围：

1）调查场地内的污染已经扩散到了边界，而且检出浓度较高；

2）场地涉及 NAPLs 类污染物，且已扩展到边界处深层渗透性较好的地层中；

3）初步调查深度未能揭示地块最大污染深度；

4）场地邻近地块有重污染企业，边界处检出其特征污染物；

5）场地中有涵管或回填过的河浜与外界连接；

6）场地整体或邻近边界的部分区域后续开发时被挖空（如地下车库及其他地下空间），实际影响地块内环境的是周边土壤及地下水；

7）地块周边存在重要的环境敏感目标。

在实际工作中，由于权责的问题，委托单位往往不愿意调查单位扩大调查范围；进入相邻地块布点采样也面临一定困难。但从技术角度看，调查单位有责任将地块影响周边或被周边影响的情况准确地呈现给委托单位。

图 9-14 所示是一个涉及溶剂生产的场地，实线为给定的一个地块的调查范围，东侧边界处紧邻一条深度为 3 m 的河流。场地地层自上而下为杂填土、黏土、粉质黏土、粉土及粉砂，地下水埋深在 0.7~1.6 m。初步调查时已经检出地块中部偏东的车间及东侧边界处土壤及地下水中有重质非水相液体污染，且污染已经扩展到了深达 10 m 处的粉砂层中，此时应该考虑污染物存在越过河流底部达到河对岸的可能；详细调查时范围应扩大，在河对岸进行布点，东侧实际布点范围扩展到河对岸的虚线处。详细调查结果也显示河对岸深层土壤已受到污染。

图 9-14 启动调查范围与实际调查范围示意图

在一些堆场类的场地，具有从污染源向四周或地下水流向方向扩散的特征，实际调查范围也应扩展到堆场周边至无影响的位置为止。

9.5　场地平面布点及数量要求

在场地中究竟采集多少样品才能比较真实地反映场地的污染状态？这是个一直困扰调查人员的难题，也是一个很难有确定答案的问题。样品采少了，可信度不高；样品采多了，经费和时间都要大大增加。一般样品数量越多，在保证样品具有代表性的前提下，调查精度也越高。对于历史上是农用地的场地，较少的采样点也能比较准确地反映污染情况；但是对化工类复杂场地，布点数量不够就很难准确揭示场地真实污染状态。

实际上，合理的布点数量与场地诸多因素有关。一般需要对场地先进行信息分析，通过识别场地特征及污染特征确定合理的布点方法，然后从技术及经济角度确定调查结果的可信度及准确度，再根据各布点方法统计学上的要求、建筑物/构筑物尺度、场地与周边的关系、调查指南要求以及风险评估要求等多方面因素确定布点数量。

9.5.1　平面布点模式与原则

9.5.1.1　布点模式

确定场地布点方法是场地调查的关键，布点方法不当直接导致调查结果的不确定。前文对各种方法的适用性做了介绍。表 9-5 对各方法适用性进行了简单汇总。

表 9-5　各布点方法的适用性

布点方法	适用性
系统随机布点法	适用于场地污染在空间上没有大的差异且采样数较少的情况，如农用地；实际场地调查中使用相对较少，更倾向于使用系统布点法
系统布点法	系统布点法对大多数场地都适用，精度比系统随机布点法更高，适用于以下情况： （1）在污染程度差别不大或污染分布不明确的情况，如堆置场地、农用地场地或生活区域场地等； （2）评估场地整体污染水平，需要对样品总体进行平均推断； （3）判定场地污染的空间关系； （4）寻找污染区域，特别是在场地污染事件调查时
分区布点法	分区布点法精度比系统随机布点法高，在场地环境调查中大多采用该法，适用于以下情况： （1）场地空间布局和污染程度有明显差异，同一区域性质相对均匀，如工厂的生产区、办公区、生活区、辅助区等； （2）场地不同区域土壤类型、地貌或其他场地特征有明显差异，需考察不同区域平均污染水平及相互关系； （3）在同一场地中受管理、时间、经费或其他因素影响，场地被分成了不同的区域，需要单独评价时

布点方法	适用性
专业判断法	该法的适用条件一般为： （1）潜在污染相对明确； （2）受经费等因素限制采样量很少； （3）快速判断场地是否受到污染； （4）场地已有一定样品信息，需要进一步确定或发现污染
追踪布点法	在场地详细调查阶段基本采用该法，适用条件一般为： （1）在已有一定信息的条件下查找场地高污染区域，也可评估场地平均污染程度； （2）场地污染程度较高且分散性较大时，该法得到的结果更为准确； （3）样品数量不足、样品结构松散的不明场地
物探辅助采样法	大多数场地都能用，适用条件一般为： （1）探测对象应具有介质物理差异性，且具有一定规模和空间分布； （2）物探探测的物理场应能从背景场中识别出来
排序组合布点法	本法在场地调查中使用较少，适用条件为： （1）获取比系统随机布点法更准确的平均值，或在经费有限的情况下提高评估的准确性，多用于背景值调查； （2）现场易于快速检测或进行专业判断，实验室的检测费用远大于现场快速检测，专业判断的准确性高

系统布点法和系统随机布点法具有较好的统计学意义，适用于场地污染总体变异性不大的情况。由于在场地调查实践中往往并不怎么关注地块的平均污染水平，而是更关注地块是否有污染以及污染的位置和范围，如对一些储罐、管线等热点区域的捕捉，上述方法往往有较大的遗漏风险，需要采用专业判断法或者物探辅助采样法进行消除。一般认为专业判断法会高估场地的污染水平，但是从捕捉污染区域的角度看，该法具有优势，实际上也是运用了先验概率的结果。为了既能捕捉到热点区域，又能客观评估场地污染的整体水平，对地块进行分区采样是必要的，只要划分合理，其整体统计效果又会趋向于系统布点法或系统随机布点法。在对污染范围的确定上，追踪布点法是很有效的手段。

在实际场地调查工作中，应根据调查的目的和地块状况，采用多种方法的组合，例如，系统布点法与专业判断法组合，专业判断法与追踪布点法组合，物探辅助采样法与其他方法组合等；以系统布点法与专业判断法组合最为常用，物探辅助采样法与其他方法组合值得大力推广。

9.5.1.2 平面布点遵循的原则

场地平面布点可参考以下几点：

1）根据场地特征、使用功能、空间布局、污染特征、调查目的等确定合适的布点方法及组合。

2）针对场地点状、线状及面状污染特征，在储槽/罐、设备设施区、化学品存储区、固废存储及处理区、管线、废水处理区等宜加密布点；并宜对点位进行组合协同布置，既能揭示污染空间状态，又在一定程度上揭示污染迁移规律。

3）场地有人工地层时，需要根据人工地层的空间特征合理布设点位。

4）判断场地界内外相互影响关系，必要时应在边界及界外布点。

5）地块未来使用时受地块界外土壤与地下水影响的，如靠近地块边界的地下建筑物（车库等），需要在地块边界外设点。

6）布设地下水监测井时，除了遵循地下水流向关系外，还应充分认识到场地污染的复杂性，大多数场地内上下游污染的规律性不强，布点及点位数量应更侧重于揭示空间分布。

7）满足国家及地方导则、指南及规范的要求。

8）详细调查与初步调查布点要有呼应性、深入性、验证性和调整性。

9.5.2　布点数量统计学估算方法

以下介绍几种原则性的布点数量估算方法。其他采样方法的布点数量可参见前文介绍的布点采样方法。

9.5.2.1　平均值估算法

Elliott（1971）提出了一种利用平均值的估算方法。先在场地中采集 5 个样品作为一组，计算平均值为 A_1；再继续采集 5 个样品，连同之前的 5 个样品组成一组，计算平均值为 A_2；此时如果 A_1 近似等于 A_2，则 10 个样品即为适合样品。否则须再采集 5 个样品，连同之前的 10 个样品组成一组，计算平均值为 A_3，判断 A_3 是否近似等于 A_2。以此类推，直至所得平均值变化不大时，最后一个平均值的样品数即为适合的采样数。

由于计算平均值需要样品的检测数据，如果都是送往实验室检测，耗时较长，实际使用不方便。因此，可使用现场快速测定仪检测。该法适用于地块整体污染差异性不大的情况，如农用地、存储区域等。

9.5.2.2　准确度估算法

Gilbert（1987）和 **Elliott**（1971）提出了一种利用已有数据计算准确度，然后进一步估算更高准确度的采样数量的方法。场地调查一般分阶段进行，初步调查会采集少量样品，对关注污染物的检测结果进行初步统计，计算准确度；然后进一步估算获得合理准确度所需要的采样数量。

把准确度定义为 $A = \dfrac{\overline{X} - \mu}{\overline{X}}$，其中 μ 为样本母体均值。

μ 未知，在 95% 的置信区间情况下，由 $P\left(\left|\dfrac{\overline{X} - \mu}{\sqrt{\dfrac{S^2}{n}}}\right| \leqslant t_{0.975}\right) = 0.95$

得 $\left|\overline{X} - \mu\right| \leqslant t_{0.975}\sqrt{\dfrac{S^2}{n}}$，故准确度 $A \approx \dfrac{t_{0.975}\sqrt{\dfrac{S^2}{n}}}{\overline{X}}$，可得 $n \approx \dfrac{t_{0.975}^2 S^2}{A^2 \overline{X}^2}$。

先根据已有的 n 个数据计算平均值：$\overline{X} = \dfrac{1}{n}\sum\limits_{i=1}^{n} X_i$

计算变异系数：$S^2 = \dfrac{\sum\limits_{i=1}^{n} X_i^2 - \dfrac{\left(\sum\limits_{i=1}^{n} X_i\right)^2}{n}}{n-1}$

在 t 表中根据自由度（n-1）及 P=0.05 查询 t 值，

计算准确度：$A_1 = \dfrac{t\sqrt{\dfrac{S^2}{n}}}{\overline{X}}$（Eckblad，1991）。

此时的样品数 n 是可信度为 95%、准确度为 A_1 时的样品数。

详细调查时，我们需要更为准确的结果，将准确度定为 A_2，此时所需要的样品数为：

$$m = \dfrac{t^2 S^2}{(A_2 \times \overline{X})^2}$$

此时样品数 m 是可信度为 95%、准确度为 A_2 时的样品数，因为准确度提高，详细调查的样品数 m 远大于初步调查时的样品数 n。

9.5.2.3　类似统计估算法

有时未获取到场地前期的数据，但是有类似的场地结果可以参考时，可用 Sokal 等（1969）提出的方法。

估算的样品数为：

$$n \geqslant 2\left(\dfrac{\sigma}{\delta}\right)^2 (t_{\alpha[V]} + t_{\alpha(1-\rho)[V]})^2 \tag{9-8}$$

式中，n——样品数；

  σ——真实标准差；

  δ——测量值的最小差异；

  V——样品标准差的自由度，为组块分区数×$(n-1)$；

  α——显著水平；

  ρ——显著差异的概率；

$t_{\alpha[V]}$ 及 $t_{\alpha(1-\rho)[V]}$ 查 t 表（双尾，Two-tailed），对应概率分别为 α 及 $2(1-\rho)$ 的 t 值。

9.5.3 捕捉污染源的最小采样单元设定

在较为复杂的污染场地中，污染程度在较小的区域内变化很大。例如，一些构筑物及设施往往是污染源，很多时候拆除并经地面平整后就无法准确判断其位置（图 9-15 为某场地拆除但未回填的圆形和矩形构筑物）。在布点时很关心布点的最小单元应为多大（也即布点密度），这个最小采样单元也是建立在不同功能分区及一定置信度的基础上的。场地中构筑物/建筑物、设施装备或生产区域等的尺寸是重要的参考依据，可作为检测工作单元。例如，在一个生产车间中，不同的工段设施位置的污染程度差异可能很大，布点单元设定时，设备所占区域的尺寸大小就会影响最小采样单元的设定。

图 9-15　某场地中拆除的遗留化学品构筑物

例如，某场地中过去有被拆除的圆形构筑物，其半径为 R，该构筑物所在区域是关注污染源，但污染源位置与数量不确定，此时宜用系统网格布点法，在 95%的可信程度捕捉到污染的条件下，布点网格单元的长度 G 应该设为多少？

（1）圆形构筑物污染源的捕捉

厂区中的构筑物大多是圆形或矩形的。对于圆形构筑物，先做适当假设，半径为 R 的构筑物内存在污染，布点只要落在这个范围内即认为是捕捉到了污染源。作以 R 为半径的圆，以圆心为中心，作边长为 G 的正方形网格；使圆与正方形的重叠面积正好占正方形的 95%，如图 9-16（左）所示，这是一个古典概型的概率问题，即图中 $2S_1+S_2=S$ 的面积占 1/4 圆面积的 95%，经过计算，此时最小采样单位边长 G 与 R 的关系可表示为：

$$G = \frac{R}{0.59} \tag{9-9}$$

如果调查场地的面积为 A，则平面布点数量 n 为：

$$n = \frac{A}{G^2} \tag{9-10}$$

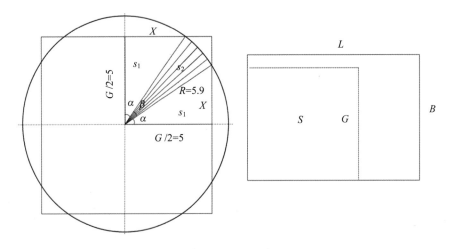

图 9-16　构筑物与最小布点单元示意图（左：圆形构筑物；右：矩形建筑物）

为了方便使用，Gilbert（1987）将可接受的未捕捉到污染源的概率所需的采样间距绘制成图 9-17，可以直接查表计算。

例如，某场地有填埋废物，但不清楚废物所在的位置。如果将垃圾填埋区域看成近似圆形（$S=1$），其半径为 5 m（$L=5$ m），假定未找到热点的期望概率是 0.05，从图中可以查得：L/G 等于 0.58。因此，所需的网格间距（G）为 8.6 m。

（2）矩形构筑物污染源的捕捉

对于矩形建筑物/构筑物，如图 9-15（右）与图 9-16（右）所示，短边为 B，长边为 L；在 95% 的可信程度捕捉到污染的条件下，同样可以计算出最小采样单元的边长 G 为：

$$G = \sqrt{0.95}B \tag{9-11}$$

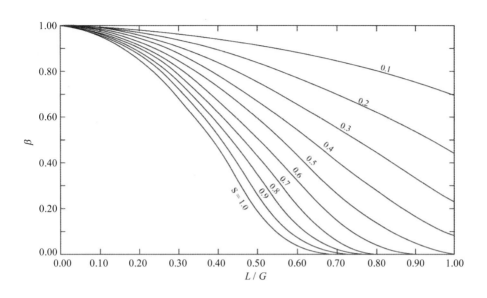

注：G—网格间距；L—椭圆形污染源长轴长度的一半（圆形为半径）；S—长度短轴/长轴污染源（对于圆形源等于1）。

图 9-17　对应于未找到污染热点的可接受概率（β）所需的采样网格间距

9.5.4　导则及指南的要求

9.5.4.1　土壤布点及数量

（1）国家层面导则与指南

我国几个导则、指南中对场地布点数量有一定规定。《建设用地土壤污染状况调查技术导则》（HJ 25.1—2019）对初步调查土壤布点未明确规定，详细调查时规定"根据初步采样分析的结果，结合地块分区，制定采样方案。应采用系统布点法加密布设采样点。对于需要划定污染边界范围的区域，采样单元面积不大于 1 600 m²（40 m×40 m 网格）。"

《建设用地土壤污染风险管控和修复监测技术导则》（HJ 25.2—2019）中对初步调查点位布设数量没做具体规定，提了原则性的意见："可根据原地块使用功能和污染特征，选择可能污染较重的若干工作单元，作为土壤污染物识别的工作单元。原则上监测点位应选择工作单元的中央或有明显污染的部位，如生产车间、污水管线、废弃物堆放处等。""监测点位的数量与采样深度应根据地块面积、污染类型及不同使用功能区域等调查阶段性结论确定。"

《建设用地土壤污染风险管控和修复监测技术导则》对详细调查时的布点要求为："单个工作单元的面积可根据实际情况确定，原则上不应超过 1 600 m²。对于面积较小的地块，应不少于 5 个工作单元。"也就是每个点位代表 40 m×40 m 大小的面积，不少于 5 个点位。

《建设用地土壤环境调查评估技术指南》（环境保护部公告 2017 年 第 72 号）中规定："鉴于具体地块的差异性，布点的位置和数量应当主要基于专业的判断。原则上：初步调查阶段，地块面积≤5 000 m²，土壤采样点位数不少于 3 个；地块面积＞5 000 m²，土壤采样点位数不少于 6 个，并可根据实际情况酌情增加。详细调查阶段，对于根据污染识别和初步调查筛选的涉嫌污染的区域，土壤采样点位数每 400 m² 不少于 1 个，其他区域每 1 600 m² 不少于 1 个。有以下情形的，可根据实际情况加密布点，如污染历史复杂或信息缺失严重的，水文地质条件复杂的等。"

《建设用地土壤环境调查评估技术指南》（环境保护部公告 2017 年 第 72 号）对布点数量的要求比《建设用地土壤污染状况调查技术导则》（HJ 25.1—2019）、《建设用地土壤污染风险管控和修复监测技术导则》（HJ 25.2—2019）有所提高。但是对复杂场地来说，这些数量远远不够，因此指南补充了对污染历史复杂或信息缺失严重、水文地质条件复杂的地块的加密布点，但未明确加密到什么程度。

（2）地方标准及规范

此外，还有一些地方标准及行业标准，如北京市地方标准《污染场地勘察规范》（DB 11/T 1311—2015）、上海市地方标准《建设场地污染土勘察规范》（DG/TJ 08—2233—2017）、江苏省地方标准《污染场地岩土工程勘察标准》（DB 32/T 3749—2020）等。其中，《污染场地岩土工程勘察标准》（DB 32/T 3749—2020）主要为场地风险评价、风险管控、修复工作提供依据，未包含环境调查，只作参考。

表 9-6 为国家导则、指南及地方标准规范中对土壤布点及数量的规定。

另外，国际上其他国家有不同的做法，如表 9-7 所示。

表 9-6 国家导则、指南及地方标准规范中对土壤布点及数量的规定

标准名称	初步调查	详细调查
《建设用地土壤污染状况调查技术导则》（HJ 25.1—2019）	未规定	采样单元面积不大于 1 600 m²（40 m×40 m 网格）
《建设用地土壤污染风险管控和修复监测技术导则》（HJ 25.2—2019）	可根据原地块使用功能和污染特征，选择可能污染较重的若干工作单元作为土壤污染物识别的工作单元；监测点位的数量应根据地块面积、污染类型及不同使用功能区域等调查阶段性结论确定	单个工作单元的面积可根据实际情况确定，原则上不应超过 1 600 m²。对于面积较小的地块，应不少于 5 个工作单元
《建设用地土壤环境调查评估技术指南》（环境保护部公告 2017 年 第 72 号）	地块面积≤5 000 m²，土壤采样点位数不少于 3 个；地块面积＞5 000 m²，土壤采样点位数不少于 6 个，并可根据实际情况酌情增加	根据污染识别和初步调查筛选的涉嫌污染的区域，土壤采样点位数每 400 m² 不少于 1 个，其他区域每 1 600 m² 不少于 1 个。有以下情形的，可根据实际情况加密布点，如污染历史复杂或信息缺失严重的，水文地质条件复杂的等

标准名称	初步调查	详细调查
北京市《污染场地勘察规范》（DB 11/T 1311—2015）	（1）污染源明确的场地宜采用专业判断布点法，每个潜在污染区内布置不应少于 3 个采样勘探点，污染区中央或有明显污染的部位应布置采样勘探点； （2）污染源不明确的场地宜采用网格布点法，采样勘探点间距宜为 40～100 m，场地面积较小或环境水文地质条件复杂时，宜取较小值；当场地面积小于 10 000 m² 时，采样勘探点间距不宜超过 40 m	详细勘察勘探点布置，应根据污染源分布情况，结合污染物在土壤和地下水中的迁移特征确定，并应符合下列要求：在初步划定的污染区内，采样勘探点间距宜为 20 m，其他区域点间距可为 40 m，污染边界附近应适当加密；未被污染的区域应至少布置 3 个对照采样勘探点
上海市《建设场地污染土勘察规范》（DG/TJ 08—2233—2017）	勘探采样点的布置应根据污染源及污染特征、场地面积确定，并符合以下条件： （1）污染源尚不明确的场地，宜采用网格状布点法，勘探采样点间距宜小于等于 40 m。 （2）污染源明确的场地，勘探采样点以布置在污染区中央、明显污染的部位及可能影响的范围，非污染区域至少应布置 1 个勘探采样点。 （3）每个场地勘探采样点不应少于 5 个；当场地面积小于 5 000 m² 时，勘探采样点数量不应小于 3 个	勘察采样点的平面布置应根据初步勘察判定的污染土分布与污染物迁移特征，结合拟建工程性质及可能采用的污染土和地下水修复治理方法等综合确定，并符合下列要求： （1）在初步勘察确定的污染区域内，当污染物分布较均匀时，可采用网格法布点，勘探点间距宜小于等于 20 m；当污染物分布存在差异时，勘探点间距宜适当加密。 （2）工程需要时，确定污染土边界的勘探点间距不宜大于 10 m。 （3）当场地面积较小时，勘探点数量可适当减少，但不应少于 5 个。 （4）未污染区域应布置对照点，每个场地不宜少于 1 个。 （5）当场地分布暗浜、厚层填土或浅部土层性质变化大时，宜适当增加勘探采样点
江苏省《污染场地岩土工程勘察标准》（DB 32/T 3749—2020）	（1）勘探点位，总数不应少于 3 个，且当场地面积大于等于 5 000 m² 时，数量不应小于 5 个。 （2）对潜在污染区明确的场地宜采用专业判断布点法，场地内每个潜在或确定的污染区中勘探点位数量不应少于 3 个，潜在污染区中央或有明显污染痕迹区域应布置勘探点位。 （3）对潜在污染区不明确的场地宜采用网格布点法，勘探点位间距宜为 40～100 m，场地面积较小或地质条件复杂时，宜取较小值；当场地面积小于 10 000 m² 时，勘探点位间距不宜超过 40 m	（1）在初步划定的污染区内，采样勘探点间距宜为 20 m，其他区域点间距可为 40 m，污染边界附近应适当加密。 （2）场地内未被污染的区域应至少布置 3 个对照勘探点位。 （3）当场地形地貌单元复杂、地层变化大时，宜适当增加勘探点位

表 9-7 不同国家对调查采样网格间距的规定

国家	采样单元确定准则	采样网格间距
奥地利	土壤类型、土地利用情况、历史背景、地形水文条件	100 m
芬兰	土地利用情况、筛查结果	20～30 m
德国	土壤类型、土地利用情况、历史背景、筛选结果	50 m
意大利	地形水文条件	可变化，未确定
卢森堡	土地利用情况、历史背景、筛查结果	100 m
荷兰	土壤类型、土地利用情况、历史背景、地形水文条件、筛查结果、采样点的相关性	可变化，未确定
葡萄牙	土壤类型	100 m
西班牙	土壤类型、土地利用情况	25 m
瑞士	土壤类型、土地利用情况、筛查结果、采样点的相关性	10 m
英国	土壤类型、土地利用情况、历史背景	可变化，未确定
加拿大	识别更大疑似污染区域	25～50 m
	调查已知污染区域	5～20 m
	局部污染热点的划分	5～10 m
日本	不同风险类别的区域	10 m、30 m

9.5.4.2 地下水布点及数量

（1）国家层面导则与指南

《建设用地土壤污染状况调查技术导则》（HJ 25.1—2019）中对初步调查时规定："对于地下水，一般情况下应在调查地块附近选择清洁对照点。地下水采样点的布设应考虑地下水的流向、水力坡降、含水层渗透性、埋深和厚度等水文地质条件及污染源和污染物迁移转化等因素；对于地块内或邻近区域内的现有地下水监测井，如果符合地下水环境监测技术规范，则可以作为地下水的取样点或对照点。"详细调查时未做明确说明。

《建设用地土壤污染风险管控和修复监测技术导则》（HJ 25.2—2019）中初步调查时规定："地块内如有地下水，应在疑似污染严重的区域布点，同时考虑在地块内地下水径流的下游布点。如需要通过地下水的监测了解地块的污染特征，则在一定距离内的地下水径流下游汇水区内布点。"详细调查时规定："对于地下水流向及地下水位，可结合土壤污染状况调查阶段性结论间隔一定距离按三角形或四边形至少布置 3～4 个点位监测判断。""地下水监测点位应沿地下水流向布设，可在地下水流向上游、地下水可能污染较严重区域和地下水流向下游分别布设监测点位。确定地下水污染程度和污染范围时，应参照详细监测阶段土壤的监测点位，根据实际情况确定，并在污染较重区域加密布点。"
"一般情况下，应在地下水流向上游的一定距离设置对照监测井。""如地块面积较大，地
下水污染较重，且地下水较丰富，可在地块内地下水径流的上游和下游各增加 1～2 个监
测井。""如果地块地下岩石层较浅，没有浅层地下水富集，则在径流的下游方向可能的
地下蓄水处布设监测井。""若前期监测的浅层地下水污染非常严重，且存在深层地下水
时，可在做好分层止水条件下增加一口深井至深层地下水，以评价深层地下水的污染情
况。"具体规定见表 9-8。

表 9-8　导则、指南及规范对地下水布点及数量的规定

标准名称	初步调查	详细调查
《建设用地土壤污染状况调查技术导则》（HJ 25.1—2019）	对于地下水，一般情况下应在调查地块附近选择清洁对照点。地下水采样点的布设应考虑地下水的流向、水力坡降、含水层渗透性、埋深和厚度等水文地质条件及污染源和污染物迁移转化等因素；对于地块内或临近区域内的现有地下水监测井，如果符合地下水环境监测技术规范，则可以作为地下水的取样点或对照点	未规定
《建设用地土壤污染风险管控和修复监测技术导则》（HJ 25.2—2019）	未规定布点数量。原则性规定：应在疑似污染严重的区域布点，同时考虑在地块内地下水径流的下游布点。如需要通过地下水的监测了解地块的污染特征，则在一定距离内的地下水径流下游汇水区内布点	（1）至少布置 3～4 个点位监测判断地下水流向及水位。 （2）地下水监测点位应沿地下水流向布设，可在地下水流向上游、地下水可能污染较严重区域和地下水流向下游分别布设监测点位。确定地下水污染程度和污染范围时，应参照详细监测阶段土壤的监测点位，根据实际情况确定，并在污染较重区域加密布点。 （3）应在地下水流向上游的一定距离设置对照监测井。如地块面积较大、地下水污染较重且地下水较丰富，可在地块内地下水径流的上游和下游各增加 1～2 个监测井。 （4）若前期监测的浅层地下水污染非常严重，且存在深层地下水时，可在做好分层止水条件下增加一口深井至深层地下水，以评价深层地下水的污染情况
《建设用地土壤环境调查评估技术指南》（环境保护部公告2017 年 第 72 号）	未规定	地下水采样点位数每 6 400 m^2 不少于 1 个。有以下情形的，可根据实际情况加密布点，如污染历史复杂或信息缺失严重的，水文地质条件复杂的等

标准名称	初步调查	详细调查
北京市《污染场地勘察规范》（DB 11/T 1311—2015）	地下水监测井点数量不应少于3个，宜布置在潜在污染区或附近；当不能判明地下水流向时，应增加井点数量	当确认地下水污染时，地下水监测井点布置应满足查明地下水污染范围的要求，数量不应少于9个，其中污染区内地下水流向上游、两侧至少应各有1个地下水监测井点，地下水流向下游应有2个地下水监测井点，地下水污染区外的上游、下游、两侧应各有1个地下水监测井点；受污染含水层之下的含水层应至少设置1个地下水监测井点
上海市《建设场地污染土勘察规范》（DG/TJ 08—2233—2017）	（1）污染源尚不明确的场地，监测井宜布设在场地周边及中央，或在地下水流方向的上下游及场地中央各布置1个监测井。（2）污染源明确的场地，监测井宜布置在污染区及附近，非污染区至少宜布置1个监测井。（3）每个场地监测井不应少于3个；当涉及多层地下水污染时，应分层采样	地下水监测井的平面布置应根据初步勘察判定的含水层分布、地下水流向、污染物分布与迁移特征等综合确定，并符合下列要求：（1）监测井数量应满足查明场地地下水污染分布范围的需要，且不应少于5个；当场地面积小于10 000 m²时，可适当减少监测井数量。（2）当地下水具有明显流向时，监测井宜沿地下水流向布设。应在场地污染区地下水流向上游、两侧至少各布置1个监测井；地下水可能污染较严重区域和地下水流向下游，应分别至少布设2个监测井。（3）当地下水流向不明显时，监测井宜根据污染源形态特征布设；污染源附近的监测井可适当加密。（4）未污染区应布置对照监测井，每个场地不宜少于1个。（5）需要长期监测时，监测井每个场地不宜少于3个。（6）需要了解地下水与地表水体的水力关系时，可根据地下水流向结合以设置的地表水监测点，布置垂直于岸边线的地下水监测井
江苏省《污染场地岩土工程勘察标准》（DB 32/T 3749—2020）	数量不应少于3个，宜在潜在污染区或附近	当场地地下水污染时，应布设环境水文地质勘探点和地下水监测井点。环境水文地质勘探点宜按网格布点，点间距不宜超过40 m；地下水监测井点布置应满足查明地下水污染范围的要求，数量不应少于9个，其中污染区内地下水流向上游、两侧至少应各有1个地下水监测井点，地下水流向下游应有2个地下水监测井点，地下水污染区外的上游、下游、两侧应各有1个地下水监测井点；受污染含水层之下的含水层应至少设置1个环境水文地质勘探点和地下水监测井点

（2）地方标准及规范

一些地方性标准、规范在国家导则、指南的基础上做了一些扩充性的规定。北京市地方标准《污染场地勘察规范》（DB11/T 1311—2015）、上海市地方标准《建设场地污染土勘察规范》（DG/TJ 08—2233—2017）、江苏省地方标准《污染场地岩土工程勘察标准》

（DB32/T 3749—2020）等地方标准、规范的要求也一并列入表 9-8 中。

在地下水布点方面，无论是国家还是地方标准、规范，都强调了地下水上下游的关系；实际上，在河口海岸地区受潮汐流影响，很多场地地下水为往复流，上下游关系不容易确定，从揭示地下水污染范围的角度，实际调查时的布点数量要多很多。

9.5.4.3　地表水及底泥布点及数量

如果地块内有流经的或汇集的地表水，则在疑似污染严重区域的地表水布点，同时考虑在地表水径流的下游布点。一般同时取地表水和底泥。

对于场地界外有地表水体，但场地未对界外地表水造成影响的，可以不采集地表水及底泥。城市中的地表水体水质很多时候难以达到地表水功能区要求，也很难说明与场地污染的关系。

如果场地界外邻近处有地表水体，且地块历史上存在排污入河等情况，或者地块内污染已达到地块边界又与地表水体进行水力交换，需要在地表水体采集地表水及底泥样品。表 9-9 列出了相关场地调查导则、规范对地表水的采样要求。

表 9-9　地表水采样相关规定

标准	要求
《建设用地土壤污染风险管控和修复监测技术导则》（HJ 25.2—2019）	（1）考察地块的地表径流对地表水的影响时，可分别在降雨期和非降雨期进行采样。如需反映地块污染源对地表水的影响，可根据地表水流量分别在枯水期、丰水期和平水期进行采样。 （2）在监测污染物浓度的同时，还应监测地表水的径流量，以判定污染物向地表水的迁移量。 （3）如有必要可在地表水上游一定距离布设对照监测点位
北京市《污染场地勘察规范》（DB11/T 1311—2015）	（1）场地内或其附近分布地表水时，每个地表水体应设置 1 个地表水监测点。 （2）应在场地附近可能受场地污染影响的河流、湖泊、坑塘中分别采集 1 份地表水样进行环境质量检测

9.5.5　风险评估的要求

风险评估本身对布点数量没有明确要求，但如果前期布点不合理，没有找到污染最重或较重的点位，风险评估时可能会低估场地的风险。此外，在风险评估确定修复目标和修复范围时，采样数量直接影响修复范围确定的精度。因此，调查布点也应考虑基于风险评估确定修复范围精度的数量要求。

9.5.6 修复范围精度的要求

调查点位密度不够，使得确定的修复体量不够准确。一方面可能高估了修复范围，另一方面可能遗漏了需要修复的区域。修复范围不准，也会影响修复模式的选择，例如，超标不严重但有风险的区域，由于点位有限而且是局部污染，通过插值法确定的修复范围与实际往往差别很大。假如对整个修复范围内的土壤进行混匀，均值可能已经不超过风险值了，此时就不宜采用异位修复技术。

9.6 土壤取样深度确定与采样方法

9.6.1 基于污染水文地质学与地下设施分布的方法

应综合考虑潜在污染源的空间位置、污染物性质及迁移特征、地层结构、土壤性质、水文地质条件、地下水设施（构筑物/管线等）分布以及快速检测结果等因素，判断设置采样点垂直方向的土壤采样深度。垂向上采样深度的确定可参考以下因素。

9.6.1.1 地层构造

地层构造对污染物的迁移有重要影响。修改后的《建设用地土壤污染风险管控和修复监测技术导则》（HJ 25.2—2019）补充了根据地层构造采样的规定："采样深度应扣除地表非土壤硬化层厚度，原则上应采集 0~0.5 m 表层土壤样品，0.5 m 以下下层土壤样品根据判断布点法采集，建议 0.5~6 m 土壤采样间隔不超过 2 m；不同性质土层至少采集一个土壤样品。同一性质土层厚度较大或出现明显污染痕迹时，根据实际情况在该层位增加采样点。"

需要注意的是，从水文地质角度，黏土层由于供水能力极弱，被视为隔水层，但是许多化合物可以改变黏土的微观结构，增大渗透性，从而可以穿透黏土层，黏土层并不是完全意义上的隔污层。在场地识别出此类污染物质（如 DNAPLs）时，取样深度需要根据地层构造增加。

对于历史上是农用地的场地，表层土取样深度不宜超过 20 cm。

在有人工地层时，需要根据回填情况，在回填层、原河床、湖底等处增加采样，了解回填土及底泥污染状况。

场地中的特殊发生带往往对污染物有富集作用，在有特殊发生带时，需要根据特殊发生带的分布情况，在发生带中采集样品。

9.6.1.2　地下构筑物及管线分布

场地中地下构筑物、管线等都较多，应在构筑物、管线的最低位置之下不同深度处设点，最近点位不宜太远（如 1 m），以揭示污染物泄漏对土壤的污染影响。

在地块未来使用规划有地下空间的，采样深度应设于构筑物/建筑物最低位置之下。

9.6.1.3　污染物特性及环境行为

识别场地潜在污染物特性，溶解态、轻非水相与重非水相污染物在地层中的环境行为有很大不同。设置垂向上取样深度时应考虑污染物迁移下渗范围，如对重非水相液体需要在深层取样，直至未污染地层为止。

9.6.1.4　水文地质条件

场地包气带、地下水水位线波动带、含水层及边界等处需统筹考虑布点。

当前对于下层土壤即表层土壤到地下水水位之间的深度位置的确定还存在不同的理解，该处地下水水位是指潜水水位，有的采用初见水位，有的采用稳定水位。以下对这两个概念做一定的解释说明。

（1）概念

《水文地质术语》（GB/T 14157—1993）中"初见水位（initial water level）"是指当钻孔揭露含水层时，首先发现的地下水面的高程。《铁路工程水文地质勘察规程》（TB 10049—2004）对"初见水位"的定义为当钻孔揭露含水层时，初次发现的地下水面高程。《地下铁道、轻轨交通岩土工程勘察规范》（GB 50307—1999）中表述为"初见水位的量测，一般在工程勘察中从钻具带上土样观测，土样由湿到很湿带水时的标高，即为初见水位"。

关于稳定水位的认识比较统一，《岩土工程勘察规范》（GB 50021—2009）中稳定水位是指钻探时的水位经过一定时间恢复到天然状态后的水位。

（2）判断及测定方法

稳定水位的测定比较确定，终孔后经建井、洗井，一般 24 h 之后（水位波动<2 cm）测定的水位即为稳定水位。

初见水位的判定相对不统一，主要靠现场工程师的判断。判断方法大体包括：①观测钻具带上的土样，土样由湿到很湿带水时的标高即为初见水位，有的也根据土中是否含有自由水或钻头滴水判断；②观察土的色泽变化，颜色发亮，可能已遇到地下水；③首次见到的饱和土的上界，但由于受毛细水的影响，上界是一个范围；④钻进过程中观察冲洗液变化，当发现泥浆稀释或孔口回水增加时结合岩芯含水量判别初见水位；这种方法是采用循环水的钻进方法，污染场地调查不应采用这种方法。

整体上，上述方法的判断有一定的主观性，精确度较低，不同操作人员的结果差异较大。

（3）初见水位与稳定水位的关系

如果初见水位是根据湿度变化确定的，由于土壤孔隙有毛细管水的作用，而井管没有毛细作用，初见水位应高于稳定水位，黏性土的初见水位要高于砂质土的。一般地，渗透性强的土中潜水的初见水位与稳定水位基本持平。但是在实践中，由于采用的设备（如套管中土柱严重压缩）、观测的时间以及现场人员主观判断的差异，有时初见水位低于稳定水位，有时高于稳定水位；但大多数情况下，初见水位低于稳定水位，有时相差还很大。

既然初见水位是一个受设备及主观性影响较大的水位，不宜作为规范中的判定依据，应以稳定水位判定为宜。

9.6.1.5 地形地貌特征

有些场地地形起伏较大，有些是人为堆填所致。对原始地貌差异大的情况，采样深度上尽量保持在相同地层中都有对比点；对于人为堆填情况，需要考虑堆高部分在采样深度上的影响。

9.6.1.6 现场快速筛查结果

在现场对土柱进行快速筛查，在检出值较高的位置进行取样送检。

9.6.1.7 初步调查结果

《建设用地土壤污染风险管控和修复监测技术导则》（HJ 25.2—2019）中规定详细调查时采样深度应至土壤污染状况调查初步采样监测确定的最大深度。这句话容易让人理解为详细调查最大深度与初步调查深度一致，但这个深度是不是合理，取决于初步调查采样深度的合理性。事实上，许多初步调查深度未达到合理的深度，需要在详细调查时进行校正，否则，可能会无法发现场地的深层污染，这种情况的发生已经很普遍。因此，初步调查的深度确定非常关键。

合理的做法是详细调查时应根据初步调查的结果对取样深度进行调整，根据不同情况，深度可能增加也可能减少，原则上至未污染深度为止；未污染深度需要根据采样深度、地层构造、污染物特征及环境行为等综合判定。有些地方规定土壤钻孔最深不小于6 m，结果在行业中往往就做到 6 m，导致一些深层污染未被发现。最大采样深度不应一概而论，宜根据场地地层构造、潜在污染特征等因素合理设置。

9.6.1.8　送检样与备用样

合理安排送检样与备用样的采样深度,必要时根据送检样结果启用备用样。

9.6.1.9　土壤采样深度设置示意

图 9-18 为土壤垂向采样深度设置示意图,在实际场地中不是所有的情况都会出现,为便于理解,此处把所有情况都绘制在一张图中。

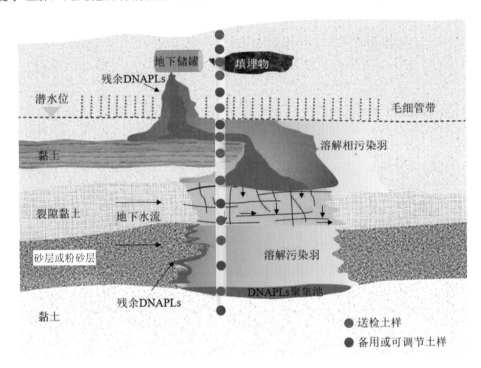

图 9-18　采样深度设置示意图

9.6.2　土壤采样方法

根据"实时状态"原则,土壤采样应尽可能保持土壤原来的状态,减少扰动,避免污染物散失或引入二次污染。对于挥发性污染物要采用原位封存采样法,如直推式双套管采样,对截取的采样管进行密封,如果开管后用小型采样器转移到采样瓶中,需要特别注意操作的规范与快速,避免过程中的损失。GP 钻机的采样管直径很小,开管后土壤的裸露面较大,挥发性污染物的散失也更严重。

对于采集非挥发性污染的表层土壤,也可采用螺旋钻、槽探、手钻、锹、铲及竹片等工具。

对于采用常规 GP 钻机难以取样的砂质粉土等特殊地层,应尽量避免泥浆护壁的钻进采样方法,避免循环泥浆造成交叉污染。应鼓励采用符合环保采样要求的创新性采样方法和工具。

9.6.3 关于土壤平行样的探讨

平行样又称平行双样,是指在环境监测和样品分析中,只包括两个相同子样的样品,是环境检测质量控制的一项措施;在场地调查中常常用来控制样品数据的变异性。《建设用地土壤污染风险管控和修复监测技术导则》(HJ 25.2—2019)中规定:"在采样过程中,同种采样介质,应采集至少一个样品采集平行样。样品采集平行样是从相同的点位收集并单独封装和分析的样品。"《污染场地勘察规范》(DB11/T 1311—2015)中规定:"土壤和地下水样品应按 10%的比例采集现场平行样"。

平行的含义是两个样品相同,也就是两个样品的状态是一样的,要求介质应该是均质的,就像水和空气;但是由于土壤的高度异质性,几乎不存在相同的样品。只有在土壤没有什么污染的情况下,两个样品的状态才近似,污染物检测结果才相差不多;在污染比较复杂的场地,土壤污染的异质性更加突出,如对于一段 20 cm 的土柱样品,两端的检测值差别有时也很大。因此,在调查阶段取土壤平行样的做法虽然符合统计学的要求,但是缺乏样品物质性质基础。因此,在取平行样时应尽量排除两个样品原本的异质性,建议在同一个位置小量采样(如针筒式土壤采样器)或取样后进行混合处理(挥发性污染物除外)再取平行样;此外,土壤修复过程中经过混匀后采样检测取平行样是必要的。

9.7 土壤气体采样方法

9.7.1 土壤气体调查的作用

土壤气体传输与扩散是挥发性污染场地的重要特征,吸入污染气体是场地挥发性污染物最主要的暴露途径,社会影响性较大,调查难度也大。土壤气体是地块 VOCs 污染程度和环境风险的重要指示,土壤气体调查在国外已作为挥发性污染场地调查的常规工作。对于包气带厚度较大的场地,土壤气体的调查意义更大。相对于土壤与地下水的调查,我国土壤气体的调查还不够完善和规范。

根据相平衡机制,通过土壤气体的检测结果可以推断土壤及地下水的污染状态,弥补单纯土壤或地下水检测数据的不足,描绘挥发性污染气体的大致迁移转化规律,揭示地层污染分布及污染源位置,明确暴露途径及强度。

由于土壤气体的检测结果受众多因素［如土壤理化性质、地层构造、水文地质条件、气候变化（气温、气压、降水、刮风等）、采样方式等］影响，土壤气体的检测结果极不稳定，需要多次检测，这给数据的解译和评价造成了困难，这也是土壤气体调查在场地调查中未能常规使用和推广的一个主要因素。

9.7.2　土壤气体采样方法

土壤气体的采样方法一般有主动式土壤气体采样法（Active Soil Vapor Sampling）和被动式土壤气体采样法（Passive Soil Vapor Sampling）。主动式土壤气体采样法又分为主动式抽取法和主动式富集法。

主动式抽取法是使用气泵等抽提装置，将土层中特定位置处的气体抽入取样器中进行检测的方法。主动式富集法是使一定体积的气体通过捕集器，从而选择吸收目标气体成分的方法。

被动式土壤气体采样法是将装有吸附材料的取样器置于土层中特定位置，依靠气体自然流动使气体被吸附到采样器中的方法。被动式土壤气体采样检测的是污染物总量而不是浓度。被动式土壤气体采样需要几天或几周时间，一般用于半挥发性有机物或者低挥发性有机物的采样。

采集到的气体可以进行现场检测，也可以送往实验室进行检测分析，还可以采用在线式检测。

土壤气体采样器按运行方式可分为连续型采样和非连续型采样。土壤气体保存方法主要有密封射器、Tedlar 采样袋、Summa 罐以及吸附管等，各种样品保存方法各有优缺点，需要根据样品类型、检测目标、保存方法、检出限、保存时间等综合确定，并应避免二次转移和交叉污染。

更多土壤气体调查内容可参阅美国 EPA、ASTM 等调查技术规范。

9.8　地下水监测采样方法

9.8.1　场地调查地下水采样的多技术要求

相对于土壤采样，地下水的采样更为复杂。当前地下水采样主要是借鉴水文地质领域比较成熟的建井采样方法，但是这些方法并不能完全满足从环境科学角度要求的"实时空间"和"实时状态"的采样原则。主要体现在以下方面。

（1）从建井结构上来说，在井管与井壁之间填充石英砂，从水资源的角度主要目的是过滤悬浮物，但石英砂层同时也是水流的快速通道，对于完整井来说等同于连通了地层的上层、中层、下层的地下水，进到井中的水是混合水，检出的污染物难以判定是从哪个土层中来的，无法准确定位，也导致地下水修复范围不准确。但是从水资源的角度看这并不是问题。环境调查一般通过建分层井来解决这个问题，相应的建井难度及费用也大为增加。

相关规范中对过滤管上部石英砂、膨润土长度的规定不完全适合地下水埋深很浅的情况，如有些场地地下水水位埋深仅为 20 cm，如果仍按照这些规定建井，过滤管顶端处于地下水水位之下，对于轻非水相液体就难以取到代表性的样品。监测井结构应该根据地下水水位情况进行合理调整。

（2）从建井的材料上看，起过滤作用的石英砂具有吸附性，虽然石英砂的吸附能力不强，但是对某些重金属的吸附作用不容忽视；如果洗井水量未达到污染物在水-石英砂两相中的平衡，所采集的样品不能反映真实情况。洗井的水量应考虑污染物在石英砂上的吸附平衡问题。

（3）从洗井的要求上看，水文地质采样要求温度、pH 值、电导率、氧化还原点位、浊度需要达到平衡，从水资源的角度是合理的。但是污染场地中污染物分布的异质性决定了不同位置处的地下水的这些指标本就不同，如果也要达到这些指标的稳定，这与场地污染异质性特征相悖，也势必要抽出大量的水，从而改变了邻近区域地下水的状态。

（4）从调查的目的看，水资源角度的采样往往要求监测井长期使用，对监测井的结构、材质等要求比较高，设计比较"豪华"。但是从场地调查的环境角度来看，只是短期使用，采样方法越简单快速越好。如果采用更好的技术手段，不建监测井也能准确地取到地下水样品则更好；特别是监测井较深时，建井费时费力，费用也高，质量也很难保证。地下水直推式及类似的即时采样技术具有更好的适应性、快速性和经济性。场地环境调查亟须推行更简便快速、经济有效的多种采样技术，构建传统地下水监测井不是场地地下水环境调查的唯一手段。

（5）从环境友好角度看，复杂的场地需要大量的地下水监测井，这些监测井遗留在场地中也是一种二次污染，对后续场地的修复及再利用也多有不便。

9.8.2 不同调查阶段监测井类型设置

完整井是指贯穿整个含水层，在全部含水层厚度上都安装有过滤管并能全断面进水的井。非完整井（分层井）是指过滤管只设置在某个特定层的地下水监测井。完整井中是混合水样，检出超标也不容易判定超标的具体深度；分层井地下水超标可以明确是哪一含水层地下水受污染。

初步调查以抓取污染为主要目的，在投入有限的条件下可以主要设置完整井；但是如果潜水含水层较厚，或者是地层相对复杂、监测井贯穿多个渗透性不同的地层时，宜设置分层井。单一地层厚度较大时，完整井设置得太深会导致稀释水样低估污染程度。详细调查阶段以细化污染范围为主要目的，应以构建分层井为主。

9.8.3 建井深度确定方法

地下水建井深度宜根据场地污染特征及水文地质特征确定。建井深度需综合考虑以下因素。

（1）含水层特征

一般来说，潜水最容易被污染，初步调查应以潜水为主要调查对象，监测井类型以完整井为主，以不穿透浅层地下水底板为宜，完整井要尽量避免贯穿不同的含水层（图9-19左侧完整井）；如果根据地勘信息获知潜水与承压水有水力联系时，也需要设置深层地下水分层井。如果潜水层的厚度较大，由于完整井难以判断具体污染深度，所以完整井深度不宜太大。根据笔者的经验，不宜超过潜水面以下7 m左右，如果深度过大，假如地下水只是局部深度有污染，采样洗井时混合作用会稀释污染物，检测结果可能会低估实际污染情况。潜水层厚度太大时，可以适当设置分层井，如图9-20所示。

对于DNAPLs污染物，过滤管设置在潜水或承压水层隔水底板以上位置，监测井底端应与底板顶部齐平，不宜高于底板而呈悬挂状（图9-21中B），这样设置无法触及底层的DNAPLs；也不宜深入隔水板中（图9-21中C），防止井管周边的DNAPLs沉入井管、加深了DNAPLs的厚度，导致测量值增大。但在实际建井时，较难达到这样的控制精度。另外，在有DNAPLs的场地，完整井不宜贯通不同含水层，防止上层隔水板上的DNAPLs沉入下层导致误判（图9-21中D）。

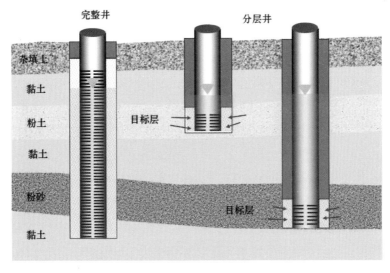

图9-19　不同含水层地下水监测井类型设置

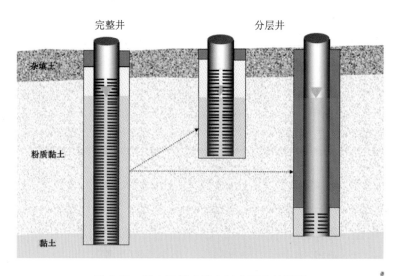

图 9-20 潜水层厚度较大时分层井的设置

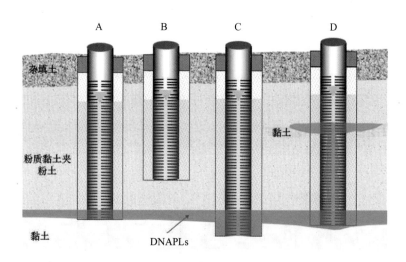

图 9-21 DNAPLs 污染场地地下水监测井设置

详细调查时，已经获知了初步调查的结果，如果潜水层的底部已经污染，地下水监测井的深度需穿过浅层地下水底板进入第一个承压水层内，过滤管设置在承压水层内，该层与其他含水层之间要保证止水密封。《建设用地土壤污染风险管控和修复监测技术导则》（HJ 25.2—2019）中对详细调查规定："应根据监测目的、所处含水层类型及其埋深和相对厚度来确定监测井的深度，且不穿透浅层地下水底板。地下水监测目的层与其他含水层之间要有良好止水性。"详细调查阶段不穿透浅层地下水底板需要针对具体情况而定，由于氯代烃类 DNAPLs 较易穿透黏土层（见第 6.4 节论述），不做下层含水层的检测可能会导致遗漏深层重非水相污染；这在场地调查实践中已经大量发生。

如果详细调查发现第一个承压水层底部有 DNAPLs 污染，那么补充调查应针对其下的含水层分别设置监测井。也可在详细调查时适当设置不同含水层的监测井。

（2）污染源空间位置

在地下有构筑物、储罐等污染源的区域设置地下水监测井时，应考虑污染源的埋深位置，同时结合地层结构、水文地质条件确定设置监测井的类型和深度。

（3）污染物的性质

分析潜在污染物的物化性质，根据溶解态和 LNAPLs 类、DNAPLs 类污染物在地层中的行为规律，结合（1）中含水层特性确定合理的监测井类型及深度。

（4）地下水运移

对于有明显地下水运移特征的场地，还应结合地下水运移规律设置监测井类型及深度。

9.8.4　监测井结构要求

用于场地调查的地下水监测井有一定的结构要求，主要体现在以下几方面。

（1）过滤管的设置

混合井的过滤管贯穿全部含水层，分层井只在目标层设置过滤管。对于潜水含水层的完整井，过滤管应高于地下水水位线，LNAPLs 可以进入井管中，如果滤管顶部低于水位线，水位之上的白管会形成滞留区、阻碍 LNAPLs 进入井管，如图 9-22 左侧所示。只有在洗井水位下降时才会进入井管，影响 LNAPLs 污染厚度的测量。在场地地下水埋深很小时，过滤管上部的石英砂及膨润土密封层的长度可能不满足现有的相关规范的规定；实践中，在首先保证过滤管在地下水水位之上的前提下，合理调整石英砂和膨润土的厚度。对于场地有 DNAPLs 存在时，监测井过滤管底部应设置在潜水底板的上端交界处，使得 DNAPLs 可以进入井管，如图 9-22 右所示。

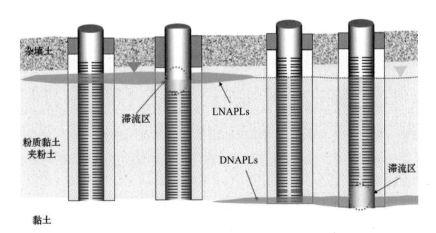

图 9-22　过滤管及沉淀管对 NAPLs 类污染物采样的影响

（2）沉淀管的设置

现有的地下水采样相关规范中，大多规定了沉淀管的长度。沉淀管的作用是容纳进入井内的砂粒和从水中析出的沉淀物。但是沉淀管会形成水流的滞留区，在场地有DNAPLs时，阻碍其进入井管，如图9-22右所示。因此，建议场地地下水环境质量调查的监测井不设沉淀管。

（3）管径设置

地下水监测井的井管设置有很多类型，原则上以方便进行洗井和取到有代表性的水样为准，不宜强制规定井管直径。

（4）过滤层设置

监测井过滤层一般用的是石英砂，目的主要是过滤悬浮物。不同的规范中对过滤层厚度做了一定要求。从供水意义上看，水文地质调查对洗井浊度稳定性有要求，目前场地调查大多借鉴了这种做法。但是，在以黏土、粉土为主的地层中，土壤颗粒小于滤砂间的孔隙，浊度很难达到要求，滤砂增厚往往也起不了太大作用。因此，场地调查对滤砂层厚度不必做硬性规定。此外，由于石英砂过滤层具有吸附污染物的作用，尽管吸附能力很小，但是如果洗井体积达不到石英砂的吸附饱和平衡，所取的地下水水样可能不具有代表性。

图9-23为采用石英砂对Cd（Ⅱ）和Sb（Ⅲ）混合溶液吸附实验结果。石英砂孔隙率为42.5%，Cd（Ⅱ）和Sb（Ⅲ）初始浓度为200 mg/L，停留时间为30 min。由图9-23可知，Sb（Ⅲ）在一倍孔隙体积水时开始出流，早于Cd（Ⅱ），而Cd（Ⅱ）在二倍孔隙体积水时开始出流，这可能是由于石英砂吸附Sb（Ⅲ）阴离子的速率低于吸附Cd（Ⅱ）阳离子的速率，导致阴离子更快出流。而Cd（Ⅱ）的穿透速率快于Sb（Ⅲ），这可能是由阴离子吸附位点略多于阳离子吸附位点导致。两种重金属离子总体穿透曲线形状和转折点位置较为相似，石英砂对Cd（Ⅱ）和Sb（Ⅲ）的吸附效果均较弱。Cd（Ⅱ）和Sb（Ⅲ）均在八倍空隙体积时出流液达到浓度稳定，实现土柱穿透，且其拖尾现象较弱。

以外径为63 mm、内径为50 mm的井管及中空螺旋钻井壁直径为22 cm（井管与井壁之间填充石英砂）的监测井为例，每1 m长度滤砂层中水量为14.83 L，每1 m长度井管中水的体积为1.96 L，洗井3～5倍的井水体积为50.36～83.94 L，8倍的砂滤层中水体积为118.6 L；可见，洗井3～5倍并不能达到污染物在石英砂上的吸附平衡。实际建井时，井管中早充满了地下水，石英砂后续下入，井管中的水无法与石英砂充分接触吸附，实际穿过石英砂层的地下水仅为2～4倍体积。由于洗井水量不够，测定的结果小于地下水中真实的污染物浓度。

当然，不同的污染物在石英砂上的吸附平衡不一样，有时差距可能很大。因此，场地调查中地下水监测井不一定要设置滤砂层；对于设置滤砂层时的洗井体积，可根据污染物的吸附平衡确定。如果要达到吸附平衡，势必需要较多的洗井水量，在实际工作中耗时较长，可在建井、洗井时采用泵抽水洗井，以缩短洗井时间，提高洗井效率。

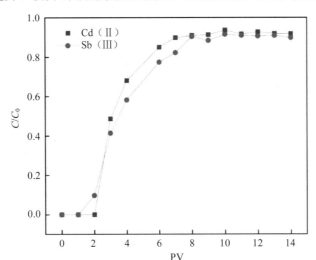

图 9-23　石英砂对 Cd（II）和 Sb（III）混合溶液的吸附穿透曲线

（5）井台及井盖设置

场地调查的监测井数量比较多，特别是复杂场地，使用时间又很短，调查完后基本弃用。因此，水井的井台及井盖可不做特别设计，能保证雨水及其他物质不进入井管即可。但作为长期监测功能使用的监测井，可做规范设计。

（6）监测井材料

建造监测井的所有材料不应改变地下水的化学成分，材料应有一定强度、耐腐蚀、不释放污染物以及不过于吸附污染物，否则都不利于采集到场地的代表性水样。对轻非水相液体，宜采用不锈钢、硬质聚氯乙烯、聚四氟乙烯、丙乙烯-苯乙烯-丁二烯共聚物等；对重非水相液体，宜采用不锈钢、高密度聚氯乙烯、聚四氟乙烯等。井管各接头连接时不能用任何黏合剂或涂料，以螺纹式连接井管为宜。

9.8.5　建井施工方式

目前，用于场地调查的地下水监测井的建设，主流是采用中空螺旋钻中间置管下砂的方法，比较而言，直接采用直压式钻孔中间置管的方法更为快速，应尽量采用大孔径钻杆，避免井管与井壁间距过小滤料难以充填问题。这种方法基本可以满足大多数场地的调查建井要求，但是深井较大时（大于 30 m）存在钻进能力不足问题。此外，对于偏黏性土壤，直压推挤作用对井壁处土壤有一定压密作用，对地下水井内外的水力联系有一定影响。有些地质特殊的场地，螺旋钻拔管时容易夹带井管，使建井深度不准。有些砂质粉土承压地层存在塌孔和钻杆返流问题，直推式钻机也无法建井。可采用钻进能力较大或更换钻进方式的办法，但前提是不能造成交叉污染（如使用循环水）。

对于深度较大的分层井，由于孔径小、井管不居中、塌孔等原因，用膨润土封层时搭桥问题比较突出，实际未起到止水效果，潜水与承压水或承压水之间被人为串通，造成层间交叉污染以及承压水污染假象。此现象在行业中极为突出，可通过改进封层方法进行避免；也可采用二开法建井方式，即一开钻至潜水层底（不揭穿）后下实管，并在管壁充填水泥浆或膨润土进行止水，然后在管中继续钻进至承压含水层底，把过滤管放置在目标含水层中。

从污染调查的角度，地下水建井施工迫切需要技术创新。直推式采样、Waterloo Profiler 采样等能更好地适应场地调查的"实时空间""实时状态"要求。

9.8.6 地下水采样方法

地下水采样方法主要可分 3 类：①井水体积置换法（Well Volume Approach）；②微洗井采样法（Micro Purge and Sampling）；③不洗井采样法（No Purge Sampling）。

当前，常规的地下水采样是先洗井后采样，是标准规范普遍认可的方法。但也有人认为这些方法可能也无法提供最具代表性的样品（Newell et al.，2000）。由于不洗井采样似乎也能提供在适当条件下具有同等代表性的样品，所以不洗井采样法在一定情况下也被认为是一种可接受的、成本较低的替代方法。

9.8.6.1 井水体积置换法

井水体积置换法是指以洗井水体积为井柱中水体积的倍数计量的洗井方法。井水体积的计算方法如下：

$$V = \frac{\pi}{4} \times d_g^2 \times h + \left(\frac{\pi}{4} \times d_b^2 - \frac{\pi}{4} \times d_g^2 \right) \times h \times r \tag{9-12}$$

式中，V——井水体积，mL；

d_g——井管直径，cm；

d_b——井壁直径，cm；

h——监测井为完整井时，h 为管中水深；监测井为分层井时，h 为过滤管的长度，cm；

r——填料的给水度，cm。

井水体积置换法主要采用贝勒管及高流量采样泵等进行采样。井水的置换速度一般小于 2.5 L/min 为宜。

采用贝勒管汲水时对井内水的扰动较大，在地层以黏土、粉质黏土及粉土为主的情况下，出水的浊度会增加，难以达到稳定要求；较适于 NAPLs 采样，不太适于 VOCs 采样，样品重现性较差。该法使用简单，最为常用。

采用高流量采样泵置换时，泄降较快，扰动较大，浊度增大；泄降产生压力差造成污染物浓度发生变化，特别是会导致 VOCs 的散逸；若泵为沉水电动式，也会导致水温变化、VOCs 挥发等；样品的准确度较低。

低流量采样对井水扰动小，水质指标容易稳定，耗时较短。但是对于井深较深的情况，低流量采样只能代表采样位置附近处的水样。

9.8.6.2　微洗井采样法

微洗井采样即以 0.1～0.5 L/min 的流量汲水，抽水泵附近的地下水会呈水平层流状态，该法具有最小的压降、扰动小，提供的样品更接近于相邻地层中的水；该法不适于 NAPLs 采样。该法不需要 3～5 倍井水体积洗井，废水量较少。EPA RCRA 指南（USEPA，1992）建议采用低流量取样，最好使用专用的气动气囊泵。蠕动泵可以在足够低的流速下运行，成本更低，适用于浅水位。此外，美国 EPA 援引挥发性损失的可能性，"不建议使用蠕动泵对地下水进行采样，特别是对挥发性有机分析物的采样"（USEPA，1992），如使用蠕动泵，应获得相关监管机构的批准。

9.8.6.3　不洗井采样法

不洗井采样（No Purge Sampling）是指取样前从未在井内清除任何水的情况下从井内抽取地下水样本。常用地下水被动式扩散采样袋（Passive Diffusion Sampling Bag, PDB）进行采样；适用于 VOCs 采样，不适用于 NAPLs 采样，不适于渗透系数很小的含水层取样（如小于 10^{-4} cm/s）。

Newell 等（2000）分析总结了 6 个采用不洗井采样技术的案例情况，如表 9-10 所示，在案例条件下不洗井采样可以代替洗井采样。

表 9-10　不洗井采样技术案例研究结论

案例来源	主要结论
加利福尼亚州地方水质管理委员会（RWQCB）	标准井洗井后采集的样品系统性地不具有较高的污染物浓度，平均而言，不洗井的样品浓度很可能超过洗井的样品浓度
美国西部各州石油协会	不洗井取样方法不会影响化学数据的总体可变性，并将提供地下水中石油烃的更保守的估计
壳牌石油：新泽西州、纽约州南部和康涅狄格州的研究	建议将不洗井采样法用于常规取样中
壳牌石油：纽约研究	在 99%的置信区间内，不洗井采集的样品浓度与洗井后采集的样品浓度之间没有显著差异
马萨诸塞大学：达特茅斯研究	如果要估计污染羽流的位置，或任何特定点的 BTEX 浓度的大小，洗井和不洗井不会有显著差异
美国石油公司（Amoco）：马里兰研究	洗井与不洗井的误差并不大，基于成本考虑可不进行洗井

不洗井采样适用的场景为：

1）未固结、无承压的含水单元；

2）碳氢化合物污染场地，如地下储罐场所；

3）没有 NAPLs 的监测井；

4）地下水 VOCs 的采样；

5）之前有常规监测数据的井。

不洗井采样与洗井相比具有的优势为：

1）不洗井可以减少挥发性污染物的损失，洗井时水位下降与搅拌和曝气等作用会降低水中挥发性污染物的含量。

2）不洗井可以减少挥发性污染地下水的稀释作用，特别是在分层井中地下水水位附近具有较高浓度发挥发性有机物的水与更深处具有较低浓度的水混合，洗井可能导致对 VOCs 浓度的低估。

3）不洗井取样降低了样品采集成本，消除了洗井水管理和处置成本。

有研究证明，在油品污染场地中，微洗井采样、贝勒管采样及被动式采样分析结果无显著差异。也有人比较了微洗井前后采样分析结果，发现单环芳香族、总石油烃等检测结果较易受到洗井的影响；甲基叔丁基醚、总酚在不同地质条件下无明显差异。

有人基于油品污染场地对 4 种采样方法检测结果进行了比较，结果显示，洗井前采用贝勒管采样浓度最高，洗井后贝勒管采样、微洗井采样及被动式采样结果无显著差异。但笔者在多个场地的比较分析发现，不同采样方法的差异还是很大的。

9.8.7 洗井水动力过程

对第 8.2.3 节的分析可知，场地地层整体水平渗透系数取决于透水性最好的土层的厚度及渗透性。一般来说，场地地层都是不均一的，如图 9-24 所示，是一口贯穿多地层的地下水混合井。采用贝勒管洗井时，井管内的水位在很短的时间内快速下降，与土体中地下水形成了巨大的水位差，在水压的驱动下，渗透性较好的土层中的地下水快速流到砂滤层，砂滤层渗透性更好，水会沿砂滤层从各个断面上进入井管，形成混合水体。在这个过程中，进入水井的地下水大部分是来自渗透性较好的地层。

对于混合井，如果贝勒管每次都从水的上部汲水，那么汇入的水也是水位之上地层中的地下水，水管下部的水得不到充分的交换。因此，汲水时应从井管底部汲水，上层水会快速下降，交换比较充分。对于分层井，由于存在上层滞水与筛管处新鲜地下水混合的问题，贝勒管汲水位置宜从上到下直至筛管附近为宜。

采用微扰动采样技术，由于控制抽水速率，对地下水的扰动比较小，地下水在整个井管中混合程度很小，井管不同位置处污染物浓度差异会更大。

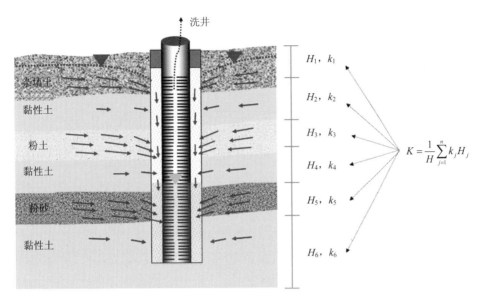

图 9-24　地下水洗井水流情况图（图中符号含义参见第 8.2.3 节）

9.8.8　地下水洗井要求及其探讨

9.8.8.1　相关规范的洗井要求

监测井建设完成后一般需要进行洗井，洗井可分为成井洗井和采样洗井。成井洗井的主要目的是去除钻井过程扰动岩层产生的颗粒物、对钻井挤压井壁形成的泥皮以及钻具扰动土层导致释放的污染物进行冲洗。采样洗井的目的主要是清除积存在井中的地下水和颗粒物，使井周边更有代表性的水流进井内进行采集。

常见的洗井方法包括超量抽水、反冲、汲取及气洗等，其中反冲法扰动比较大，在采样洗井时不建议采用。

目前，相关技术规范对洗井做出了一些要求，如《地块土壤和地下水中挥发性有机物采样技术导则》（HJ 1019—2019）、《污染场地勘察规范》（DB 11/T 1311—2015）、《地下水污染地质调查评价规范》（DD 2008—01）、上海市《建设场地污染土勘察规范》（DG/TJ 08—2233—2017）、《地下水环境监测技术规范》（HJ/T 164—2020）等，《地下水环境监测技术规范》主要是应用于区域地下水环境的长期监测，不完全适用于场地环境调查。各规范的要求如表 9-11 所示。

表9-11 相关规范对洗井的要求规定

参数要求		《地块土壤和地下水中挥发性有机物采样技术导则》(HJ 1019—2019)	北京市《污染场地勘察规范》(DB 11/T 1311—2015)	《勘察规范》(DG/TJ 08—2233—2017)	《地下水污染地质调查评价规范》(DD 2008—01)	《地下水环境监测技术规范》(HJ/T 164—2020)
成井洗井	时间要求	未规定	未规定	未规定	未规定	未规定
	浊度	小于10 NTU时结束洗井；大于10 NTU时，每间隔约1倍井体积的洗井水量对出水量进行测定，同时满足以下条件：(1) 浊度连续三次测定的变化在10%以内。*	总悬浮固体含量小于5 mg/L或出水浊度小于5 NTU	抽汲地下水总含量不宜小于3倍井容积，工程需要时，清洗过程宜对抽取的地下水进行pH值、温度、电导率、溶解氧等参数测定（未规定数值要求）	未规定	未规定
	电导率	(2) 连续三次测定的变化在10%以内。	/			
	pH值	(3) 连续三次测定的变化在±0.1以内。	/			
	电导率	/	/			
	溶解氧	/	/			
	氧化还原电位					
采样洗井	时间要求	成井后至少24 h之后，应在2 h内完成		采样宜在洗井后2 h内进行	采样洗井结束后应2 h内进行	未规定
	洗井方式	低流量洗井 贝勒管洗井	(1) 宜采用低流量泵洗井，对于低渗透性的含水层，泵抽速宜至100 mL/min。(2) 当采用贝勒管洗井时，尽量降低对水体的扰动。(3) 每隔5 min记录相应指标，当满足以下检测指标要求时可结束洗井；如洗井体积采用贝勒管采样时，应至地下水面深度范围内井管的体积时，可结束洗井，宜大于10 cm。	宜采用人工泵或低流量泵洗井，抽汲的水量不应小于井孔储水量的3倍。小于3倍柱体积与洗井设备一致。采集洗井水流速宜与洗井设备一致，洗井过程中水位降深不宜超过500~1000 mL/min。	采用全孔清洗或微扰清洗，全孔清洗宜洗排出水量应尽大，微扰清洗宜洗排出于井孔储水量的3倍，且现场检测：水温、电导率、氧化还原电位，测pH值，溶解氧等，流速控制在200 mL/min。测含挥发性污染物时，水样时不应用扰动。再持续升高或降低，应值附近波动、波动幅度与所用仪器精密度与精密指标一致）的参数	应满足 HJ 25.2—2019、HJ 1019—2019相关要求

参数要求		《地块土壤和地下水中挥发性有机物采样技术导则》(HJ 1019—2019)	北京市《污染场地勘察规范》(DB 11/T 1311—2015)	《勘察规范》(DG/TJ 08—2233—2017)	《地下水污染地质调查评价规范》(DD 2008—01)	《地下水环境监测技术规范》(HJ/T 164—2020)
采样洗井	浊度	<10 NTU 时，或在 ±10%以内。（1）每隔 5~15 min 后测定水质，直至至少 3 项检测指标连续三次测量结果三次测定的变化达到标准，或者浊度连续三次测量的变化均小于 5 NTU 左侧所列稳定标准；（2）如洗井水量达 3~5 倍井体积之间，水质指标不能达到稳定标准，应继续洗井；（3）如洗井水量达到 5 倍井体积后水质指标仍不能达到稳定标准，可结束洗井	当>10 NTU 时，变化范围应在 ±10%以内；当<10 NTU 时，变化范围为 ±1.0NTU；	/	/	（1）浊度小于等于 10 NTU 时或者当浊度连续三次测定的变化在 ±10%以内，并且 pH 值和电导率满足条件；（2）或者洗井在抽出水量在井内水体积的 3~5 倍时，可结束洗井
	pH 值	±0.1 以内	±0.1 以内	连续三次的测量值误差小于 10%	/	连续三次测定的变化在 ±0.1 以内
	电导率	±10%以内	±3%以内	连续三次的测量值误差小于 10%	/	连续三次测定的变化在 ±10%以内
	氧化还原电位	±10 mV 以内或在 ±10%以内	±10 mV 以内	/	/	/
	溶解氧	±0.3 mg/L 以内或在 ±10%以内	±10%（或当 DO<2.0 mg/L 时，变化范围为 ±0.2 mg/L）	连续三次的测量值误差小于 10%（与温度选一）	/	/
	温度	±0.5 以内	±3%以内	连续三次的测量值误差小于 10%（与溶解氧选一）	/	/

注：*（1）、（2）、（3）是同时要满足的条件，（1）对应浊度，（2）对应电导率，（3）对应 pH 值，所以在不同的栏中。

9.8.8.2 洗井稳定性的探讨

根据笔者多年的经验，对于场地污染很轻或者基本没有污染的情况，pH 值、温度、电导率、溶解氧、氧化还原电位等参数较容易达到表 9-11 中的要求；对于污染较重及复杂的场地，由于污染的异质性，不同位置的污染物浓度不同，而 pH 值等参数均与污染物的种类与浓度有关，所以不同位置处参数是不相同的。洗井时引起监测井周边的地下水流入井内，这些指标难以达到稳定；如果持续洗井，势必导致更大范围的地下水流入井内，导致采样点的代表性下降，这一点与以水资源为目的的调查有很大不同。因此，洗井时选择与污染物无关的参数为宜，如温度和浊度，其他参数作为地下水理化状态的参考，如溶解氧及氧化还原电位，可以指示地下的好氧厌氧环境，间接判断污染物的赋存状态。实际上，在以黏性土、粉土为主的地层中，浊度也很难达到表 9-11 中的要求。用贝勒管洗井时因为扰动较大，浊度有时还会有一定程度的上升。上述规范中，有的规定了在浊度不能达到稳定时 3～5 倍的井水体积要求，可一定程度上提高取样的空间位置的代表性。场地环境调查时的地下水采样不宜过于强调水质指标的稳定性，指标达到稳定的要求更适合于效果评估阶段的地下水取样。

那么洗井 3～5 倍的井水体积究竟影响周围多大范围的地下水？以井壁直径为 220 mm、井管直径为 63 mm、过滤层石英砂给水度为 0.4 为例，图 9-25 为在同一地层和不同地层中洗井 3 倍和 5 倍体积时置换的地下水的范围。左侧图为在同一地层中，渗透系统基本相同，洗井时周边汇水速率也基本相同。为计算方便起见，不同深度处汇水速率也认为基本相同（实际上不相同），那么洗井 3 倍井水体积时，影响的范围大约是以井管为中心、半径为 0.57 m 的圆的区域；洗井 5 倍井水体积时，影响的范围大约是以井管为中心、半径为 0.73 m 的圆的区域。如果在不同地层中，假设有一层粉砂层，厚度为 1 m，其他为黏土层，井管中地下水水位深度为 5 m，由于黏土渗透性差，洗井时汇水主要来自粉砂层，暂且忽略黏土中的汇水，则如图 9-25 右侧图所示，洗井 3 倍井水体积时，影响的范围大约是以井管为中心、半径为 1.27 m 的圆的区域；洗井 5 倍井水体积时，影响的范围大约是以井管为中心、半径为 1.63 m 的圆的区域，这个影响范围主要在粉砂层中。如果井和地下水深度更大，渗透性大的地层很薄，这个影响范围会更大。整体上看，在洗井 5 倍井水体积的情况下，地下水涉及的范围可以认为是该地下水井所代表的"点位"。

洗井需要考虑石英砂吸附污染物导致井管内水样污染物浓度降低的问题，洗井水的累积量应该超过石英砂吸附平衡点。

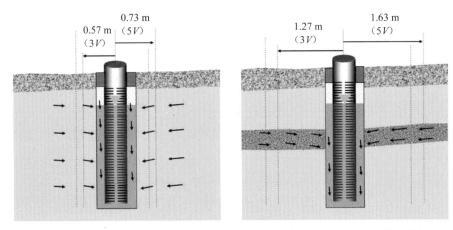

图 9-25 不同洗井体积在相同及不同地层中的影响半径（图中 V 表示井水体积）

9.8.9 监测井中的取样位置

场地地下水中污染物有溶解态和非溶解态。对于溶解态的污染物取样，《建设用地土壤污染风险管控和修复监测技术导则》规定"采样深度在监测井水面下 0.5 m 以下"，也即认为监测井中水样是均匀的。实际上，即便是溶解性的污染物，在井管中不同位置处浓度仍有差别，如表 9-12 中氯化物数值。同样是 10 m 完整井，1 号完整井中上下部位检测结果差别很大，2 号完整井中检测结果几乎一样，3 号分层井中上下也几乎一样。导致这种现象的主要原因是污染物在含水层中不同深度处的浓度不同，不同位置处土壤渗滤率也不同，洗井过程中不同深度地层进入井管中的水量不同，洗井难以做到井管中地下水充分混匀；相对来说，过滤管长度越短，进水的均质性会更好一些。密度比水大或小的污染物尽管未到饱和临界点，但其在井中不同位置的浓度也有所不同。

非溶解态主要是 NAPLs 类污染物。LNAPLs 往往浮于地下水水位处，DNAPLs 则易于沉入地下水的底部，如表 9-12 所示。对于比重比较大的氯仿，上部检测浓度远低于底部浓度；但对于二氯甲烷，其比重比水大，上部检测结果却大于底部结果，这主要是与二氯甲烷污染处于上层位置以及洗井的混合程度有关。总之，地下水井的深度及结构与地层结构特征以及污染物空间分布密切关联。

一般而言，测定溶解态污染物宜在井管中部采样；测定 LNAPLs 时需要在含水层顶部采样，考虑到毛细作用的影响范围，丰水期可有 1 m 滤水管位于水位之上，枯水期有 1 m 滤水管位于水位之下；由于 LNAPLs 漂浮在毛细作用带的上边缘，建井后井管内没有毛细作用力的顶托，LNAPLs 进入筛管后会下沉一定厚度，如图 9-26 左上图所示；井管内观测到的厚度大于含水层中实际的厚度，据报道可达 2～10 倍（Cohen et al.，1993）。

表 9-12　地下水监测井中不同位置取样的检测结果

井号	位置	氯化物/ （mg/L）	苯/ （µg/L）	氯仿/ （µg/L）	二氯甲烷/ （µg/L）	监测井类型
1	上部（水位下 0.5 m）	796	2 660		534	10 m 完整井
	底部（井底）	5 980	1 248		350	
2	上部（水位下 0.5 m）	4 230	549		230	10 m 完整井
	底部（井底）	4 332	350		158	
3	上部（水位下 0.5 m）	1 128	322		165	分层井，过滤管 位于 16～20 m
	底部（井底）	1 123	145		68	
4	上部（水位下 0.5 m）	2 579	2 590	730	235	分层井，过滤管 位于 6～10 m
	底部（井底）	9 453	1 975	1 748	134	

注：数据来自某化工厂场地实际地下水采样检测结果，场地地层主要为粉质黏土。

图 9-26　场地地下水 NAPLs 污染采样过滤管位置示意及取样照片（上：LNAPLs；下：DNAPLs）

测定 DNAPLs 时需要在含水层底部。图 9-26 中有实际场地地下水采样时 NAPLs 类的取样照片。需要注意的是，贝勒管中 NAPLs 的厚度并非是其在地层中的厚度。监测井中微量的 DNAPLs 用贝勒管难以取到，可用低流量采样器在井管的底部取样。

由于调查时并不知道地下水中究竟有何污染物，对于确定地下水中是否有 NAPLs 主要依赖于污染识别，并在采样时需要仔细观察在井管地下水上部及底部采集的样品以及贝勒管状态，判断是否存在 NAPLs 类污染物。

场地实际条件下 NAPLs 在地下水监测井中的状态更为复杂。对同一口监测井，不同时间采样，哪怕是同一天中不同时段采样，差异可能都很大。对于复杂的污染场地，对重点关注的地下水监测井进行多次取样、在同一口监测井不同位置（如上、中、下）取样检测是很必要的；但是，实际工作中，限于经费、时间等因素，往往很难做到。

9.8.10　其他高精度地下水采样技术

场地环境调查要求空间准确、快速、经济，传统的地下水监测井方法逐渐暴露出了许多不足，如完整井不能准确定位污染地下水的位置，分层井建设复杂、建井质量难以保证、成本高，还在场地中引入了大量外来材料。针对这些问题，国外发展了一系列的高精度地下水采样技术。

直推法是一种应用液压锤、液压滑道和钻机重量，将采样和记录工具推进松软地层的钻探方法，在探杆前端的地下水分析器中直接进行取样和检测。以 Geoprobe 公司的 SP 直推式地下水采样和滑铁卢分析器（Waterloo Profiler）为代表的技术已在国外广泛应用。该法无须安装地下水监测井，无须地下切割和移走土壤就能将钻具推入地下，不用旋转和清除钻屑，不引入其他材料，操作简便快速，可以灵活地在含水层不同深度采样、检测，洗井量少，成本低，可以在场地中大密度使用，是值得大力推广的地下水检测技术。

国外还发展了地下水多层采样技术，即在一口井中采集多个不同深度含水层地下水样品，无须构建多口监测井。该技术对不同层间封井要求比较高，技术难度也相对较大，封井不彻底也会导致跨层交叉污染。

上述方法在国内应用还很少，具体介绍参见第 13.2 节。

9.9　对照点的布点方法

9.9.1　对照点的定义

对照点是指在地块以外（有时也可在地块内）附近区域选取的用来与地块内采样点检测数据进行对照比较的点位。

9.9.2 对照点的目的

对照点设置的目的为:

1)对比场地内外污染状态,判断与评价场地内污染程度;

2)对于某些没有评价标准的污染物指标,可与对照点进行比较评价;

3)协助判断调查场地对界外以及界外对界内的影响关系。

9.9.3 对照点的布设方法

《建设用地土壤污染状况调查技术导则》(HJ 25.1—2019)关于土壤对照监测点位的布设方法为:①一般情况下,应在地块外部区域设置土壤对照监测点位。②对照监测点位可选取在地块外部区域的 4 个垂直轴向上,每个方向上等间距布设 3 个采样点,分别进行采样分析。地形地貌、土地利用方式、污染物扩散迁移特征等因素致使土壤特征有明显差别或采样条件受到限制时,可根据实际情况调整监测点位。③对照监测点位应尽量选择在一定时间内未经外界扰动的裸露土壤,应采集表层土壤样品,采样深度尽可能与地块表层土壤采样深度相同。如有必要,也应采集下层土壤样品。

对于地下水,《建设用地土壤污染状况调查技术导则》规定,"一般情况下,应在地下水流向上游的一定距离设置对照监测井""对于地块内或临近区域内的现有地下水监测井,如果符合地下水环境监测技术规范,则可以作为地下水的取样点或对照点"。

以下针对对照点的布设方法做几点探讨:

1)关于对照点布设数量,由于对照点的选取受资料信息等条件限制,也具有不确定性,对照点的数量越多,自然参考性也越大。根据《建设用地土壤污染状况调查技术导则》中土壤对照点的布设要求,在地块外部区域的 4 个垂直轴向上,每个方向上等间距布设 3 个采样点,一共要设 12 个对照点,如果垂向上也取样,那么对照点的采样量也比较大。对于情况比较简单、只设 3~4 个采样点的场地,对照点的采样量远大于场地内采样量,在实际工作中比较难执行。可优先选取场地地下水流向上游或垂直于地下水流向一定距离且上下游无污染源的点位作为对照点。

2)关于对照点的土壤采样深度,为更好地进行比对,尽量与场地内的采样深度保持一致。

3)对于地下水对照点,对在场地及周边范围有明确单一流向的地下水,如图 9-27 左所示,在上游选取对照点。对于潮汐河网地区地下水流向在不同季节呈往返流的场地,无法确定上下游,如图 9-27 右所示,红色范围为调查场地,黄色范围为周边相邻场地。场地两侧各有一条河流,受潮汐地表水水位的影响,场地地下水流向有时从东向西,有时从西向东,如图中橘红色箭头所示,很难说哪里是场地地下水的上游或下游,地块东西两侧都受到地块内地下水的影响。

图 9-27　污染场地地下水流向关系（左：单一流向；右：往返流向）

这种情况下，可将垂直于地下水流向一定距离且上下游无污染源的点位作为对照点，如图 9-28 所示。

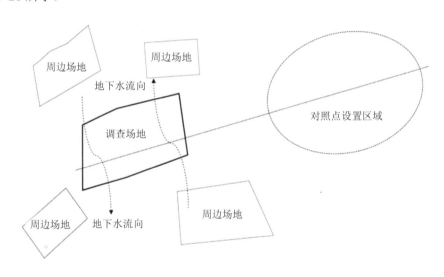

图 9-28　场地地下水往复流向时对照点的设置

4）布设地下水对照点，需要事先知道场地地下水的流向，可以根据场地或周边的地勘信息判断。在没有地勘资料的情况下，可以在初步调查时先在场地中按锐角三角形（角度不宜小于 40°）设置 3 口监测井，测量水位后通过图解法大致判断地下水流向。在流向的上游（单向流时）或者垂直于流向（往复流时）的某点，该点在平行于流向的方向上应没有工业企业。

5）对于地块邻近区域已有的地下水监测井，用作对照点时需要分析该水井及地层的结构，保证与场地内监测井目标层的相似性。

6）限于场地的周边企业情况，有时不容易找到周边未污染区域设置对照点，可在场地周边点位更深层位置以及更大范围内寻找未污染区域，分别设置对照点。

9.9.4　对照点数据的合理使用

对照点设置的合理性决定了对照点检测数据的代表性。对照点设置不合理，检测数据起不到较好的对照作用，有时会低估了场地内或高估了场地外的污染程度。对照点具有相对性，针对本地块来说是对照点，如果对照点也是一个调查场地，本地块也有可能被选作对照点。因此，需要客观认识、合理使用对照点检测数据。

9.10　地块其他环境介质采样

地块其他环境介质主要包括地表水、底泥、残余废弃物、环境空气。地表水和底泥采样前文已有论述。有时对地块内遗留的生产原料、工业废渣，废弃化学品及其污染物，残留在废弃设施、容器及管道内的固态、半固体及液态物质以及与地块土壤有明显区别的固态物质等也需要进行取样调查。必要时也需要对地块中空气及下风向环境敏感点的空气进行采样调查。具体方法本书不做详述。

第 10 章

场地精准化调查的策略优化

精准化调查要求具有准确的调查结果和合适的调查成本，调查成本制约了高密度采样的可行性，即便经费不是限制因子，也不可能采遍整个场地的样品。因此，最优的采样策略就是获取具有代表性的样品并进行检测分析。采样策略的优化对提高调查的精准性和经济性极为重要。本章简单介绍几种策略优化的方法。

10.1 场地特征高分辨调查策略

采用布点方法与场地特征高分辨表征工具联合使用策略，能够通过更便宜、高密度和快捷的采样和分析细化污染识别的尺度（甚至精确到几厘米），提高调查结果的精确度，使调查的精度极大提高。场地高分辨表征计算与工具详见第 13.3 节介绍。

10.2 基于连续成像的物探辅助布点采样法

场地采样类似抽样分布，是利用离散的数据推测样本整体的方法，因此具有不确定性。物探技术能对场地信息进行连续成像，能更直观准确地研判场地状态。物探技术本身对场地污染物的准确测定还存在一定困难，但是物探技术作为辅助手段协助布点采样却具有很大优势。通过对物探技术连续成像的分析，可以很容易地判定异常区域，为优化布点空间位置及采样数量提供极大的帮助。详见第 9.3.7 节介绍。

10.3 双样测试线性回归分析法

现场采集的所有样品全部送往有资质的实验室检测，不仅成本高，而且样品的选择具有一定盲目性。因此，采用精度稍低，但能快速测定的仪器对减少实验室送样数量、优化采样布点和送检样品具有重要作用。Cochran 在 1977 年提出了复式取样法，这为场地样品采集密度的优化提供了可能。该方法的核心思想就是对随机采集的样本进行双测试，一种是精确测试，另一种是作为参考因子的非精确测试，那么在一定量的样本测试中建立两种测试方法结果的相关性，就能在不进行精确测试的情况下较为精确地预测相关样本的测试值。

以当前常用的 XRF 现场快速测定仪为例，假如在现场获取了相关测试指标的快速测定数据集 $A=\{x_1, x_2, x_3, \cdots, x_n\}$，$A$ 中选取 m（$m \ll n$）个样品进行实验室精确分析，获取数据集 $B=\{y_1, y_2, y_3, \cdots, y_n\}$，且 $B \subset A$，通过对两次测定结果进行线性回归分析，可以得到 $y=ax+b$ 的线性关系。若拟合相关系数 $r^2>0.9$，就可以采用快速测定数据，较为精准地预测 A 集合中其他样品样本实验室测试的准确值。

图 10-1 为采用实验室检测和便携式 X 射线荧光仪对 40 个铅污染土壤样品的测定回归分析图（Chang et al., 2007）。

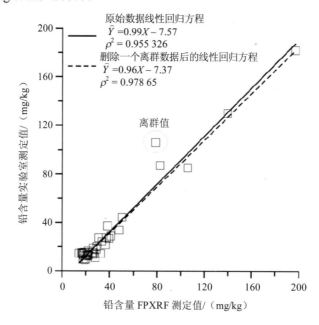

图 10-1　采用实验室检测和便携式 X 射线荧光仪对铅污染土壤的测定回归分析图

10.4　混合采样协定优化（最大熵）理论

混合采样协定理论是根据先验信息将场地划分为若干区域，然后在每个区域实施多点位采样，并将这些点位样品进行混合后检测，代替单一样品逐个检测。混合采样是基于最大熵原理来强化击中热点（关注）区域的重要方法。其本质是要在未进行逐点检测分析之前，击中热点区域。发现异常的混合样后，再对该混合样中的单个样品分别进行检测甄别，即可在低成本下准确捕捉到关键污染点位。采样点数量越大，样品覆盖的范围也越大，与污染区域相交的概率也越高。混合采样能够大幅降低样品检测数量，节省费用及时间。混合采样是一种采样协定而非采样设计方法。

混合采样以检测费用高于采样费用以及减少检测数量为基础。假设调查采集 60 个土壤样品，以每组 3 个样品（k=3）混合成 20 组混合样（m=20）；如果每组 6 个样品（k=6），则混合成 10 组混合样（m=10）。已知样品分析费用与采样费用之比，则混合采样调查的总体费用相对于不混合采样调查的总体费用情况如表 10-1 所示。

表 10-1　混合采样与不混合采样的成本效益

单个样品测试成本/单个样品采样成本	混合采样调查/不混合采样调查（k=3）	混合采样调查/不混合采样调查（k=6）
2	0.56	0.44
3	0.5	0.38
4	0.46	0.33
5	0.44	0.31
10	0.39	0.24

由表 10-1 可知，采用混合采样可以降低调查的总成本，从成本因素上考虑，m 越接近 k，调查效益越有利。单个样品的测试成本与采样成本之比越大，则相对调查总体成本值越接近 $1/k$。

从经济角度考虑，单个复合样本的样本量总数越大，成本越低。但太大的样本量会对混合样品的分析带来很大挑战，其分析结果的不确定性也将被放大。因此，需要一个较为适宜的样本量大小。最佳 k 值可以用式（10-1）估计：

$$k = \sqrt{\frac{v_1 c_m}{v_m c_s}} \qquad (10\text{-}1)$$

式中，k ——混合组的样本数；

　　　v_1 ——样本母体中各采样点的浓度自然变异；

　　　v_m ——每个样品在检测过程中产生的变异；

　　　c_m ——每个样品检测分析成本；

　　　c_s ——每个样品采样成本。

相对成本比率为：

$$b = \frac{c_0 + n c_s \left(1 + \dfrac{1}{k} \dfrac{c_m}{c_s} \right)}{c_0 + n c_s \left(1 + \dfrac{c_m}{c_s} \right)} \qquad (10\text{-}2)$$

式中，b ——相对成本比率；

　　　c_0 ——固定成本；

n ——采样次数。

相对比异性比率 i 为：

$$i = \frac{1 + k\left(\dfrac{v_m}{v_1}\right)}{1 + \dfrac{v_m}{v_1}} \tag{10-3}$$

除此之外，样本的组成选择也非常重要。对无关点位的随意组合会增加后续检测结果的不确定性。

若要在混合样中找出最高浓度或超标浓度的单样，Gore 等（1994）提出了简单排除法。假设一组复合数据中有 k 个数值，y 是复合样本的测量值，x_{max} 代表 k 个数值中的最大值。

也就是说：当数据集 $A = \{x_1, x_2, x_3, \cdots, x_k\}$

$$x_{max} = \max\{x_1, x_2, x_3, \cdots, x_k\} \tag{10-4}$$

$$y \leqslant x_{max} \leqslant ky$$

当有两个数据集时，

$A = \{x_{a1}, x_{a2}, x_{a3}, \cdots, x_{ak}\}$ 样本大小为 ak，最大值为 x_{a-max}，测量值为 ya；

$B = \{x_{b1}, x_{b2}, x_{b3}, \ldots, x_{bk}\}$ 样本大小为 bk，最大值为 x_{b-max}，测量值为 yb。

一般来说，如果 $ya < yb$，并不一定能推出 $x_{a-max} < x_{b-max}$，但是如果 $ak \cdot ya < yb$，那么可以推断出 $x_{a-max} < x_{b-max}$，即第一组复合样本里不可能含有单个最大值。因此，在搜索具有最大值的单个样本时，显然不需要考虑第一复合样本。这样，可以消除大量不可能包含具有大值的复合样本。这种消除过程最终可能会留下少数可能包含具有较大值的混合样品。然后，对构成这些混合样品的所有单个样品进行测量，以确定具有大值的单样。

利用上述推理，可以得到如下的清除法：

确定测量值最大的复合样品。用 k_{max} 表示该混合样的大小，用 y_{max} 表示测量值。显然，单个样本的最大值 x_{max} 满足以下不等式：

$$y_{max} \leqslant x_{max} \leqslant k_{max} y_{max}$$

样本大小为 k 和测量值 y 的任何其他复合样本不能包含数值超过 x_{max}（如果为 $ky \leqslant x_{max}$）的单个样本。如果 $x_{max} \leqslant ky$，则测量每个单样。如果单样值超过 x_{max}，则 x_{max} 被重新定义为最大值。直至没有混合样本能满足 $x_{max} \leqslant ky$ 为止。

简单地讲，就是对混合样品组的检测值进行降序排序，测定排序第一的混合组中的所有单样，其最大值可能是浓度最高的样品；对排序第二的混合组中所有单样进行测定，如果最大值小于排序第一混合组中的最大值，那么排序第一混合组中的最大值就是真实的最大浓度值，无须再对其他样品进行检测。如果排序第二的混合组中的最大值大于排序第一混合组中的最大值，则需要重新定义最大值，并对其他混合组进行测定，重复这个过程直至确定出最大浓度值。

如果要找出两个最大浓度值，需要在测定混合样的单样时同时确定第二个最大值，并重复上述过程直至最大值小于下一个混合样品的最大值上限。如果目的是确定浓度值大于某个标准限值的所有单样，那么就需要重复这一过程，直至出现最大浓度值低于标准限值的单样。

Gore 等（2001）提出的顺序排除法则是对于可能存在最大浓度单样的混合组，在每次单样测定完成后，更新剩余混合样的浓度作为最大值上限，直至最初确定的极大值超出剩余混合样品更新后的最大值上限为止。Gore 等提出的两步式混合采样是在网格上把每个单样分成两部分，一部分与同一列的样品形成混合样，另一部分与同一行上的样品形成混合样，列混合样与行混合样中的最大浓度值单样最有可能是最大浓度值样品，再对此单样进行测定。

10.5　基于插值法的模拟最优化算法

基于设计的采样策略的估计是以选取采样位置的方法（采样设计，如系统布点法、系统随机布点法等）为基础。基于模型的采样策略，其空间内插是以空间模型为基础的，是以内插误差的最小化来获取采样布设方式的。内插误差是未知的，但是误差方差的最小化是可以实现的。Kriging 是一种著名的空间插值技术，它给出了最小方差的无偏估计。其一大优势是内插误差的方差与所测浓度无关，只要给出了变异函数，就可以在内插网格节点平均值的基础上通过 Kriging 方差的最小值来探寻合适的采样点布设方式：

$$J = \frac{1}{N} \sum_{i=1}^{N} \left[V_K (\tilde{Y}_{0i} - Y_{0i}) \right] \qquad (10\text{-}5)$$

式中，$V_K(\tilde{Y}_{0i} - Y_{0i})$——内插节点 i 的克里格方差。

通过该式中的最小值求得采样点布设方法。不同的变异函数求得的布点方式也不同。Kriging 插值方法的介绍以及精确度分析参见第 12.2 节。

场地被划分为众多网格后，每个点位所代表的区域可以被划定为一个子区域。在这些子区域中污染物浓度的变化要远远小于整个场地区域，且污染物分布的规律性相对更好。

高浓度区域的存在使一般污染场地污染物含量分布不符合正态分布，大多为偏态分布。因此，在绘制土壤中污染物的空间分布图以估计土壤风险之前，需要进行统计数据分析和转换，以确保半方差图能够正确反映空间变异特征。数据转换方法主要有平方法、取对数法和 Box-Cox 转换法等。其中，Box-Cox 转换法是最常用的标准化方法。

Box-Cox 转换：

$$Y = \begin{cases} \dfrac{X^{\lambda} - 1}{\lambda}, & \lambda \neq 0 \\ \ln X, & \lambda = 0 \end{cases} \quad (10\text{-}6)$$

式中，X——原始数值；

$\quad\quad Y$——转换后的数值；

$\quad\quad \lambda$——一般可通过最大似然估计。

此外，标准化秩变换是被证明有效的方法。

土壤在空间上是连续变异的，所以土壤性质的半方差函数应该是连续函数。

随机变量 x 在一定距离内的空间相关性可以用半方差函数来描述：

$$S(h) = \sum_{i=1}^{N(h)} \frac{[z_i(x+h) - z_i(x)]^2}{2N(h)} \quad (10\text{-}7)$$

式中，$S(h)$——半方差；

$\quad\quad N(h)$——间隔距离为 h 的 $z_i(x)$ 的对数。

均方误差：

$$\text{MES} = \frac{1}{n} \sum_{i=1}^{n} \left| z(x_i) - z^*(x_i) \right|^2 \quad (10\text{-}8)$$

式中，$z(x_i)$——真实值；

$\quad\quad z^*(x_i)$——估计值；

$\quad\quad n$——样本数。

用不同的采样密度估计样本属性之间的相关系数和 t 检验值，再对用原始采样密度估计的相关系数和 t 检验值进行评估，以确定最终合适的采样密度。

10.6　污染物背景值及修复目标信任分析

自然作用下，土壤固有元素及其化合物浓度概率分布在足够多的样本量下呈现正态分布。在污染场地中，由于人为活动引入污染物会使正态分布发生扭曲，打破自然分布规律，形成偏态分布。基于上述理论，可以：①判断场地人为引入物种的可能性；②反推场地自然过程的本底成分含量情况；③确定场地污染物的修复目标值。这将有助于调查人员掌握调查场地的背景情况，对场地风险水平做出更为科学的判断。多数情况下，场地的背景值是难以捕捉的。因为人类活动对所在区域产生了整体性影响。在一个呈现正态分布的数据集中，个别数值被随机叠加一个值后，正态分布趋势发生扭曲；如果样本量足够，减去叠加数值后的数据依旧呈现正态分布。基于上述理论，将检测数值从高向低剔除，其概率密度函数就越靠近正态分布。当这一函数符合正态分布时，就找到了该场地的背景值概率密度分布情况，这一临界浓度 c^* 一般可作为修复目标值。如果经过前期调研，认定场地内存在自然污染物背景含量，则以此函数为依据就可以计算出场地相关污染物的 95% 分位值，即可考虑作为场地的背景值。

$$f\left(c,\mu,\sigma^2,c_0\right)=\begin{cases}\dfrac{1}{\sigma\sqrt{2\pi}}\mathrm{e}^{-\frac{(c-\mu)^2}{2\sigma^2}} & c>c^* \\ 0 & c\leqslant c^*\end{cases} \tag{10-9}$$

某化工场地有钴污染，使用高浓度逐渐剔除逼近的方法优化了场地土壤钴的背景值及修复目标，如图 10-2 所示，修复目标确定为 22.5 mg/kg。

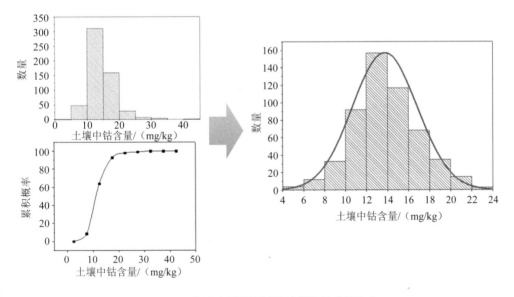

图 10-2　高浓度剔除逼近法计算场地背景浓度

10.7　调查成本-效益最优化分析

10.7.1　检测成本与采样不确定性之间的平衡优化

场地采样的不确定性是指因采集代表性样本所反映的整体情况与真实的整体状态之间的偏差所带来的调查结论的不确定性；一般情况下，抽样数量越多或密度越高，抽取样本所反映的情况就越接近整体的真实状态。也就是说，抽样数量或密度与抽样的不确定性之间成反比；然而，采集样本越多，相应的实验室检测费用就越高，调查成本就越高。过于密集的采样在经济上一般难以承受，此外随着采集样本越多，每多采集一个样本对削减抽样不确定性的贡献就越小；因此，平衡检测成本与抽样之间的不确定性的关键就是要找出既保证样本数量足够反映整体情况，又不会超出固定预算的最佳样本数量。

结合双采样（Double Sampling）和三阶段程序（Three-stage Procedure）可以确定采样时的最佳样本量。在双采样方案中，使固定预算方差最小化的最佳样本大小是由相关系数 ρ 或 ρ^2 决定的，为了确定相关系数，Tenenbein（1970，1971，1974）提供了一个三阶段程序。在第一阶段，通过 m（m=30）个精确-不精确数据组的初步样本估计 ρ。在第二阶段确定估计样本量并重新计算系数 ρ^2。在第三阶段利用这种相关性来确定最佳样本量 n。但是三阶段程序的问题是初步样本集是基于 $\rho^2<0.9$ 的设想。当实际 $\rho^2>0.9$ 时，就会导致方差增量变大（Chang et al.，2007）。

Chang 等（2007）基于 Tenenbein 提供的三阶段程序进行了扩展研究，在无须假设实际 $\rho^2<0.9$ 的情况下，利用双采样技术确定固定预算条件下样本的最优分配。实验中一共选取了 36 个地点的 144 个样本，用 X 射线荧光仪检测分析了土壤中的 6 种重金属（Zn、Cu、Pb、Ni、Cr 和 Cd），并着重选取 40 个样本，对其 Zn、Cu、Pb 进行实验室分析。最终得出扩展后的三阶段程序估算出的最佳样本数量明显小于 Tenenbein 的初始算法。

10.7.2　经济损失与测试不确定性之间的平衡优化

在潜在污染地区，通常需要实地取样和实验室分析来评估土地是否需要修复，但是由于采样和化学分析中始终存在误差和不确定性，可能会错误影响后期决策。例如，未被检测到的污染物遗留在了场地中，导致后期防治工程的延误；或者场地被错误归类为污染土地，导致花费不必要的人力、物力去补救。为了减少错误归类带来的经济损失，Ramsey 等（2002）介绍了一种优化污染土地调查法（Optimized Contaminated Land Investigation，OCLI）。该方法可以有效平衡与优化检测成本与测试不确定性以及由于将土地错误归类而导致的风险评估不确定性。简单来说，OCLI 就是建立了一个函数模型，估算出发生假阳性与假阴性带来的社会经济损失的总成本最小值。

土地错误归类可能导致以下经济损失：

1）场地开发的延迟，从而导致进一步的成本损失（假阳性）；

2）使用该场地的公司的声誉损失以及诉讼成本（假阴性）。

一般来说，测得的污染物浓度如果在其阈值 T 之上，则土地需要实施补救措施。如果检测浓度与实际浓度出现偏差，造成假阴性的错误分类时，所导致的经济损失可以用以下公式估算：

$$E(L) = C \left[1 - \Phi \left(\frac{\varepsilon_1}{S_{\text{meas}}} \right) \right] + \frac{D}{v_{\text{meas}}} \qquad （10\text{-}10）$$

式中，$E(L)$——经济损失；

$\quad$ C——补救成本；

$\quad$ S_{meas}——测量的标准差；

$\quad$ v_{meas}——测量的方差；

$\quad$ ε_1——误差范围，即阈值 T 与实际所测浓度的差值 $|T - c|$；

$\quad$ Φ——标准正态累积分布函数；

$\quad$ D——每单位方差的总测量成本，即每单位方差的采样成本和分析成本的总和，具体计算公式（Ramsey et al.，2002）如下：

$$D = \sqrt{L_{\text{samp}} \cdot V_{\text{samp}}} + \sqrt{L_{\text{anal}} \cdot V_{\text{anal}}} \qquad （10\text{-}11）$$

式中，L_{samp}——采样成本；

$\quad$ V_{samp}——样本方差；

$\quad$ L_{anal}——分析成本；

$\quad$ V_{anal}——分析方差。

为展示 OCLI 如何应用，Ramsey 等给出了两个相关案例，一个位于伦敦西部拟用作住宅区域的棕地 A，另一个是同地区拟用作于公共娱乐设施的棕地 B。

案例 1：A 区域总占地 7 hm²，采样地点为间距 30 m 的规则网格，10%的样本进行二次检测。地块可能存在铅污染，将阈值 T 设为 500 μg/g。在研究中还使用了 ANOVA 程序估算不确定值。历史上典型的因为假阴性错误土地分类而导致的诉讼费用大约为 10 000 英镑。图 10-3 为表示经济损失随着不确定性的增加而变化的走势图。

图 10-3 的横坐标为不确定性，纵坐标为预估的经济损失。上图代表假阴性情况下的走势图，下图表示假阳性情况下的走势图。图中最低点表示最佳不确定度和最低的经济损失。如果低于此值，意味着前期成本升高；高于此值，则意味着后期补救或者诉讼费用的升高。图中最优成本对应的不确定值 S_{meas} 为 56 μg/g。

当计算出最佳总成本后，应当明确取样和分析之间的最佳分配。最优方差比（Optimal Variance Ratio，OVR）可以表明总成本应当更多地用于采样还是测试分析。相关计算公式如下：

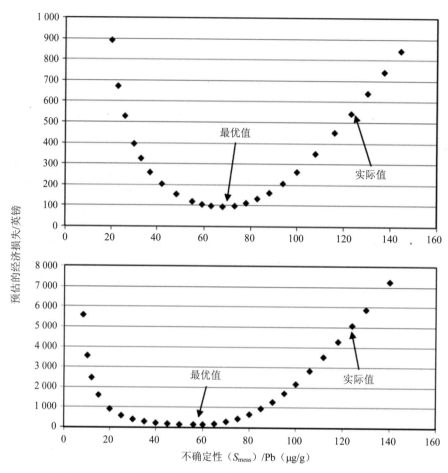

图 10-3　经济损失与不确定性的函数分布图（Ramsey et al.，2002）

$$A = L_{samp} \cdot V_{samp} \qquad (10\text{-}12)$$

$$B = L_{anal} \cdot V_{anal} \qquad (10\text{-}13)$$

式中，A——采样的经济损失；

　　　B——测试的经济损失。

$$v'_{samp} = v'_{meas} \sqrt{\frac{A}{\sqrt{A}+\sqrt{B}}} \qquad (10\text{-}14)$$

$$v'_{anal} = v'_{meas} \sqrt{\frac{B}{\sqrt{A}+\sqrt{B}}} \qquad (10\text{-}15)$$

$$L'_{samp} = \frac{A}{v'_{samp}} \qquad (10\text{-}16)$$

$$L'_{anal} = \frac{A}{v'_{anal}} \qquad (10\text{-}17)$$

$$OVR = \frac{v'_{samp}}{v'_{anal}} = \frac{L'_{anal}}{L'_{samp}} \qquad (10\text{-}18)$$

若 OVR>1，预算应多花费在采样中；若 OVR<1，则应多花费在分析过程中。

案例 2：场地面积为 100 m×100 m，之前用作射击场，未来拟改建为公园。场地可能存在铅污染，此处 T 阈值选取了 2 000 μg/g。采样点为间隔 10 m 的网格，10% 样本进行二次检测。采用 ANOVA 程序计算不确定值。如图 10-4 所示，图中最佳不确定值 S_{meas} 为 140 μg/g。

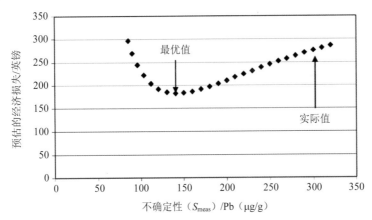

图 10-4　经济损失和不确定的函数分布图

该案例说明，通过比较 OCLI 方法第一阶段减少的预期损失和实现最佳不确定度值需要增加的总成本，预估成本的总方差的贡献率应当高于最大值 20%，才能得出原始测量结果不符合标准的结论。总体来说，OCLI 方法可以有效评估测量分析的成本与不确定性导致的潜在成本的比例。

10.7.3　经济损失与风险评估不确定性之间的平衡优化

一般情况下，风险评估结论是场地修复目标及修复范围确定的主要依据。风险评估仅仅是基于理论模型获得的一个保守估计，其主要的两个假设是：①涉及场地的物理化学状态是稳定的，也就是评估时及其后续使用过程中地层状态及其污染物状态是一致的；②估计参数及其暴露情景设计与实际情况是基本吻合的。

目前的风险评估理论是基于已开发利用的在用状态的场地情景开发的，这与我国开发前评估的情况不同。这是基于模型之外的又一个附加的不确定性。

由于修复工程耗资巨大，必须考虑风险评估结论的假阳性或假阴性带来经济损失的概率。平衡经济损失与风险评估不确定性之间的关系就是尽可能减小评估结论假阳性或假阴性的可能性，同时对发生假阳性或假阴性带来的经济损失加以评估，以此反过来去矫正修复目标或修复体量。例如，一个地块的某个区域是否需要修复，要看本区域是真阳性的概率有多大；如果概率较小，那就要评估发生假阳性带来的过度修复经济损失与发生假阴性带来的"遗漏"污染造成的社会经济损失，取其较小者。在实际地块环境管理工作中，许多处于风险边界的地块由于风险评估的不确定性导致了无须修复的地块进行了修复或者过度修复或者应该修复的没有修复。

此外，断点回归可以用来尝试评估风险评估不确定性带来的地块投入经济损失。如图 10-5 所示，由于风险评估的不确定性，在风险控制值附近的值所代表的地块的风险可以认为没有太大差别，但是低于控制值的地块一般不再采取修复或管控措施，经济投入较低，主要是调查费用，因此整体上经济投入没有太大差异；大于风险控制值的地块则进入修复或管控阶段，经济投入差别很大。对于地块性质类似或采用的管控或修复措施类似的场地，进行断点回归分析，与未做管控或修复的地块就会产生一个经济投入差 ΔC，可认为是风险评估不确定性导致的经济损失。在风险控制值不确定范围内，可进行敏感性和可信性分析。关于断点回归分析法只是作者提供的一种思路，具体应用有待进一步研究。

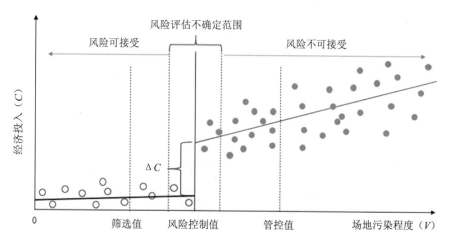

图 10-5　风险评估不确定性导致的经济损失断点回归分析图

第 11 章

调查数据评价与解释

当前，土壤污染状况调查报告对调查数据的分析大多还停留在对标评价阶段，对数据的规范使用和深入解读也不够。本章介绍了如何使用和解释不同的调查数据以及特异数据特征导致的修复决策偏离及处置。

11.1 数据统计方法

11.1.1 调查数据的概率密度函数

抽样调查的目的是通过较少的样本发现整体的状态。场地调查数据的处理一般基于经过合理设计的采样模式。许多统计方法基于样本数据的正态分布。但很多时候场地采样量有限（样本小于 30 或 50），统计量的分布并不符合正态分布，构造统计量一般不能借助于大样本理论。总体上，场地调查是小样本调查，适用于小样本分布理论。

根据现有以及我们的研究，如图 11-1 所示，对于整体上污染较轻且高污染点较少的情况，检测数据大致可呈现正态分布；当污染程度升高且不同区域差异性较大时，检测数据向对数分布偏移（对数正态分布是指一个随机变量的对数服从正态分布，则该随机变量服从对数正态分布）；但有时候既不是正态分布也不是对数分布，其概率密度函数尚需探索研究。数据分布情况也受采样设计方法的影响，在场地污染程度高且差异性大的情况下，采用随机或系统布点法，检测数据往往不呈正态分布；但改为分区专业判断与系统布点相结合的方法，数据的正态性又呈现较好趋势。

对场地调查数据进行评价，应对数据进行检验，如不符合正态分布，应使用合适的转换方法对数据进行转化。数据大体呈对数分布时，可采用对数函数转换，计算 $y_i = \ln x_i$，x_i 为原始样品数据，y_i 为转换样本数据（Gilbert，1987）。

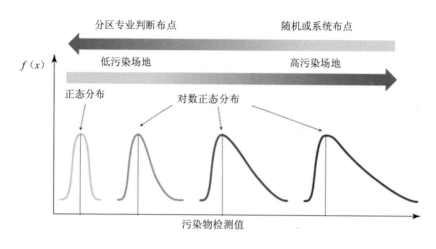

图 11-1　调查数据分布情况

11.1.2　一般特征值分析

一般特征值比较多，场地调查数据用到的一般特征值主要如下。

（1）最大值

场地调查中非常关注高污染点即污染最大值，最大值常用作污染物检测范围的上限和最大超标倍数。场地污染物最大值的确定往往非常困难，一般抽样调查很难真正获取场地污染物含量的最大值，只能在检测样品中筛选出一个检测最大值。检测最大值与场地污染物最大值完全一致的概率较低。

（2）平均值

确定场地的背景值或判断场地的平均污染水平以及与标准或其他地块检测值的对比即用到平均值。平均值可以表示场地采样样品检测数据范围内的集中趋势，包括算术平均值、几何平均值、中位数及众数等概念。众数是数据样本集中出现频率最高的数。中位数是位于数据集中大小排序居中的数。

当场地调查数据呈正态分布时，算术平均值能更接近整体的均值；当调查数据呈对数分布时，几何平均值和中位数能更好地代表数据平均水平。布点设计方法不同，其平均值计算方法也不同。不考虑设计方法，将检测值进行随意的数值平均是不科学的。

（3）超标倍数

超标倍数是指检测值减去评价标准值除以检测值得到的倍数，表示检测值超过评价标准的程度。超标倍数用于表示地块污染的严重程度，也作为地块污染程度分区的依据。

（4）变异系数

变异系数为样本数据标准差与数据平均数的比，也叫相对标准偏差，是一个无量纲的数，可以对不同单位数据样本进行比较。变异系数反映数据离散程度的绝对值。其数据大小不仅受变量值离散程度的影响，还受变量值平均水平大小的影响。场地中常用 95% 置信区间作为变异性度量值。调查时如果未能捕捉到污染热点，应对设定的采样网格条件下遗漏热点的概率进行检查分析。

11.1.3　准确度和精密度

场地调查数据的使用需要考虑数据的准确度和精密度。准确度是检测值与真实值之间的接近程度，反映调查过程中总的不确定性。调查采样、保存、转运、处理检测的各个环节都可能影响检测值的准确度。实际调查中通常采用平行样实验室间检测和使用标准物质检测等手段评价准确度，是调查质控的一部分。

精密度是指检测结果的分布情况，可用极差、平均偏差、相对平均偏差、标准偏差和相对标准变差（变异系数）表示，场地中更常用变异系数来表示，往往采用同一样品的重复检测数据来评价。

精密度与准确度分析可用图 11-2 表示。

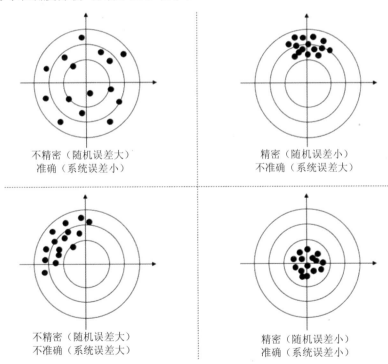

图 11-2　精密度与准确度分析

11.1.4　异常值

场地调查中异常值的出现非常普遍，对异常值需要谨慎评价与确认，错误地把过高或过低的数据从调查数据中移除。详见第 11.6 节论述。

11.2　数据分析与评价

11.2.1　数据不确定性评估

对调查数据进行评价之前，需要对数据的不确定性和有效性进行评估，大量实践证明，场地调查数据的不确定性往往非常大，因此对数据的不确定性评估是非常有必要的。数据不确定性可以通过不同位置处的平行样进行测试，计算平均值和标准偏差，与筛选值对比时可采用精密度评估方式。

导致数据不确定性的原因很多，包括布点采样、样品转运和处理、样品测试分析等各个环节。场地调查过程也是建立完整的资料分析、现场踏勘、布点方案、采样方法、现场感官判断、现场筛查、样品转运、样品处理与检测、检测数据呈现等全过程证据链的过程。应在全链条证据相互印证、相互支撑的基础上综合分析数据的不确定性。事实上，场地中很多的所谓"异常"都是有原因的，报告编制人或现场工程师未建立起完整的证据链或者不能进行多因素、多方法、多技术的综合性专业化分析，才会使得这些"异常"看似无法解释。对检测数据不确定性和有效性评估可以从以下几方面进行核查：

1）实验室检测质量保证/质量控制是否符合标准规范要求，精密度分析是否正确；

2）样品保存、转运与交接是否按规范要求执行，是否有漏失环节及记录错误；

3）是否存在数据遗漏或错位现象；

4）检测数据计量单位是否正确；

5）土壤平行样的采取是否排除了原本存在的异质性，地下水平行样是否在相同时间、相同位置处采集；

6）实验室检测数据与现场观测或其他支持信息是否一致，现场有明显污染及气味的点位实验室是否检出；

7）是否采集了没有代表性的样品，如采用循环泥浆法钻井采样，挥发性污染土壤样本采用了螺旋钻或气流冲击钻法采样或者样品在空气中暴露过久后采样等。

11.2.2　对标评价

对标评价是根据选用的标准对调查数据进行分析评价，是场地调查最基本的评价方法。

由于场地环境管理一直在不断变化，过去沿用的评价标准也一直在变化中。目前，土壤评价标准主要采用《土壤环境质量　建设用地土壤污染风险管控标准（试行）》（GB 36600—2018），地下水评价标准主要采用《地下水质量标准》（GB/T 14848—2017），对于上述标准中没有的指标可采用地方性标准和规定，地方标准也没有的可采用风险评估方法进行计算，也可适当参考国外相关标准。场地中地表水的评价选用《地表水环境质量标准》（GB 3838—2002）。对于底泥，我国尚无相应的评价标准。如果仅仅是较小的沟渠、池塘等中后续供地块开发使用的底泥，可采用《土壤环境质量　建设用地土壤污染风险管控标准（试行）》（GB 36600—2018）；如果是穿越地块的独立的河流、湖泊等大水体且不能开发利用，则宜借鉴国外底泥标准进行评价。

对标评价一般分析检出率、超标率、超标倍数等，当前场地调查大多是停留在对数据的机械分析上，场地调查数据分析应结合不同阶段的概念模型进行，分析结果和现场信息应能印证和优化概念模型，从而深入分析揭示地块背后的环境状态、因果关系、相互作用及动态变化等。

11.2.3　地下水检测数据解释

相对于土壤检测数据，地下水检测数据的评价就复杂得多；但地下水数据的解读未被充分重视。土壤是固定介质，在保证采样质量的前提下，能够说明取样位置处土壤污染状态，但是地下水是流动的，现有的地下水建井采样方法很多时候难以做到"实时空间""实时状态"的要求，检测的数据与监测井类型结构、所处含水层状态、洗井采样方式、采样深度、采样时间、污染物性质等因素都相关，数据背后隐藏的信息更为复杂。

对标评价仅仅是管理上的常规要求，对地下水来说，如果仅仅与标准对比，并不能真正反映地下水的真实污染状态。特别是对于深度较大的完整井，由于存在稀释作用，检出值如果超标，往往意味着监测井贯穿地层的某个深度上有更大的污染；检测值接近筛选值，某个深度上的地下水污染已经超标。因此，地下水只要有检出值，就要关注，应根据地下水监测井的空间位置、类型结构、深度、洗井方式、采样深度、采样时间、污染物性质、土壤污染浓度、周边点位检测数值等诸多因素进行综合分析，判断评估地下水的污染状态。

11.2.4　基于污染物多介质分配关系的关联性分析

基于污染物多介质分配关系的数据关联性解读是场地调查中建立逻辑关系、还原真实状态、构建证据链条的重要手段。当前场地调查对地下水及土壤气检测数据解读不够。由于场地风险是以健康风险的模式进行评估，在不考虑地下水饮用途径的情况下，地下水的环境风险被大为降低，对场地的精准调查极为不利。

在地下水埋深较大的北方地区，场地污染主要在包气带中，污染物主要在土壤、土壤气、土壤水之间分配与转化平衡，因此通过土壤或土壤气的测定推测土壤气或土壤的污染分配情况。在地下水埋深较浅的场地，饱和带中污染物主要是在土壤及地下水两相中进行转化平衡，污染物在土壤与地下水中存在一定的关联性。污染物进入土壤后，一部分被吸附在土壤颗粒中，另一部分会溶解在水中或者以非水相的形式存在于土壤孔隙中。在相对固定的环境条件下，污染物在土壤及水中或非水相中存在着分配平衡关系；当环境条件发生变化时，这种平衡关系也随之发生相应的变化。例如，有时即便地下水修复达标了，但是由于修复行为打破了污染物在水、土两相间的吸附平衡，污染物会继续从土壤中释放出来，导致地下水再次超标（即所谓的"反弹"）。不同的污染物、不同理化性质的土壤以及不同的环境条件下，污染物的水土分配系数差异很大；在环境条件相对稳定的状态下，基于相平衡关系，可以通过地下水中的污染物浓度推断土壤的污染浓度。在对调查结果进行分析时，要从污染物水土分配关系入手解读土壤及地下水检测数据。通过对场地同一点位处场地特征、土壤理化性质以及污染物性质的综合分析，可以大体判断污染物在土壤及地下水中的相对浓度。基于污染物多介质分配关系的关联性解读，可以帮助根据土壤中的污染物浓度大致判断地下水或土壤气中污染物浓度，可以通过土壤或地下水中污染物浓度推算非水相的存在；可以判断采样或检测存在的异常情况；可以帮助理解污染物在场地中的迁移转化状态，进而透过孤立的检测数据看到相互联系、相互作用、相互影响的场地整体，进而为场地管控与修复技术方案提供关键支撑。

介质污染关联性分析中，需要对场地生产行为、污染物性质及环境行为、水文地质条件、土壤及地下水理化性质等有深入的调查及理解，也即本书第4章到第8章的内容。

11.3 低于或接近检出限的数据解释

11.3.1 低于检出限的数值解释

污染物检测方法不同，其检出限不同。低于检出限的数据，一种可能是确实没有污染物；另一种可能是有污染物但因检出限高于污染物实际浓度值而测不出来。对低于检出限的数据，通常做以下处理：

1）评价标准高于检出限时，使用检出限数值；

2）评价标准低于检出限时，使用一半检出限数值，或者更换低检出限的检测方法；

3）以符号显示，如"ND""/"等；

4）一般不建议处理为0。

低于检出限数据对统计结果有影响，如果低于检出限数据过多，做置信区间的意义就不大。低于检出限数值对于那些低含量、低评价标准的污染物的统计影响更大。可以采用多次统计的方法判断其差异性，如分别采用 0、C（检出限）、1/2C（一半检出限）进行统计，如果显示无显著差异，则低于检出限的少量数据不会影响样本整体统计结果；如果差异较大，需要更换统计方法。

11.3.2　接近检出限的数值解释

接近检出限的数据具有较大的不确定性，可能有污染物，也可能无污染物，或是分析仪器本身背景导致的。

实际工作中，从业人员更关心是不是超筛选值，对于低于或接近检出限的检测数据基本不怎么关注。

11.4　接近筛选值的数据解释

11.4.1　筛选值

筛选值是指在特定土地利用方式下，土壤中污染物含量等于或低于该值的，对人体健康的风险可以忽略；超过该值的，对人体健康可能存在风险。

筛选值是场地是否进行详细调查和风险评估的评价依据。筛选值可以是《土壤环境质量　建设用地土壤污染风险管控标准（试行）》（GB 36600—2018）和《土壤环境质量　农用地土壤污染风险管控标准（试行）》（GB 15618—2018）中的筛选值，可以是《地下水质量标准》（GB/T 14848—2017）中的地下水质量分类限值，也可以是场地背景值或者是标准中没有的污染物而经风险评估计算出的筛选值。

11.4.2　接近筛选值的数值解释

当样品检出值接近于筛选值时，特别是刚刚超过筛选值时，是否就意味着样品污染物浓度一定大于筛选值而进入详细调查和风险评估阶段呢？事实上，即便对同一个样品反复重测也很难得到同一个结果。同一样品重复测定获得结果的变异性表明了分析的精密度。在场地中同一微观位置收集平行样反复测定，所得的变异性表示了采样与检测的整体精密度。如果获得了样品的精密度数据，就可以计算筛选值附近检测数据的界限。例如，通过采集平行样获取一组检测值，精密度可由 t 检验的 95% 置信区间表示。实际中更为关注置信上限，只有 95% 的置信上限大于筛选值才认为场地风险不可接受，小于或等于筛选值且无检测值超过筛选值的两倍时场地风险可以接受。对于常见污染物

（USEPA 对常见污染物有定义），需要分析空白样品的检测结果，只有样品检测值大于空白样品检测值的 10 倍时才有效；对于其他污染物，检测值大于空白样品检测值的 5 倍时才有效。

该方法适用于基于采样设计（如随机布点法、系统布点法）的调查；专业判断法由于采样设计有偏差，不能给出置信区间，所以该法不适用；一般以空白样和平行样检测数据进行解释。

我国的场地调查很少采用这种方法，不管超过筛选值有多小，现实中总是认定为超标了，需要开展详细调查，这种做法充分考虑场地调查的不确定性，增加了场地修复的概率。

如前文所述，地下水监测井中污染物浓度往往是稀释过的值，检测值接近筛选值更应引起重视。

11.5 低超风险值及修复策略决策

11.5.1 低超风险值及低超风险区域

低超风险值是指场地目标污染物的检测值刚刚超过风险控制值或超过不多的数值；低超风险区域是指超过风险控制值较少且不密集的点位所处的区域，该区域一般通过布点位置结合检测值数值模拟确定。低超风险区域在低污染场地调查中很常见。

11.5.2 低超风险区域修复策略的决策

低超风险区域意味着该区域平均污染浓度超过风险控制值，也即需要满足统计学意义上的可信度。但是由于超风险区域的确定方法是采用有限的点位结合数值模拟形成的，如果检测点位密度不够，由此法确定的超风险区域与实际情况的差异会很大（参见第 12.2.3 节）。实际的超风险范围往往比模拟确定的要小很多。

因此，对低超风险区域的后续修复策略需慎重考虑。如果采用异位修复，由于实际超风险范围比模拟的小，经过挖掘异位混合后，由于稀释作用导致混合后土壤污染浓度已经低于修复目标值了，不需要再采取修复措施了。但在实际中，大量这种场地都进行了修复。针对这种情况，技术方案编制时，应充分评估超风险的可信性及超风险的精确范围；在范围精度不够时，建议采用原位修复，验收采样时要包含在原超标点位附近的区域采样。

11.6　异常值的识别及处理

11.6.1　异常值的含义

异常值又称异常数据或离群值，是指样本中的个别值明显偏离其所属样本的观测值。可以由取样、保存、处理、检测等异常因素导致，也可能是由于自然或实际污染（热点）造成的，如由人为因素输入场地中的少量外来填埋物或由场地界外迁移而来的污染物导致的数据异常。因此，异常值可以是真的，也可以是假的。对异常值需要开展评价，确定其真伪。

实际调查中对于异常低值并不怎么关注，但是对于超过筛选值的异常高值更为关注，特别是由于不正确的检测结果或者由于地质、人为或其他偶发因素导致的数量极少、体量微小、风险可接受的异常数据点位，因为涉及后续调查程序以及处置问题，因此对异常值需要谨慎识别，不可随意从整体中去掉。

11.6.2　异常值的识别与排查

对场地初步调查结果进行分析时，更为关注符合以下条件的异常值：

1）检出的污染物超标，超标点位极少（如低于 5%），且与场地的常规及特征污染物均不符合的值；

2）异常值点位污染物属于场地常规或特征污染物，但是经异常值排查后未检出或不超标的值。

采用统计学方法可以识别异常值，但场地调查往往是小样本调查，因此这些方法也存在不可靠性。排查异常值可考虑从以下几个方面着手：

1）检查过失误差，主要包括不正确的取样方法、不规范的样品保存条件、错误记录、检测误差、记录错误、单位错误等；

2）核查场地条件与异常值的一致性；

3）实验室复测样品；

4）重新在原点位处及附近布点采样、检测。

重新布点采样排查时，建议同时满足以下 3 条：

1）在原超标点位处取样复测，由于场地采样不存在真正的原点位，实际操作时，在设备功能条件下尽可能靠近原点位处采样，如距离原点位约 10 cm；

2）在原超标点位的周边布点采样，布点方式可多样，图 11-3 推荐了 3 种布点方式供参考，周边点位与原超标点位之间的平面距离建议在 0.5～1.0 m；

3）在原超标点位及周边点位垂直方向对应布设至少 3 个点位，必要时可多采集样品。

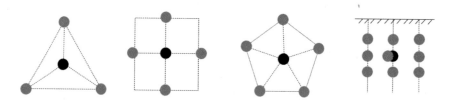

（左侧三张图为平面图；右侧一张图为剖面图；深色为异常点位，浅色为排查点位）

图 11-3　异常点位排除布点方法

11.6.3　异常点的处置

异常值所代表的点位称为异常点，异常点包括点位周边小区域范围。对上述排查的土壤样品中疑似异常的超标污染物进行检测分析。如果排查检测结果显示，原点位及周边各土壤样品中疑似异常的超标污染物均未超标，则可判定该超标点位属于假异常点，可视为未超标点位，不建议对该点做风险评估及后续处理。

如果原检测点位仍超标，即为真异常值，周边点位土壤均不超标或未检出，则应结合风险评估结果继续缩短周边点位与原点位的距离进行布点采样，以判定其准确超标范围，进行相应的处置或修复。如果为一般固体废物或鉴定为危险废物的，则按一般固体废物或危险废物管理办法进行处置。

第 12 章

场地概念模型构建与污染范围确定

场地概念模型贯穿场地环境调查、风险评估、风险管控与修复以及效果评估全过程，应用非常广泛。但是业界对概念模型的认识和使用还不够明确和统一，本章重点针对调查阶段的概念模型进行讲解。同时，针对地下水污染与修复范围及体量确定的难题，本章提出了一些概念和方法，供读者参考。

12.1 场地概念模型构建

12.1.1 概念模型的含义

场地概念模型（Conceptual Site Model）构建是国外场地调查与修复过程中的一个重要工作内容，现今也被引用到我国的场地环境管理技术文件中。关于场地概念模型的阐述，不同文件中不尽相同。美国测试和材料协会（ASTM）E1689-95（2014）《污染场地概念模型构建指南》中的场地概念模型是指通过文字或图形的方式展示的环境系统，包括决定污染物从污染源通过环境介质传输到环境受体的生物、物理和化学过程。USEPA（1996）将其定义为：根据现场条件，场地概念模型通过一个三维图片展示污染物分布、释放机制、暴露途径、迁移路线和潜在受体……主要描述内容包括地图、场地剖面、场地平面和污染物释放迁移到潜在受体的暴露途径。我国基本沿用了上述含义，《污染地块地下水修复和风险管控技术导则》（HJ 25.6—2019）中对地块概念模型的阐述为：用文字、图、表等方式综合描述水文地质条件、污染源、污染物迁移途径、人体或生态受体接触污染介质的过程和接触方式等。

尽管阐述略有差异，但场地概念模型的内涵基本一致，就是采用文字、图、表等方式展示地块水文地质条件，污染物通过各种介质（水、土壤和空气）从污染源进入环境及人体、生态受体并对其产生影响的物理、化学和生物过程。

12.1.2 概念模型的内容

一般场地概念模型应包括以下基本内容：

（1）场地信息

1）场地的范围边界、周边环境信息以及场外因素的影响；

2）场地及周边使用现状及历史、场地功能布局、建筑物/构筑物及设备设施情况、地下水管线分布等；

3）区域及场地自然状况，包括地形地貌、地质与水文地质、地表径流和可能的地下污染物迁移路径；

4）场地未来规划。

（2）污染源和潜在关注污染物

基于对场地当前和历史的使用情况，识别潜在的污染源及污染物，概念模型应尽可能准确地指明源区及可能受到影响的环境介质（如土壤、地下水、地表水、沉积物等）。确定潜在污染物对场地及周边环境的影响时，需要考虑以下因素：

1）污染源的性质，场地使用的任何相关化学品的种类及时间段；

2）潜在的污染发生的开始时间和持续时间；

3）化学品的性质及场地环境行为。

（3）敏感受体

与场地及周围区域相关的敏感受体的识别应包括当前和未来受体，后者包括土地利用规划及场地开发建设过程。可能的人类受体包括：

1）当前或未来的场地用户，如使用者、居民、访客和工作者（取决于土地使用情况）；

2）场地和场外施工或维护工人；

3）周围住宅、保护区和商业或工业场所的当前或未来用户；

4）地下水使用者（如抽取地下水用于生活、生产）。

可能的环境受体包括：

1）场地中或周边的地表水体；

2）场地及邻近的地下水环境；

3）场地中居住或迁移的动植物以及抽取地下水用于附近环境。

（4）迁移和暴露途径

对于场地关注污染源，只有形成一个完整的暴露途径才能产生风险，概念模型需要揭示污染物释放机制（如从地下储罐泄漏到周围土壤及地下水中）、通过环境介质（地下水、土壤、地表水、沉积物、空气、生物群落等）的迁移路径、受体及接触点（即接触途径）等。可能的迁移途径一般包括：

1）污染物通过土壤剖面渗入地下水；

2）不同地下水含水层之间的相互迁移；

3）通过地表水向地下水输送污染物；

4）通过地下水向地表水输送污染物；

5）污染物从土壤和/或地下水挥发到大气（室内和室外）；

6）污染物通过食物链传输。

可能的接触途径主要包括：

1）与污染环境介质直接接触，如皮肤接触；

2）摄入受污染的环境介质；

3）摄入在污染介质中生长或饲养的食品，以及吸入污染介质（如蒸气、灰尘）。

场地概念模型一般用图表和文字来表达，特别是能描述场地污染物迁移机制的图表是场地概念模型的关键元素，也是解释和传达场地信息的有力工具。

12.1.3　概念模型的作用

场地概念模型对场地调查以及后续管控与修复具有重要意义，主要体现在以下几方面：

1）为场地调查工作提供一个总体思路和框架，规范后续工作的内容与程式。

2）展示场地功能布局、地质构造与水文地质条件，有助于分析、判断、预测污染物的释放、迁移和演变趋势；

3）有助于制定布点采样方案、程序以及样品采集和分析；

4）揭示场地污染源空间位置、污染物种类、受污染介质（土壤、地下水、地表水、建筑物/构筑物）分布等；

5）识别污染物从源头的迁移转化机制、媒介、暴露途径、受体等，为环境影响分析、风险评估与管控及修复目标的确定提供基础；

6）有助于后续风险管控策略、修复模式、修复技术的确定与方案设计；

7）有助于与利益相关方及公众进行场地污染问题的信息沟通。

12.1.4　概念模型的层次性

广义上讲，概念模型贯穿在场地环境调查、风险评估、管控与修复及效果评估的各个阶段，有调查阶段概念模式、管控与修复设计概念模型、施工过程概念模型、修复后概念模型。各个阶段概念模型的目的及内容相互关联又有所不同。

本书重点讨论调查阶段的概念模型。调查阶段概念模型根据不同的场地资料信息程度由简到繁，又可分为不同层次，对不同层次的概念模型的内容及要求，技术人员可能有不同的认识和理解，国外的做法也不尽相同。本书根据精准化场地环境调查的工作程序，将概念模型大致分成 3 个层次。

12.1.4.1 第一层次概念模型

第一层次概念模型对应于场地调查的第一阶段，主要对通过资料收集、现场踏勘、人员访谈等手段获取的场地信息进行初步概化，构建初步的概念模型。第一层次概念模型需要揭示的是：

1）场地上存在污染源或者污染物的可能性及其分布。需要明确场地上在何位置存在过何种活动？过程中产生何种污染物，可能在哪儿？是否采取了污染防护措施？

2）可能的受污染的介质和大致迁移及暴露途径。场地水文地质条件对污染有何影响？污染物存在于土壤还是地下水中，可能的污染机制是什么？

3）场地当前或今后潜在的人体健康及环境受体。

一般需要以下资料信息：

1）场地当前及历史使用情况：不同时期的使用功能；建设及生产工艺；厂区布局，建筑物/构筑物、设施设备、管线等的分布、功能与使用状态；特别是建设、生活、生产过程中涉及的有毒有害原辅材料及产品的使用、生产、存储、转运等环节的识别以及生产和污染事故等，可以通过场地历史影响资料（卫星图片、航空图片、照片、视频等）、现场探勘识别、知情人士访谈、现有报告（平面布置图、生产记录、环评报告、事故报告、现场调查报告等）、控制性详细规划资料等进行综合分析。

2）场地特征资料：地形地貌、水文、地质、水文地质等，可通过场地测绘报告、地勘报告等资料获知。

第一层次概念模型可为场地第二阶段环境调查方案提供支持。根据获取的资料信息，第一层次概念模型差异较大，简单的可以是一个框架图，也可以是一个地块的平面示意图。图 12-1 为一个场地的第一层次概念模型，该模型是根据场地资料分析、现场踏勘及人员访谈结果绘制的，地勘信息采用邻近地块资料，并不准确。

12.1.4.2 第二层次概念模型

第二层次概念模型是在已经获取了场地初步调查结果的基础上对第一层次概念模型的更新和深化。除了第一层次概念模型的内容，第二层次概念模型还需明确：

1）污染源、污染物及污染介质的类型、空间分布、污染程度等；

2）污染的迁移转化机制及暴露途径。

简单来说，第二层次概念模型除了第一层次的资料，还需要以下资料信息：

1）场地以及周边初步水文地质条件，包括岩土类型、孔隙性、含水层特性、地下水水位及流向、钻探采样记录、初步勘察报告等；

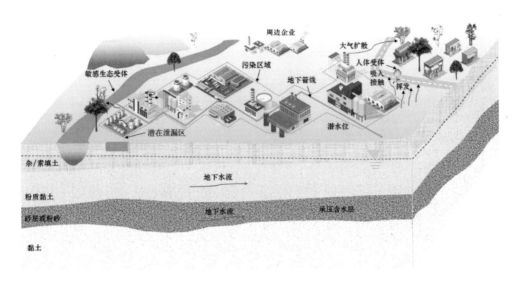

图 12-1　场地调查第一层次概念模型

2）土壤与地下水初步调查结果，包括土壤与地下水采样布点信息、钻探采样记录、钻孔柱状图、污染物类型及污染程度、污染空间分布、可能的迁移路线、污染物检测报告。

图 12-2 为上述场地在第一层次概念模型基础上更新了初步采样调查结果绘制的，这个阶段的水文地质条件已经比较明确。

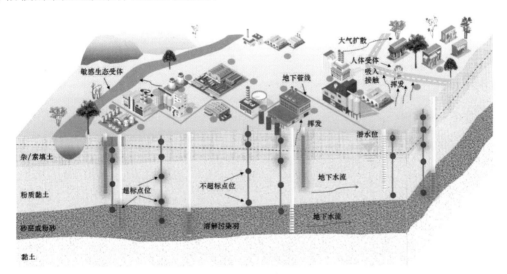

图 12-2　场地调查第二层次概念模型

12.1.4.3　第三层次概念模型

第三层次概念模型是在已经获取了场地详细调查结果的基础上对第二层次概念模型

的更新和深化，是最为完整的概念模型。该阶段的概念模型建立在详细调查的基础上，详细调查可能又分为几个阶段，因此第三层次概念模型也是依次不断深化和完善的结果。目前，在地块详细调查和风险评估阶段，往往并不绘制第三层次概念模型。第三层次概念模型主要服务于地块风险管控与修复。第三层次概念模型展示的是：

1）准确的水文地质条件；

2）详细的污染源、污染物及污染介质的类型、空间分布、污染程度等；

3）明确的污染物迁移转化途径、暴露途径、受体情况及暴露参数；

4）满足风险评估及地块风险管控与修复试验、技术方案设计等的要求。

除了第二层次概念模型的资料，还需要以下信息：

1）更为详细的场地以及周边水文地质条件，包括岩土类型、土壤理化指标、钻探采样记录、含水层特性、地下水流向等；

2）土壤与地下水污染物分布范围和迁移转化路径。

图 12-3 为上述场地在第二层次概念模型基础上，更新了详细调查结果绘制的，这个阶段污染范围、迁移转化等也已经比较明确了。

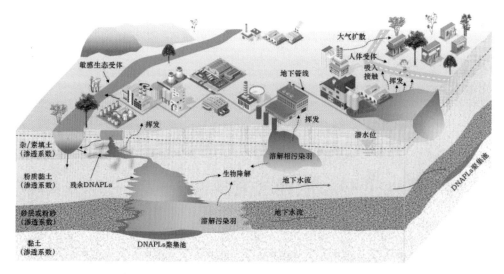

图 12-3 场地调查第三层次概念模型

12.2 土壤污染范围及体量确定

12.2.1 基于检测数据与模拟的方法

详细调查之后，对场地所有采样检测数据进行分析评价，确定土壤污染范围，是场地环境调查的一项重要工作。

目前，根据场内布点采样检测结果，对照《土壤环境质量 建设用地土壤污染风险管控标准（试行）》（GB 36600—2018）、《土壤环境质量 农用地土壤污染风险管控标准（试行）》（GB 15618—2018）或其他相关标准进行评价，找出超标点位，超标点位之间以及超标点位与未超标点位之间采用模拟的方法模拟出场地平面及垂向上的超标限值边界，最终确定出污染土壤的范围及体量。常见的模拟方法包括插值法和泰森多边形法，插值法主要有克里格空间插值法、径向基函数插值法、全局多项式插值法和局部多项式插值法。

12.2.2 常用的模拟方法

12.2.2.1 反距离空间插值法

反距离空间插值（IDW）法的假设前提是未知点的值受较近控制点的影响比较远控制点的影响更大。这种方法将插值点（未知点）与样本点（控制点，即采样点位）之间的距离作为权重，从而进行加权平均，赋予距离插值点越近的样本点以更大的权重，是一种局部插值法。

IDW 法的原理是设平面上分布一系列离散点，已知这些离散点的坐标（x_i，y_i）和属性 Z_i（$i=1$，2，3，…），M（x_0，y_0）为任一网格点，根据周围离散点的属性值，通过距离加权插值求点 M 的属性值 Z_o。通过搜索半径内已知点的样本值来估测未知点的值，所生成的面经过所有的样本点，系统不提供预测值的误差检验，只提供样本点与预测点的平均预测误差和均方根误差。某点的估计值为（朱求安等，2004）：

$$Z_o = \frac{\sum_{i=1}^{n} \dfrac{Z_i}{d_i^k}}{\sum_{i=1}^{n} \dfrac{1}{d_i^k}} \tag{12-1}$$

式中，Z_o——点 o 的估计值；

      Z_i——控制点 i 的值；

      d_i——控制点 i 与点 o 间的距离；

      n——在估计中用到的控制点的数目；

      k——幂。

本法在场地布点比较均匀、布点数量较多时，插值精度较高，适合于网格布点法。选择这种方法进行空间插值时，设置的参数主要有指数值（k）、估计的邻域样点数目、搜索半径和取点方式。本法的输入量和计算量较少，操作简单，但是会出现相近的样本点对插值点产生的贡献相同的情况，插值点容易产生丛集现象。此外，加权指数值 k 的取值往往缺少充足的依据，有时会出现待插值点明显高于周围样本点的分布现象，导致插值结果不准确。

12.2.2.2　克里格空间插值法

克里格空间插值（Kriging）法也属于局部插值法，是一种充分吸收地理统计思想的方法，它以变异函数理论和结构分析为基础，对区域化变量进行无偏最优估计。这种方法需要在平稳假设的基础上才能建立，对数据属性满足正态分布的要求较高，即要求数据值具有相同的变异性。Kriging 法内置多种插值方法，当样点数据是二进制时，用指示 Kriging 法进行概率预测；当样点数据的趋势值是一个未知常量时，用普通 Kriging 法；当样点数据的趋势可用一个多项式进行拟合，但回归系数未知时，用泛 Kriging 法，并可以选择多项式的阶数；当样点数据的趋势已知时，选择简单 Kriging 法（Özdamar et al.，1999）。

该法原理为用已知点的样本值来估测未知点的值，所生成的面不经过所有的样本点。该方法用估计变异提供估计误差的评价，其评价参数有平均预测误差、均方根误差、平均标准误差、均方根标准预测和平均标准化预测误差。

克里格空间插值法认为任何在空间连续性变化的属性都是非常不规律的，模拟时不能使用简单的平滑数学函数，但是可以用随机表面对土壤的异质性进行较恰当的描述。为了使内插函数处于最佳状态，Kriging 法着重于权重系数的确定，即对给定点上的变量值提供最好的线性无偏估计。公式如下（朱求安等，2004）：

$$\hat{Z}(S_o) = \sum_{i=1}^{N} \lambda_i Z(S_i) \tag{12-2}$$

式中，$Z(S_i)$——第 i 个位置处的测量值；

λ_i——第 i 个位置处的测量值的未知权重；

S_o——预测位置；

N——测量值个数。

与反距离空间插值法中权重 λ_i 仅取决于预测位置距离不同，使用克里格空间插值法过程中，权重不仅取决于测量点之间的距离、预测位置，还取决于测量点的整体空间排列。要在权重中使用空间排列，必须对空间自相关进行量化。插值数据的空间结构特性由半变异函数描述。半变异函数定义为：

$$\gamma(S_i, S_j) = \frac{1}{2}\text{var}[Z(S_i) - Z(S_j)] \tag{12-3}$$

其中 var 是方差，两个位置 S_i 和 S_j 在 $d(S_i, S_j)$ 的距离测量上彼此相近。

选取适当的理论变异函数模型，需要了解试验变异函数的特性。根据试验半变异函数得到试验变异函数图，从而确定合理的变异函数理论模型。基本的变异函数理论模型包括有基台值的理论模型和无基台值的理论模型。无基台值的理论模型包括幂函数模型和对数模型。有基台值的理论模型包括纯块金效应模型；对球模型，空间相关性随距离的增长逐渐衰减，当距离达到某一值（变程）后，空间相关性消失；对指数模型，空间相关性消失于无穷远，随距离的增长以指数形式衰减；对高斯模型，相关性消失于无穷远，空间相关性随距离的增长而衰减；对线性模型，不会在某一距离稳定下来，空间可变性随距离的增长而呈线性地增长。

空间插值分析时发现，当土壤中重金属基本符合正态分布时，插值效果较好。但已有研究表明，受土壤介质本身自然属性以及污染源等因素的影响，污染土壤中污染物有高值点存在且其空间分布有很大的离散性和偏斜度（Wu et al.，2006）；因此，在绘制土壤中污染物的空间分布之前，需要进行统计数据分析和转换，以确保半方差图能够正确反映空间变异特征。数据转换方法主要有平方法、取对数法和 Box-Cox 转换法等。在数据变换以及预测结果的逆变换中，会使原始数据失真，且对高值点有较大的平滑效应，预测结果及精度不是十分理想。

该法的优点是具有坚实的统计理论基础，能够对误差做出逐点的理论估计。插值结果不仅能获得预测表面，而且能获得误差表面，可以了解所获得的预测曲面的精确性。缺点是计算量大、复杂、变异函数需要根据经验人为选定。

克里格空间插值法的多种版本可参见 Goovaerts（1997）的相关研究，相关程序软件参见 Goovaerts（2010）的文章。

12.2.2.3　径向基函数插值法

径向基函数插值（RBF）法也是一种空间局部插值方法，是一系列精确插值方法的综合。在地统计分析中，每个数据位置都会形成径向基函数，径向基函数是一个随着与某一位置的距离变化而变化的函数。

该法用已知点的样本来估测未知点的值，所生成的面经过所有的样本点，不提供预测值的误差检验，只提供样本点与预测点的平均预测误差和均方根误差。径向基函数插值有一个控制表面平滑度的参数。对于反高次曲面样条函数来说，控制表面平滑度的参数越大，得到的表面越不平滑；除此之外的其他所有径向基函数，控制表面光滑度的参数越大，得到的表面越平滑。

预测值可以表示为两个分量的总和（Talmi et al.，1977）：

$$Z(x) = \sum_{i=1}^{m} a_i f_i(x) + \sum_{j=1}^{n} b_i \psi(d_j) \tag{12-4}$$

式中，$\Psi(d_j)$——径向基函数；

    d_j——从样本位置到预测点 x 的距离；

    $f_i(x)$——趋势函数，是小于 m 次多项式空间的基的成员。

系数 a_i 和 b_i 通过以下 $n+m$ 线性方程组的解来计算；n 插值中使用的已知样本点总数如下（Mitasova et al.，1993）：

$$Z(x_k) = \sum_{i=1}^{m} a_i f_i(x_k) + \sum_{j=1}^{n} b_j \psi(d_{jk}) \quad k=1, 2, \cdots, n \tag{12-5}$$

$$\sum_{j=1}^{n} b_j f_k(x_j) = 0 \quad k=1, 2, \cdots, m \tag{12-6}$$

该法适用于对大量点数据进行插值计算，同时要求得到的表面比较平滑的情况。

12.2.2.4 全局多项式插值法

全局多项式插值（GLP）法是一种非精确的插值方法，以整个研究区的样点数据集为基础，使用一个多项式进行全区特征拟合计算预测值。由于这种插值方法主要揭示空间物体的总体规律，因而对局部的变异存在忽略情况。

该法利用现有的每个已知点来估算未知点的值，所生成的面不经过所有的控制点，而是一个平滑曲面，不提供预测值的误差检验，只提供样本点与预测点的平均预测误差和均方根误差。

因为生成的表面易受极低和极高样点值的影响，所以全局多项式插值法适用于对总体趋势进行一种粗略预测或者属性值变化比较平缓的情况。

12.2.2.5 局部多项式插值法

局部多项式插值（LP）法也是一种非精确的插值方法，利用最小二乘法拟合元素含量的空间分布趋势，在搜索的邻近区域内采用多个多项式进行插值，插值结果为平滑曲面。

局部多项式插值法用已知点的样本来估测未知点的值，所生成的面不经过所有的样本点，不提供预测值的误差检验，只提供样本点与预测点的平均预测误差和均方根误差。该方法一方面有趋势面法考虑全部数据点、反映趋势性变化的优点，另一方面又有距离法反映局部特征的优点，适用于对曲面作局部平滑的情况。

12.2.2.6 泰森多边形法

泰森多边形法最初是由荷兰气象学家 A H Thiessen 提出的。该方法通过离散分布的气象站的降水量来计算平均降水量。泰森多边形又叫冯洛诺伊图（Voronoi Diagram），得名于 Georgy Voronoi，是一组由连接两邻点线段的垂直平分线组成的连续多边形。每个泰森多边形内任一点到构成该多边形的样点的距离小于到其他多边形样点的距离。

　　泰森多边形法作为对空间平面的一种剖分，每个泰森多边形内含且仅包含一个样点。泰森多边形的特点是多边形内的任何位置距离该多边形的样点（如采样点）最近，距离相邻的多边形内样点远。泰森多边形法是由加权产生未知点的最佳插值，即由邻近点的各泰森多边形属性值与它们对应未知点泰森多边形的权值（如面积百分比）的加权平均得到（朱求安等，2004）。

12.2.3　插值法的精确度

12.2.3.1　精确度讨论

　　插值是离散函数逼近的重要方法，基于有限点的取值通过函数关系估算其他点位的数值。对于同一个地块的调查数据，不同的模拟方法获得的模拟结果不同。这些估算方法的精确性主要取决于有限点取值之间的函数关联性，关联性越高，精度越好。由于场地中污染物种类及性质差异很大，表现在场地中的环境行为比较复杂多变，导致每种污染物在不同空间的关联性规律也差异很大，这些规律与现有的这些插值方法的原理并不相符，也就很难拥有很高的准确性。只有采样密度大到一定程度，模拟结果才会与实际相接近。加之每种插值方法都有一种平滑效果，即低估高污染值和高估低污染值；所以，在实际工作中采用模拟方法实现准确预测是比较困难的。

　　对于各种插值方法，只有在特定条件下才会有一个相对较佳的方法，一般与样本的变异系数有关。有研究（田美影，2013）认为，随着变异系数逐渐增大，插值方法选取符合这样一个顺序：Kriging、IDW、RBF、LP、GLP；但是很难界定变异系数增大到某一具体数值时会导致插值方法选择的改变。从经验值来说，当变异系数小于 0.5 时选择 Kriging 法；当变异系数在 1 和 1.5 之间时变异系数越大，相对 Kriging、IDW 来说，RBF 法的优越性更明显；当变异系数大于 1.5 时，LP、GLP 的优越性逐渐体现。

　　马宏宏等（2018）认为，LP 法和 OK（Ordinary Kriging，OK）法，尤其是 LP 法表现出较强的平滑效应，丢失了局部极值的信息，不利于准确地反映区域土壤重金属污染状况。IDW 法和 RBF 法极大地保留了极值信息，插值效果较详尽，且更容易操作。建议在局部重金属高背景区，为更加准确地了解重金属污染状况，应使用 IDW 法或 RBF 法进行插值运算。

　　李东升等（2011）对土壤中的不同重金属的含量进行不同插值方法和参数的选择，反映不同的重金属在同一地块中含量的不同分布情况，通过对各种插值方法下的误差平均值和均方根误差进行比较，发现对于 Pb、Zn、Cu 三种重金属采用 Kriging 法效果较好，Cd 采用 LP 法效果较好，Cr 采用 RBF 法效果较好，可以基本判断对于满足正态分布的数据，Kriging 法对其插值效果较好。

污染场地由于具有高度的人为干扰性，加之许多污染物具有高度的疏水性，难以随降雨或地下水迁移，其空间的关联性很差，插值模拟的结果也更不准确。只有当网格间距小到一定程度时，插值法获得的估计值才会逼近真实值。目前，在插值方法运用时，国内外都没有形成成熟的可靠体系，盲目使用会增大场地调查与评价的不确定性。

场地调查时，目前国家调查技术导则及指南要求污染区域的布点密度不大于 20 m×20 m 一个点位。根据我们大量的实践验证，在这样的尺度下插值模拟的范围仍具有很大的不准确性，大多数情况下会高估污染范围及修复体量。从工程的角度，验证点位布设的距离不大于 5 m 即具备较好的工程精度。以下以一个实际的场地调查项目为例进行说明。

12.2.3.2 实例验证

实例一：

某工业场地未来规划为第一类用地，在初步调查时基本按照 20 m×20 m 的网格设置布点，在 40 m×40 m 的单元内布点情况如图 12-4（1）所示，检测结果表明 A 点位在 0.5 m 处土壤中苯并[a]芘检测值为 9.62 mg/kg，超过《土壤环境质量 建设用地土壤污染风险管控标准（试行）》（GB 36600—2018）中第一类用地筛选值（0.55 mg/kg）16.5 倍；深层土壤不超标。点位 A1、A2、A3、A4 点位处各深度土壤中苯并[a]芘均不超标，这 4 个点距离 A 点的水平距离分别为 22 m、21 m、22 m、12 m。采用插值模拟土壤苯并[a]芘超标范围如图 12-4（2）所示。

为验证模拟边界的准确性，进行了第二次补充布点，布设的 6 个点都设在模拟的超标范围内，如图 12-4（3）所示。B2 距离超标点 A 的距离为 3.5 m，B1、B2、B3 基本在一条直线上，相距为 4.0 m；B5 距离超标点 A 的距离为 3.0 m，B4、B5、B6 也近乎在一条直线上。检测结果表明，这些点位土壤中苯并[a]芘均不超标或未检出。利用补充布点取样的样品检测结果重新进行插值模拟，超标范围如图 12-4（4）所示，此时的超标范围比初步调查的大为减小。

继续在第二次补充调查模拟的超标范围内进行第三次布点，如图 12-4（5）所示，点位为 C1～C6，距离原超标点 A 的距离为 3.0～4.3 m。检测结果显示，各点位土壤中苯并[a]芘仍不超标或未检出。采用第三次布点采样的样品检测数据进行插值模拟，模拟的超标范围如图 12-4（6）所示。此时的超标范围比第二次的又大大减小，仅仅为一小块斑状区域。

此案例证明，插值模拟的污染范围与真实的情况差别很大，即便在 3～5 m 的范围内都有明显的差异。因此，在实际修复工程开展之前，必要时开展修复阶段的补充调查，对于精确修复范围、精准修复工艺、优化费用支出、缩短施工工期等是非常重要的。

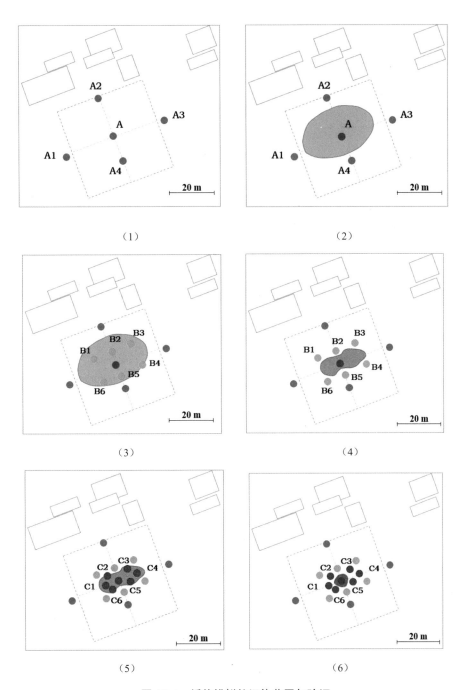

图 12-4　插值模拟的污染范围与验证

实例二：

图 12-5 为一个农用地调查污染物模拟结果，左图是全部点位的插值模拟结果，中间图是点位减少 7%后的模拟结果，右边图是点位减少 21%后的模拟结果。可以看出，当采

样点位减少 21% 后，污染物分布的大致形态依然不会发生变化；至少在采样点位减少 7% 的范围内，对于高浓度区域的判断依然是较准确的。

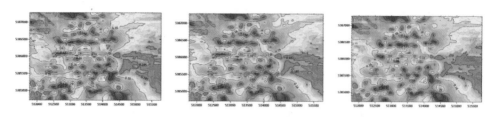

（左：全部采样点位；中：点位减少 7%；右：点位减少 21%）

图 12-5　某农用地不同采样数量下插值模拟结果

从以上两个实例可以看出，对于因素复杂、污染空间异质性大的场地，插值模拟的不确定性很大；而对于受到一个或几个较为均匀的因素的影响形成的污染场地，空间关联性相对较好，插值模拟的精确度也相对较好，如农用地、大气沉降影响区等。

12.3　地下水污染与修复范围及体量确定

相对于土壤，地下水的污染范围与体量的确定要复杂得多。一方面，地下水监测井数量偏少，勉强划定平面的污染范围，但是由于监测井大多是完整井，无法准确判定地下水污染深度，即便建设了分层井，精度也很粗糙。另一方面，由于地下水的流动性、水文地质条件及场地干扰要素的复杂性等因素，采用地下水模型模拟的准确性也很难保证。

地下水环境调查的准确性已经严重制约了后续修复方案制定的科学性和精准性，地下水精准调查的技术方法亟须拓展与规范。

12.3.1　几个重要概念

为规范场地地下水环境调查与修复方案制定，现对实际污染范围、理论污染范围、实际污染体积、理论污染体积和工程修复体量几个概念进行定义与探讨。

（1）实际污染范围与理论污染范围

实际污染范围是指场地中污染地下水的真实分布范围，是客观存在的，不受调查的准确性影响。理论污染范围是指由实际场地调查数据、评价标准以及数学模拟确定的地下水污染边界所包围的区域。二者范围内，从介质来看包含地下水及土壤。场地调查结果越准确，理论污染范围与实际污染范围越吻合。

无论是实际污染范围还是理论污染范围，都不是一个恒定不变的区域，随着地下水的流动、污染物在地层中发生迁移和转化，实际污染范围和理论污染范围也在发生着动态变化。通常情况下，地下水污染羽随着水流方向迁移，但其迁移速度小于地下水流速。因此，调查时采样数据所代表的污染范围仅代表当时的污染分布状态。

（2）实际污染体积与理论污染体积

地下水实际污染体积是指实际污染范围中地下水的总体积，也即扣除土壤所占体积剩余的部分，是场地中实际受污染的体积，一般很难获得其真实值。理论污染体积是指调查时根据检测结果结合模拟或其他手段确定的理论污染范围中地下水的总体积，理论污染体积是场地调查的结果。

可用下式表示：

$$V_0 = V \times n \tag{12-7}$$

式中，V_0——地下水理论污染体积；

　　　　V——理论污染范围内的土壤和地下水共同占据的总体积；

　　　　n——土壤孔隙度。

场地中的地下水存在形式主要有孔隙水、裂隙水及溶隙水，但以孔隙水为主。地下水的理论污染体积包括了地层孔隙中的所有液态水，包括重力水、毛细水和结合水。由于三态变化在土壤中不断发生，污染物也会在固相、液相、气相之间发生转化。地下水的理论污染体积的测算即假设理论污染范围内的所有地下水均受到不同程度的污染。

（3）工程修复体积

理论污染体积根据实测与模拟计算得出，并未考虑实际工程应用时的情况。地下水的工程修复体积是指在实际修复工程中能够被修复的地下水体积，它与多种因素有关，如污染地下水的赋存形式、地层结构及性质、土壤孔隙性、污染物性质、水土分配、修复模式、修复技术等。工程修复体积是施工组织的工程量，具体确定方法如下文所述。

12.3.2　污染范围和体量的确定方法

地下水污染范围主要是通过对场地地下水取样测定，然后根据检测结果结合模拟手段，依据评价标准，划定地块内的污染边界。

污染范围确定的准确度取决于监测点位的数量、位置、类型及深度。当前存在的主要问题是地下水污染深度确定不准确，主要是监测井设置深度不够、类型大多是完整井、分层井数量不足等原因造成的。

为较准确地确定地下水污染范围，需布设足够数量的地下水监测井，污染深度较大时，完整井的深度不宜过大，应配合使用完整井与分层井。在地下水采样手段上，除了传统的监测井外，还应配合物探手段、直推式采样、现场快速检测、模型模拟等多手段，提高调查的精度，降低调查的费用。

已有多种商业化地下水数值模拟软件得到广泛应用，如 MODFLOW、MODFLOW

MT3D、visualFLOW、GMS 等。但由于场地条件的复杂性，数值模拟的精度很不确定。

确定了污染范围，污染体积可通过前文所述公式计算。

12.3.3 工程修复体量的确定方法

地层孔隙中的水由重力水、毛细水和结合水组成，其中只有重力水具有流动性，可被抽出或注入。结合水吸附在土壤固体颗粒表面，不具有流动性，密度略大于1，相态偏固态化，不能被抽出，也不能快速与注入的介质发生反应。毛细水的存在大多取决于大气降水和蒸发。若存在大气降水入渗补给，部分毛细水则转化成重力水向下迁移；否则，毛细水可能长期富存于土壤毛细带中，或蒸发进入大气，也无法被抽提。因此，采用抽提处理时，抽取的只是重力水。

实际修复时的工程修复体积并不能简单地应用地层的释水率进行计算。岩层性质及采用的修复方法不同，被处理的地下水体积也有差异。因此，工程中应根据场地的水文地质条件、土壤性质及修复技术等实际情况确定污染地下水的工程修复体积。

12.3.3.1 异位修复体积的确定方法

异位修复主要是抽提处理，也就是处理的是重力水，仅从体积上来说，可用下式表示：

$$V_g = V_0 \times n \qquad\qquad (12-8)$$

式中，V_g——污染的重力水体积；

V_0——地下水理论污染体积；

n——岩土给水度，常见岩土的给水度可参考表 12-1。

表 12-1 常见松散岩土的给水度　　　　　　　　　　　　　　单位：%

岩土名称	给水度	岩土名称	给水度	岩土名称	给水度
砾石（粗）	23	粉砂	8	泥炭土	44
砾石（中）	24	黏土	3	泥岩	12
砾石（细）	25	砂岩（细）	21	耕作土（主要为泥）	6
砂（粗）	27	砂岩（中）	27	耕作土（主要为砂）	16
砂（中）	28	沙丘砂	38	耕作土（主要为砾石）	16
砂（细）	23	黄土	18		

注：数据来源于《防堤工程手册》（毛昶熙，2009）。

由于抽出时地下水会从污染范围边界外向界内流动，抽出的不仅是污染水，还有周边流过来的未污染水，如图 12-6 所示。如果在污染地下水范围构建止水帷幕，则这部分的水量会减少；同时，地下水被抽提后，打破了污染物在土壤与地下水之间的分配平衡，土壤以及结合水中的污染物会不断释放到周边流入的地下水中，使新的地下水又成为污染水，这部分水仍需要抽出处理；只有当土壤污染物释放到修复目标值以下时才算终止。因此，实际抽出的水量 V 要大于 V_g，增加的部分为 V_z，V_z 的大小取决于污染物水土平衡关系，不同的污染物差异会比较大。地下水污染物浓度与抽提体积之间的关系如图 12-7 所示。

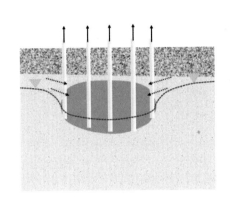

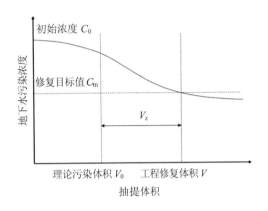

图 12-6　地下水抽出水降及流动情况　　　　图 12-7　地下水抽出体积与污染物浓度关系

实际工程修复的体积为：

$$V = V_g + V_z \tag{12-9}$$

式中，V_g——污染的重力水体积；

　　　V_z——由于抽水水降、水土平衡作用而增加的修复体积；

12.3.3.2　原位修复体积的确定方法

原位修复一般采用原位注入、可渗透反应墙等技术。原位注入虽然不需要抽出地下水，但是注入的药剂及其他物质（空气、蒸汽、氧气等）与地下水的作用仍然受地下水赋存形态影响。与原位注入的药剂发生反应的地下水绝大部分也是重力水，重力水中污染物被降解后，打破了污染物在土壤、地下水之间的平衡，毛细水、结合水、死端水等中的污染物会以浓度梯度扩散的形式释放到孔隙水中，使孔隙水污染仍然超过修复目标，这部分水仍需持续修复。原位修复过程中污染水体整体上与界外不存在大的水力交换作用，因此对原位注入技术，工程修复体积可以按照理论污染体积计算。

采用可渗透性反应墙（PRB）技术可以处理的也只有可以流动的重力水。重力水流经污染源，污染源中污染物不断释放，源强不断衰减。可渗透反应墙处理的污染地下水体积的确定更为复杂，与地下水的补给、排泄等因素有关，实际工程中也往往难以计算PRB 处理的总水量。

第 13 章

场地环境调查的技术与装备

场地环境调查用到较多的技术手段和装备。本章对场地环境调查采用的钻探、物探、水文地质试验及快速测定技术等进行简要介绍，是侧重于调查方法学需求上的简单介绍，具体详细以及扩展性的专业信息请读者另行参考相关资料。

13.1 钻探及其他探测

钻探是了解地层结构和采样最直接的方法，在工程中运用广泛。污染场地中采用的钻探方法主要包括直推式钻探、回转式钻探、冲击式钻探、振动钻进等以及槽探等。

13.1.1 直推式钻探技术

场地环境调查直推式钻探技术始于 20 世纪 90 年代，可用于无扰动采集土壤、土壤气和地下水以及地层参数，污染物现场测试等。现今市场上以 Geoprobe 系列为代表的直推式钻机已有多种类型，适用于不同的作业场合。在美国，大多数进行环境调查的公司在 20 多年前就开始使用 Geoprobe 钻机。当前，基于直推式钻探已经发展形成了不同的技术体系。

13.1.1.1 技术原理与优缺点

（1）技术原理

直推式钻探技术采用推压的方式将钻杆及采样器压入地层中，无须地下切割和移走土壤就能将钻具钻入地下，不用旋转和清除钻屑。该技术对土层的扰动很小，可视为无扰动采样。直推式平台搭载多种设备组件，可实现场地地层探测、土壤采样、地下水采样及测试、挥发性污染物测试等功能。

（2）技术优势

1）无须切割地层，不产生污染钻屑，无须清理钻进过程中的土壤，且对地层的扰动最小，采样质量高。

2）设备操作简单，现场使用方便，劳动成本低，工作效率高，可在一个地点的多个不同深度进行取样，地下水采样无须安装监测井，洗井量小。

3）设备操作人力少、耗材少、节省采样时间与采样成本。美国对钻井取样的研究表明，在环境调查中，采用直推式采样比传统的螺旋杆采样可以节省 25%的费用，并提高 60%的效率。

4）直推式平台可实现多种现场功能，如采样、水文地质及污染物实时测定等。

5）比传统钻探方法操作更容易、更安全，作业人员污染物暴露的可能性小。

（3）技术局限

直推式钻探技术适用于土壤粒径较小的地层，如黏土、粉土、砂土。直推井的直径较小，在坚硬岩石（如花岗岩、片麻岩、石灰岩、玄武岩等）、粗砾石和卵石组成的高能沉积物、存在钙质的厚层岩石以及一些密度大的冰川土壤和类似的坚硬地层中并不适用，有些地层第一管土壤压缩太大或是空管，取不到足够的土壤样品。

13.1.1.2　直推式土壤采样

直推式钻机可使用圆锥贯入或旋转锤钻的方式。圆锥贯入法是将内钻杆链接采样衬管，并置于中空钻杆内，借钻机向下的压力将采样管压入采样深度对应的地层中，所采土壤样品可视为未受扰动。土壤采样工作程序为：

1）钻杆为一系列孔径的嵌套的双管，将采样管置于中空钻杆内，使用液压动力将钻杆由地表垂直向下直接压入，外钻杆前段切削土层，并使土层不受扰动地压入采样管中。

2）将采样管从外钻杆内取出，标注采样编号，完成第一层的采样工作。

3）重复上述采样过程，将钻杆压入原采样孔，获取不同层土样。

13.1.1.3　直推式地下水采样

直推式地下水采样不需要构建传统的地下水监测井，直推工具使用液压锤、液压滑道和机械重量为动力，挤压土壤颗粒，将钻具推进至松散土壤及沉积物中。如图 13-1 所示。直推井的安装按照下列步骤依次进行：

1）钻机将外钻杆、外套管以及置于内部的筛管或采样器直推至预定采样深度，下推过程中筛管及采样器在外套管中得到保护。

2）筛管达到预定深度后，回抽外套管，筛管暴露于地层中，回抽的长度根据地层目标采样区以及筛管长度而定（筛管一般长度约为 1.1 m）。

3）将单向阀安装至塑料管上，沿着钻杆内插至目标层处，采用驱动器进行洗井和采样，必要时可做充气微水测试；对于内置采样管的，采样管上下都设有止回阀，防止地下水穿过顶部或从底部泄漏，采样器采集的样品一次一般不超过 500 mL。

4）抽出钻具，并注浆封孔。

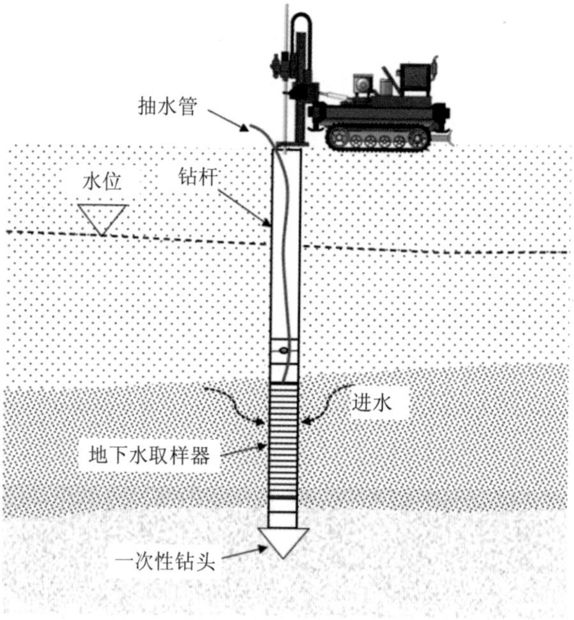

图 13-1　直推式地下水建井示意图

13.1.2　回转式钻探技术

回转式钻探技术是当前使用较普遍的一种钻进方法。它是指借助钻具驱动回转的钻头，在轴心的压力作用下破碎土壤及岩石并向下钻进的技术。1871 年，德国人郝尼格曼开始对回转式钻机进行试验研究；美国于 1910 年从西欧引进钻井技术，且 1960 年后，使用比例大为增加；我国的回转钻进法从 20 世纪 80 年代起有较多的应用和较大的发展。

（1）原理

地面动力机驱动回转器，带动从回转器穿过的主动钻杆和与主动钻杆相接连的钻杆柱、钻头旋转，从而破碎岩土。岩屑跟随循环的冲洗介质返回地面。

（2）分类

回转式钻机有大小锅锥钻机、潜孔振动回转式钻机、液压动力头式钻机、正反循环转盘式钻机等。根据钻头类型不同，可分为岩芯钻进（硬质合金钻进、金刚石钻进）和无芯钻进等。岩芯钻进的钻头为环状端面，随着钻头的向下推进，孔底中心未破碎的岩心进入岩芯管，根据岩芯管长度对钻进进尺进行计算，使用投入卡料、提动钻具等方法将岩心卡断并提升至地表。无芯钻进的钻头为全部圆形底面，直接破碎孔底岩石，孔内无岩芯，该方法又称全面钻进。

（3）工作程序

1）地面上动力机提供的扭矩通过传动装置驱动转盘转动，由主动钻杆带动钻头旋转破碎岩土层。

2）使用泥浆泵向钻杆与孔壁之间的环形区域注入泥浆，从而起到润滑钻杆、冷却钻头的作用。岩屑随循环冲洗介质返回地面。

3）当钻头呈环状端面时，孔底中心未经破碎的岩石圆柱（岩心）随钻头的推进进入岩心管，岩心充满至一定程度后，通过投入卡料、提动钻具或其他取心方法将岩心卡断，从孔底提至地表，这种钻进方法称为岩心钻进；当钻头以全部圆形底面破碎孔底岩石向下钻进时，孔内无岩心。

回旋对土壤有扰动，在调查时一般采用干钻方式，至采样位置处更换套管采样器采样。

13.1.3　冲击式钻探技术

冲击式钻探是一种源于中国的古老钻进技术，它是指利用冲击锥运动的动能，对岩层产生冲击作用从而使其破碎而实现钻进的方法。

（1）原理

利用曲柄摇杆机构或卷扬机，将钻具悬吊于钢丝绳下端，并提升至一定高度，然后在重力作用下下落，冲击过程中将大部分硬颗粒岩石挤入较软的地层中，而另一部分悬浮在井底泥浆中，使用抽筒或其他方法排至地面，形成钻孔。

由于这种方法有较大的冲击力，所以钻进卵石层十分有效。为使孔底的岩石破碎均匀，在下入钻头时，常在孔口用人工将钻头转动几周；下到孔底工作时，可一边冲击一边转动。冲击钻进适用于松散卵砾石层，钻进中需护壁，通常采用泥浆钻进，既可以护壁，又可以将孔底岩渣悬浮起来，以利于钻头冲击，也利于排渣。排渣的方法有 3 种，分别是捞砂筒排渣、正循环冲洗法和反循环法。

1）捞砂筒排渣：利用下口为活门的抽筒下入孔底掏取岩渣，即冲击一段时间将钻头提出，利用卷扬机将抽筒下到孔底，多次提升将孔底岩渣以及浓浆排至地面。这种方法可以将孔底较大粒径的岩渣及小卵砾石排至地面，但反复抽提所占用的时间较长。

2）正循环冲洗法：将送浆管（软管）固定在冲击钻头上，一边冲击一边通过泥泵向孔底注入泥浆。这种方法虽然可以造成井筒内泥浆上升溢出孔口，但由于孔径大，井截面积大，泥浆上返的速度小，不能将岩渣排至地面。可以与掏筒法合用，起到更换孔底泥浆的作用，提高排渣效率。

3）反循环法：利用冲击钻头对岩石进行较高频率的冲击，使岩石破碎，然后利用反循环排渣方式及时将破碎岩屑排出孔外。

泥浆钻进会引起交叉污染，场地调查中基本不用泥浆法冲击式采样，而是在相应采样深度处直接用取样器取样。

（2）影响因素

影响冲击钻进速度的因素主要有钻头形式及重量、地层的致密程度、冲击功、冲击频率、冲击方式及传递等。根据冲击的频率不同，可分为 4 类：低频、中频、高频和超高频。冲击频率与钻进效率成正比，但当冲击频率达到某一定值后，这个比例关系就不再存在，相反钻进效率有所下降。这是因为单位时间内的重复次数多，孔内岩屑未被排出，沉积在钻头部位起到缓冲的作用。此外，冲击频率大，则会导致冲击时间过短，使冲击功作用于岩石的时间不够长，破碎岩石不完全，达不到高效率的体积破碎。冲击功的大小对钻进速度有着直接的影响。在钻头直径固定时，破碎单位体积岩石所需的冲击功不同，且数值相差很大。

（3）国内现状

冲击钻进一般可分为手动冲击钻进和机械冲击钻进两类，其中机械冲击钻进可进一步分为液动和气动两类。20 世纪 90 年代以来，我国在原仿制苏联 CZ-22、CZ-30 冲击钻机的基础上，改装了双绳连杆冲击、中心管排渣的冲击反循环钻机，新开发了具有连杆双绳冲击、卷扬冲击两种功能，且能在中心管排渣的 CJF-15 型冲击反循环钻机，研制了YCZF-20、YCZF-25 液压油缸双绳冲击，冲击频率和行程可调节的冲击反循环钻机，冲锤重量最大可达 8 t，既保持了冲击功能，又可边冲击边通过反循环排渣，提高了钻孔速度且成本低。但仍有成孔不规范、扩孔率大等不足，锤头重量大虽可提高钻进效率，但冲击钻进时的震动对周边建筑物有影响，护壁措施不当时易引起塌孔，图 13-2 为冲击反循环钻机工作原理示意图。

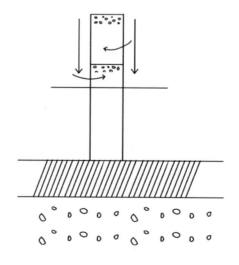

图 13-2　冲击反循环钻机工作示意图

13.1.4 井探、槽探和洞探技术

槽探技术是一种在地表进行沟槽挖掘，从而进行地质勘查的方法。探槽的走向一般是与岩层或矿层走向呈近似垂直的方向，其长度可根据用途和实际地质情况决定。探槽断面的形状一般为倒梯形，槽底宽约 0.6 m，最大深度一般不超过 3 m。

在浮土层中，探槽大多采用手工挖掘的方法。在山坡和较硬的岩层中，一般采用松动爆破、抛掷爆破的方法掘进，后续再用手工清理。槽探技术施工简便，成本较低，应用普遍。

该技术的特点是人员可进入工程内部，直接观测所揭露的地质及矿产现象并采样，能对钻探和物化探资料或成果的可靠程度进行检验，获得更加精确的地质资料。对于较高精度矿产储量的探测工作，尤其是勘探地质构造复杂区域的放射性元素、稀有金属、有色金属及特种非金属矿床时，槽探技术应用十分普遍。

13.1.5 钻探方法的适用性

各种钻探方法对水文地质探测、输入性填埋物探测以及污染探测的适用性见表 13-1。

表 13-1　钻探及其他探测方法的适用性

方法		水文地质探测	输入性填埋物探测	污染探测
直推		适于覆盖层厚度、岩溶、地下水、含水层探测，也配合用于断层破碎带、地层孔隙度探测	适于填埋物探测，但是对大块生活垃圾适用性差	适用于重金属、石油烃类、有机物等探测。有 DNAPLs 时还可采用可视化静力触探
回转	螺旋钻探	适于采集黏土扰动试样，粉土、砂土稍差，不适于碎石土、岩土	适于填埋物探测	不适于非扰动样品的采集，可用于重金属样品的采集，不适合于挥发性污染样品采集
	岩心钻探	适于黏土、粉土、砂土、碎石土及岩土的钻探	适于填埋物探测	使用循环泥浆的不适于污染场地的钻探
	无岩心钻探	适于黏土、粉土、砂土、碎石土及岩土的钻探	无法采集填埋物	无法采集样品
冲击	冲击钻探	适于砂土、碎石土及粉土地层，不适于黏土及岩石层	无法采集填埋物	无法采集样品
	锤击钻探	适于黏土、粉土、砂土、碎石地层，不适于岩石层	适于填埋物探测	适于污染场地探测
振动钻探		适于黏土、粉土、砂土，部分适于碎石地层，不适于岩石层	适于填埋物探测	适于污染场地探测
冲洗钻探		适于粉土、砂土地层，部分适于黏土层，不适于碎石、岩石层	不适于填埋物探测	不适于污染场地的钻探
井探、槽探和洞探		当钻探方法难以查明地下情况时采用	槽探更适于填埋物探测	场地环境调查中很少采用

当前污染地块探测取样面临的一些难题主要有：

1）直推式采样设备是污染场地采样的主流技术，对于深层土壤取样以及深层地下水监测井存在钻进能力不足问题。

2）有些砂质粉土承压地层存在塌孔和钻杆返流问题，直推式钻机无法取样和建井。

3）深层地下水监测井井管上浮力较大、石英砂及膨润土难以准确下料和封堵，特别是分层井建井质量不高，取样缺乏代表性。

4）风化岩层的采样存在难度。

13.2 现场快速筛查技术

13.2.1 现场快速测定的作用

钻探取样常常配合现场快速筛查技术使用，以提高取样的代表性和目的性。对土壤重金属污染物，可采用便携式 X 射线荧光光谱仪对污染物进行测定；对挥发性有机污染物，可采用便携式光离子化检测器等。此外，对于一些特殊工业场地，可以采用一些生物毒性测试、免疫测试方法等。现场快速筛查技术有助于研究人员实时实地了解污染情况，保证样品的时效性，减少样品送往实验室进行测定的时间，优化送检样品的选择，降低场地调查的不确定性。

13.2.2 重金属快速测定技术与设备

在场地调查及修复中，采用便携式 X 射线荧光光谱仪（portable X-ray fluorescencee，PXRF）对场地内重金属污染物进行测定已经非常普遍。

PXRF 的基本原理是：通过 X 射线激发样品，并产生二次 X 射线，使样品中的元素具有特征二次 X 射线的波长。根据每个元素释放 X 射线的光谱谱线位置与强度的不同，将所得数据与标准曲线拟合，参照校正标准，校准二次 X 射线发射的效应，从而将元素种类进行区分，并计算含量。

PXRF 技术有以下特点：

1）检测元素范围广，分析速度快，可多元素同时测定；

2）前处理简单，现场对样品不造成破坏；

3）PXRF 仪器体积较小，重量轻，易于携带；

4）检测限较高，易受基质干扰。

PXRF 仪器对土壤重金属含量测定的结果受到土壤粒径、含水率以及土壤类型的影响。为使快速测定结果更加准确，可采用双样测试线性回归分析法。

13.2.3　挥发性污染物快速测定技术与设备

13.2.3.1　便携式光离子化检测器

对于挥发性有机物的现场快速测定，常用到光离子化检测器（photo ionization detector，PID）和火焰离子化检测器（flame ionization detector，FID）。便携式 PID 的基本原理是：利用惰性气体真空放电现象所产生的紫外线，使待测 VOC 气体分子发生电离；通过测量离子化后的 VOC 气体所产生的电流强度，推导出待测气体的浓度。

PID 的传感器由紫外灯光源和离子室等部分构成，离子室内的正负电极可以形成电场，有机挥发物分子在高能紫外光源的激发下产生正离子和负电子，这些电离的微粒在电极间移动从而形成电流，经检测器放大和处理后输出电流信号，从而检测到 ppm 级的有机物浓度。

便携式 PID 检测方法具有以下优点：

1）对大多数有机物可产生响应信号，对烯烃和芳烃有选择性，可降低混合物中烷烃的信号，从而简化色谱图；

2）精度高，可满足低浓度苯的定量检测；

3）抗干扰性强，石化行业常见气体（烷烃）不易对其产生影响；

4）配合泵吸式进气，不仅响应迅速，而且恢复快；

5）可在常压下进行操作，简化设备且十分便携；

6）是一种非破坏性检测器，它不会"燃烧"或改变待测气体。

便携式 PID 能检测多种气体，主要用于检测各种人工合成的不饱和烃类及大分子、长链的有机化合物，如含碳的有机化合物：①硫代烃类、卤代烃类、不饱和烃类等；②芳香类：苯、甲苯、二甲苯（包括邻二甲苯、间二甲苯、对二甲苯）、萘等；③醇类：甲硫醇、正丁醇、丙烯醇、2-丁氧基乙醇等；④酮类和醛类：乙醛、丙醛、丙酮等；⑤胺类：二甲基胺、二甲基甲酰胺等；⑥部分不含碳的无机气体，如氨气、半导体气体（砷、硒、溴、碘）等。

13.2.3.2　便携式气相色谱-质谱联用仪

气相色谱-质谱联用仪（GC/MS）用于有机污染物的分析，但只能在室内进行使用。早期采样人员需将现场样品进行采集后保存，送至实验室进行质谱分析。样品在保存及运输途中易造成污染、分解，增加了样品分析的不确定性。从样品采集到分析完成，所需时间较长，检测结果时效性较差。

便携式 GC/MS 的原理与传统 GC/MS 相同，但可在现场进行快速测定。采样人员将场地地下水取样并盛装于 40 mL 样品瓶内并交给分析人员，分析人员将样品转至 50 mL 注射器内，定量注射 20 mL 于样品瓶内，并保留气体空间，即可上机进行分析。

便携式 GC/MS 适用于以下条件：

1）场地污染程度无法确定，需要进行现场筛选测试，评估有无污染情况，作为后续采样的依据；

2）调查工期较短，需要快速进行样品分析，并进行实时污染范围评估；

3）样品分析所得数据仅作为环保单位内部评估污染程度的参考，不作为行政公告管制的依据。

便携式 GC/MS 只适合挥发性较强的含氯有机溶剂的 DNAPLs 场地调查。若污染物挥发性较低，如苯系物、煤焦油等，该技术并不适用。

13.2.4　地下水快速测定技术与设备

为了保证地下水样品的时效性，减少由于长途运输产生的多种干扰因素，快速获知地下水水质状况，常携带地下水野外测量工具进行现场检测。目前涉及的测定参数有水温、pH 值、电导率、溶解性总固体（TDS）、氧化还原电位、溶解氧、氟离子、碳酸氢根、碳酸根、浊度等。国内外已有一系列集成一体化的地下水多参数快速检测仪器、地下水野外快速测量工具箱、便携式地下水水位测量仪等设备。

13.3　场地特征高精度调查技术

国际上，基于直推式技术平台已经发展出了一系列场地特征高分辨表征技术与装备，主要包括地层水力参数测量技术（CPT、HPT 和 Waterloo Profiler）、污染物定性测量技术（MIP、MiHpt、XSD、LIF）和污染物定量测量技术（CMT、FLUTe、Westbay）。

13.3.1　静力触探技术

静力触探技术（cone penetrometer technology，CPT），是指利用压力装置将有触探头的触探杆压入试验土层，通过测量贯入阻力，可确定土的某些基本物理力学特性，如土的变形模量、土的容许承载力等。

（1）原理

使用准静力（没有或很少冲击荷载）将一个内部装有传感器的触探头匀速压入土中，由于地层中各种土的软硬不同，导致探头所受的阻力不一样，传感器将这种大小不同的贯入阻力以电信号的形式输入记录仪表中并记录下来，再通过分析贯入阻力与土的工程地质特征之间的定性关系和统计相关关系，从而取得土层剖面、提供浅基承载力、选择桩端持力层和预估单桩承载力等。

静力触探还有多种功能,如气渗性静力触探可定量测定污染土体中挥发性有机物,激光诱导荧光检测(LIF)的静力触探方法可探测油污染,可视化静力触探(VisCPT)可探测 DNAPLs。

(2)技术适用性

静力触探主要适用于黏性土、粉性土、砂性土,但不适于卵石、砾石地层。特别适用于地层情况变化较大的复杂场地和不易取得原状土的饱和砂土、高灵敏度的软黏土地层的勘察。作为一种原位测试手段,静力触探与常规的钻探程序相比,具有快速、精确、经济和节省人力等优点。

静力触探技术多用于:①划分土层,判定土层类别以及查明软硬夹层的位置及土层在水平和垂直方向的均匀性;②评价地基土的工程特性(容许承载力、压缩性质、不排水抗剪强度、水平向固结系数、饱和砂土液化势、砂土密实度等);③探寻和确定桩基持力层,预估打入桩沉桩的可能性和单桩承载力;④检验人工填土的密实度以及地基加固效果等;⑤探测挥发性、油类及 DNAPLs 污染物。

图 13-3 为采用静力触探测定的某污染场地地层结构图。

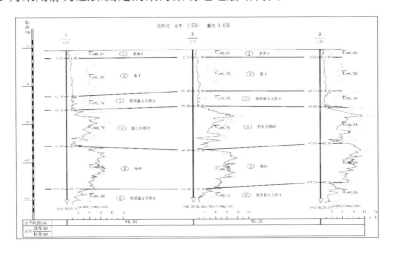

图 13-3 静力触探测定某污染场地的地层结构

13.3.2 水力剖面工具

(1)原理

水力剖面工具(hydraulic profiling tool,HPT)是由 Geoprobe Systems®开发的一种直推式工具,用于测量在土壤中注入一定深度的恒定水流所需的压力,由于注入压力与地层渗透率有很好的相关性,可以通过井下压力传感器测量注入压力,从而计算出相应地层的渗透性。HPT 还可用于测量零流量条件下的静水压力，可用于绘制静水压力图。此外，HPT 还能够记录土层的电导率（EC），用于推断土壤质地。根据这些信息，可以现场判断渗透区、潜在污染物或渗流路径，可为场地调查及修复提供信息支持。HPT 可在从黏土/淤泥到砂/砾石的饱和与非饱和土壤中使用，在美国、欧洲各国和加拿大已被广泛用于绘制地下地层渗透率图。HPT 工作原理如图 13-4 所示。

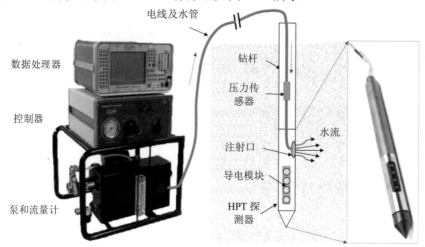

图 13-4　HPT 工作原理及实物图（根据 Geoprobe，Inc.信息绘制）

（2）技术适用性

HPT 主要适用于：

1）测量地下不同地层的渗透性，估算地层水力传导率，生成实时地层渗透性信息；

2）探测土壤质地；

3）确定污染物在地下的优先迁移途径；

4）选择监测井过滤管的深度以及进行现场水文地质试验的区域；

5）确定修复时材料注入的区域。

图 13-5 为某场地 HPT 的测定结果，沙和砂砾层压力小，灰黏土冰碛压力大，可以探测出地层性质。一般 HPT 与电导率（EC）结合使用，土壤粒径大时，注水压力小，土壤含有的导电性物质也少，EC 也就小；土壤粒径小时，注水压力大，同时含有的导电性物质也多，EC 就大。一般 HPT 与 EC 具有较好的一致性，但当 EC 与 HPT 出现异常差异时，往往指示土壤中含有离子态污染物，如图 13-6 所示。

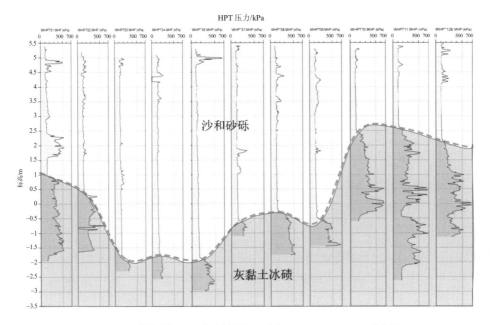

图 13-5 某场地 HPT 探测结果（引自 Geoprobe，Inc.资料）

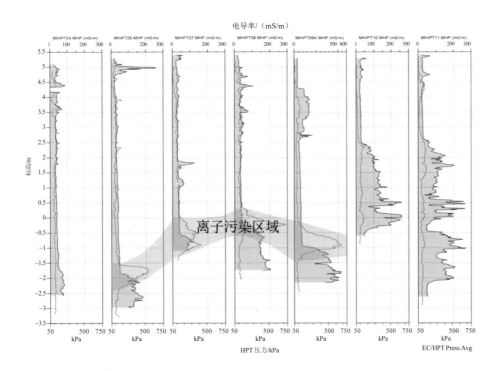

图 13-6 HPT 与 EC 联合使用探测离子污染物（引自 Geoprobe，Inc.资料）

13.3.3　Waterloo 分析仪

（1）原理

Waterloo 分析仪（Waterloo Profiler）属于暴露筛网采样器的一种，一般与直推式采样设备一起使用。分析仪为一个 6 in①长、粗细均匀的不锈钢取样工具，工具表面有几个取样口和细筛网，如图 13-7 上图所示。在推进过程中，蒸馏水或去离子水会被缓慢地推送至充满整个采样器，以防地下水在推进过程中进入采样器。当到达指定地层或者采样点时，采样器顶部的泵启动抽水，同时该目标地层的地下水穿过筛网进入采样器中。收集完样品后，泵再次注入蒸馏水直到行进到下一个目标地层，以此往复采样（USEPA，2018）。

Waterloo Advanced Profiling System™是基于 Waterloo Profiler 开发的高级分析系统，如图 13-7 下图所示。不锈钢尖端覆有大约 2.5 in 长的采样间隔。每一排采样口都是凹进的，并装有双滤网。通过不同的内筛网的筛孔尺寸来降低地下水浊度或优化采样效率。根据不同的地下水位，使用蠕动泵或井下氮气驱动泵间隔收集地下水样品。样品被直接收集到样品容器中，有效防止样品与系统材料或环境空气接触。样品容器一般位于蠕动泵的吸入侧。滑铁卢高级分析系统顶部的泵一般分为气体驱动泵和蠕动泵。

［上：Waterloo 分析仪构造；下：Waterloo 高级分析系统构造（USEPA，2018）］

图 13-7　Waterloo 分析仪实物

（2）适用性

Waterloo 分析仪具有以下优势（Seth Pitkin，2015）：

1）基于水力传导率变化实时确定采样深度，结果相对更准确；

---

① 1 in≈2.54 cm。

2）操作简单，不受现场环境干扰，可生成显示水力传导率和污染物浓度分布的 3D 模型；

3）单次推送就可以对多个地层进行采样，无须在采集样本之间撤回工具，节省时间和成本，也减少地层间的交叉污染；

4）实时水文地层分析与离散深度采样可同时进行。

5）受直推式采样设备的影响，采样深度有限。

13.3.4　地下水多层采样技术

地下水多层采样是在同一个监测井中设置多个不同含水层采样井，实现在同一口采样井中多层采样的目的。地下水多层采样技术可分为连续多通道检测技术（continuous multi-channel monitoring technique，CMT）、柔性衬管技术（FLUTe）和 Westbay 多层采样技术 3 种。

（1）CMT 多层采样技术

CMT 多层采样技术在同一钻孔内设置多达 7 个采样井，对多达 7 个不同深度的区域进行采样和水位测量。其管材为有一定强度和柔润性的 HDPE 管，中间具有多达 7 个连续的孔用于取水。各采样井只在不同深度的取水段取水，其余深度封闭，如图 13-8 所示。CMT 多层采样技术可用于长期监测土壤和地下水，适合深度小于 60 m 的浅层井建设。

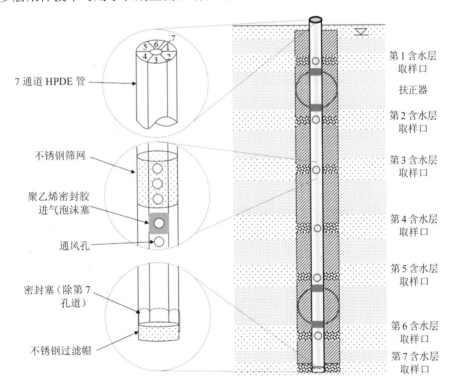

图 13-8　CMT 多层采样技术示意图（根据 Einarson 等的成果，2002 年改绘）

（2）FLUTe 多层采样技术

FLUTe 多层采样技术无需管材、过滤砂、膨润土等常用建监测井材料，而是用聚氨酯涂层尼龙织物加压柔性衬垫密封整个钻孔，其密封压力由内胆中多余的水头提供。在特定深度设置采样点，采样点外围包裹一层可渗透材料，通过使用氮气罐压力，收集不同深度、不同采样管中的水样。安装过程如图 13-9 所示。

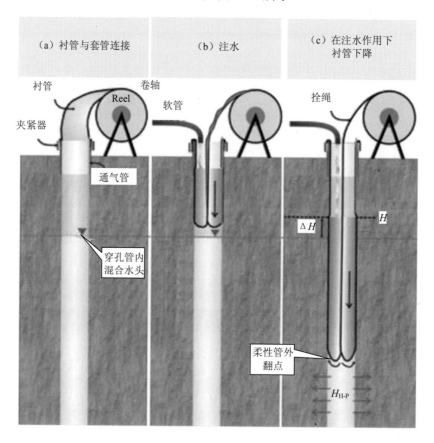

图 13-9　FLUTe 多层采样技术示意图（Keller et al.，2014）

（3）Westbay 多层采样技术

Westbay 多层采样技术通过使用封隔器，使得不同深度的监测区被隔绝开，避免垂直方向的交叉污染，可以用来监测同一钻孔内多个不同深度监测区内的水力传导系数、水压、污染物浓度，适合于深度较大的多层采样工作，如图 13-10 所示。Westbay 多层采样技术成本相对于其他多层采样技术较高，且如果封隔器安装不当，容易造成污染物在垂直方向的泄漏和迁移。

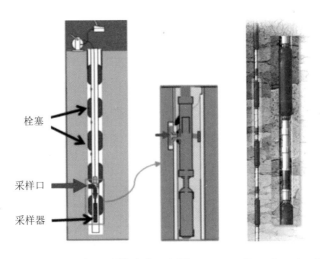

图 13-10　Westbay 多层采样技术示意图（Petelet-Giraud et al.，2016）

13.3.5　薄膜界面传感器

（1）原理

薄膜界面传感器（membrane interface probe，MIP）可在土壤和地下水中抽取挥发性有机物，并在现场进行实时测试。此外，MIP 具有土壤电导率探测的功能，可协助现场土壤质地分析。MIP 的基本组成如图 13-11 所示，传感器外径约为 3.8 cm，长约 30 cm，底部为偶极导电度传感器，上端为薄膜盒，在薄膜和边缘设置圆形薄膜。土壤中的挥发性有机物通过扩散穿过薄膜后在氮载气的携带下传至地面，采用光离子化气体检测器（photo ionization detector，PID）、火焰离子化检测器（flame ionization detector，FID）和电子捕获检测器（electron capture detector，ECD）等进行检测分析。图 13-12、图 13-13 为某污染场地 MIP 检测结果。

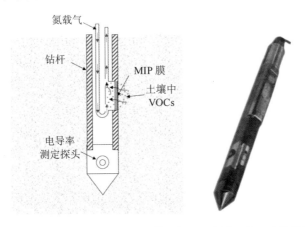

图 13-11　薄膜界面传感器的组成（左：示意图；右：实物图）

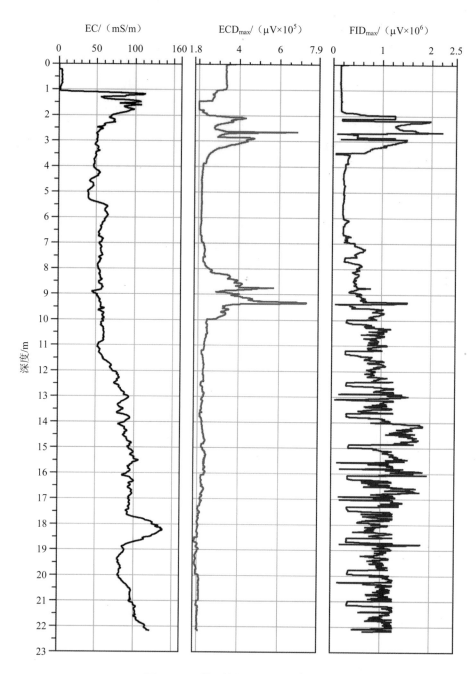

图 13-12 某污染场地 MIP 检测结果

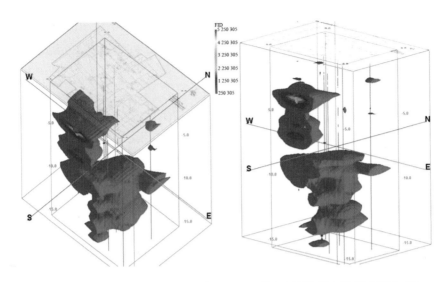

图 13-13　某场地 MIP 检测三维分布图（FID 反应电压信号大于 200 000 μV）

　　MIP 传感器需使用直推式钻机推进地层，一般钻进速度为 0.3 m/min，钻至约 20 m 深。钻进过程中，观测并记录偶极电导率传感器上产生的电压反应，计算得出土壤电导率。通常电导率越高，表示土壤粒径越小，粉质越细。其探测范围在 5～400 mS/m。

　　（2）适用性

　　挥发性污染土壤的采样要求很高，从采样到保存、运输及实验室处理，过程损失较大，甚至对同一点位土壤不同单位取样及检测结果差异都很大，这对场地调查造成了较大困扰。MIP 能极大优化挥发性污染场地的调查质量和效率。MIP 技术适用于以下情况：

　　1）适用于挥发性有机污染场地；

　　2）在初步调查阶段，对识别出的污染热点区域进行快速检测确定；

　　3）需要较为准确地判断有机污染的深度及垂向分布，特别是判断场地是否存在 DNAPLs 污染及分布；

　　4）根据详细调查结果绘制场地污染物三维分布图；

　　5）准确确定污染范围及边界；

　　6）时间较紧、经费不足情况下的调查。

　　MIP 传感器依赖于直推式钻探技术，因此只适用于砂土、粉土以及黏土等地层；一般无法使用于含有较大颗粒的卵砾石层中。

13.3.6　卤化物传感器

　　卤化物层析传感器（halogen specific GC detecor，XSD）常常被安装在 MIP 传感器内。XSD 是专门测定卤化物的传感器，土壤中的卤化物通过气相层析管进入传感器反应室内，在高温下（800～1 000℃）裂解释放出原子态或氧化态物质，与阴极活化碱金属作用产生电子和卤素离子转化成电压信号。XSD可实现即时测定，无须把卤化物传至地面进行测定。

13.3.7 激光诱导荧光技术

激光诱导荧光技术（laser induce fluorescence，LIF）是利用紫外光照射土壤，使土壤中污染物质产生荧光，再根据荧光强度与污染物浓度关系确定土壤中污染物浓度的一种高灵敏度的光学检测方法。可有效描绘地下的非水相液体（NAPL或游离产物）碳氢燃料、油和焦油的位置和范围。

含有单环芳烃、多环芳烃和链状脂肪烃的烃类化合物在特定波长的紫外光照射下可以产生荧光，采用LIF检测器可以大致判定其组分和相对定量浓度。对于三氯乙烯、四氯乙烯等不具有荧光特性的氯代有机物，可以采用染色激光诱导荧光检测（dye-LIF）。

LIF探测器可以装在直推式钻机的钻杆上，可对场地垂向上钻杆周边几毫米范围内的土壤进行连续定速探测。主要原理是通过蓝宝石窗口聚焦光源（探测器如图13-14所示），然后在向下推动工具时用相机每秒30次捕获产生的荧光图像，通过软件过滤器来测量每个图像中的荧光量，并实时生成记录。除了NAPL荧光测量外，该分析器还包括集成电导率（EC）列阵和液压分析工具（hydraulic profiling tool，HPT）。EC列阵用于测量大块地层电导率，可判断土壤类型，HPT用于测量土壤透射率。

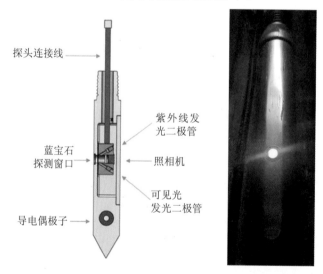

图 13-14　光学图像分析仪探头构成（左图引自 ITRC 网站，右图引自 HRSC 网站）

探头由蓝宝石探测窗口、电导率测试头、紫外线发光二极管、照相机和可见光发光二极管组成。探头上的导电偶极子用于供电和传输数据。蓝宝石探测窗口后面一般配备275 mm紫外线发光二极管和可见光发光二极管，探测器内部的窗口后面安装一个微型半导体相机。探头每前进 15 mm 就会保存一张图像。获取的图像如图 13-15 所示。

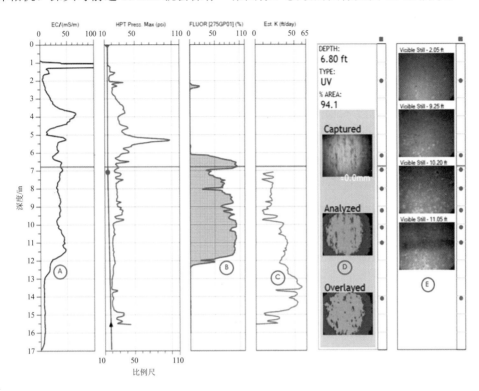

A：电导率；B：区域荧光百分比（NAPLs 检测）；C：水力传导率；D：选定深度的紫外线和软件过滤图像，在本例中为地表以下 6.8 in 的图像；E：可见光图像。

图 13-15　光学图像分析仪生成图像

　　该技术操作比较方便、快速、实时，而且成本较低；可进行浓度场、温度场、压力场和速度场的定量测量，可以识别粒径较小的氯代有机物油粒，具有探测 NAPLs 的能力。但是天然矿石、人造材料（如纸张和塑料）也会发出荧光，可能会干扰检测，最终导致假阳性结果。因此在实际使用时，需要进行采样分析来解释这些潜在干扰。

　　前惠灵顿天然气厂 2011 年 3 月使用光学探测仪器确定了场地中 NAPLs 煤焦油的分布范围。探头设有绿色激光二极管（525 nm）诱导煤焦油和杂酚油发出荧光，通过探头侧面的小型 CMOS 相机捕捉荧光图像然后传送回地面（Wesley et al.，2019）。整个场地放置了 12 口监测井，在土壤中检测到的污染物包括萘和苯并[a]芘，并且在位于储气罐和厂房之间的 3 口井中都检测到了煤焦油 DNAPLs。

13.4 地球物理探测

13.4.1 地球物理探测及作用

地球物理探测方法简称物探。通过观测地球物理场的变化，对地层岩性、地质构造等条件进行探测。不同岩性介质的弹性、密度、磁性、导电性、放射性以及导热性等性质均不同，使地球物理场的局部产生差异性。通过对这些物理场的分布及变化特征进行观测，结合已知地质资料进一步分析，进而推断地质性状。

地球物理探测方法兼有勘探与试验两种功能，与钻探相比，具有成本低、设备轻便、效率高、工作范围大等优点。但由于不能取样，导致不能直接观察地层样品，多与钻探配合一起使用。

过去，物探法多用于地质条件的无损探测，随着污染场地调查的需求，物探方法开始应用于场地环境调查。物探技术对地下污染物探测信号的解译还存在多解性、不准确性等很大问题，准确定量难度很高；但是物探技术可以探测出地下物理状况的异常，特别是多种物探技术的联合使用，相互印证，可以为布点钻探采样提供定位依据。目前国内较常使用的物探技术有电法勘探、交变电磁法勘探以及地震勘探等。

13.4.2 主要地球物理探测方法

13.4.2.1 常用的物探方法

地球物理探测主要有电法勘探、交变电磁法勘探、地震勘探等。

电法勘探是一种通过仪器对人工的、天然的电场或交变电磁场进行观测和分析，并解释这些场的特点和规律的方法。电法勘探可分为两类：直流电法和交流电法。直流电法包含电阻率法、充电法、自然电场法和直流激发极化法等；交流电法包含交流激发极化法、电磁法、大地电磁场法、无线电波透视法和微波法等。

交变电磁法勘探是应用电磁感应的原理，对地表发射圈通变频交流电，产生随时间变化的原生电磁场，根据接收圈接收次生电场的强度推测出地层导电率的分布情况。主要有低频电磁法、频率测深法、探地雷达法等。

地震勘探是通过观测人工激发的地震波在弹性不同的地层内的传播规律，从而探测地下的地层构造情况的方法。主要包括浅层折射波法、浅层反射法、瑞雷波法。

以下仅介绍近年来使用较多的探地雷达和高密度电阻法，其他方法的详细介绍可参考其他专业书籍。

13.4.2.2　探地雷达技术

（1）工作原理

探地雷达（ground penetrating radar，GPR）是利用不同介质产生反射波的差异探测地下水环境的电磁探测技术。其工作原理是由一台发射机发射频率为数十兆至数千兆、脉冲宽度为 0.1 ns 的脉冲电磁波信号射入地下，信号在岩层中遇到探测目标时会产生一个反射信号，直达信号和反射信号通过接收天线接收，放大后由示波器显示。根据示波器有无反射信号以及反射信号到达滞后时间及目标物体平均反射波速、波形，可以判断有无被测目标以及计算出探测目标的距离、形貌等。图 13-16 为探地雷达探测原理示意图，T 表示发射机，R 表示接收机，X 为收发距离，Z 为目标深度。

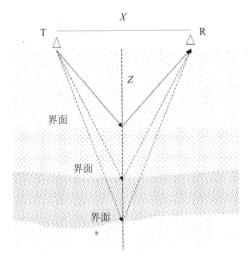

图 13-16　探地雷达探测原理示意图

当地下介质中的波速 V 为已知时，根据精确测得的走时 t，可由公式 $t = \dfrac{\sqrt{4Z^2 + X^2}}{V}$ 求得目标体的深度 Z。式中 X 值已知，V 值可用宽角法直接测量，也可以根据近似计算公式：$V \approx \dfrac{c}{\sqrt{\varepsilon_r}}$ 计算。其中 c 为光速，单位为 m/s；ε_r 为地下介质的相对介电常数。

地下含有污染物时，往往是以液相、气相、非水相的形态赋存在土壤与地下水中，这些相态具有不同的雷达反射特征，相对于背景电阻，有时表现出高电阻，有时表现出低电阻，体现出了差异性的介电常数。由此可以探测出污染物的分布情况。

环境的电导率、介电常数、探测频率等影响地质雷达的探测深度、分辨率以及精度。在实际探测中，使用多种频率天线，根据不同频率下得到的图像，选择其中分辨率和探测深度都能满足要求的图像,进行解释分析。

(2)应用情况

探地雷达技术在早期主要用于断层、含水层与地下水水位、地下空间的探测,被广泛地应用于地下管线、储罐等构筑物探测,后来扩展到环境领域。美国早在 20 世纪 70 年代就开始利用地质雷达方法进行地下污染物的探测。Benson(1995)用探地雷达技术在亚利桑那州和犹他州的烃类污染场地的调查研究结果显示探地雷达图像与烃类污染之间有良好的相关关系。国内对探地雷达在污染场地中应用相对较晚,在当前污染场地治理的大背景下,该技术的应用得到较大推进。

(3)应用案例

上海某加油站建于 20 世纪 80 年代,于 21 世纪初废弃,由于加油站历史较为久远,并且多次改造,致使大部分场地资料遗失,得到的场地资料有限。截至调查时间,加油站内仍存在两个废弃地下储油罐,但仅能从储罐上方管道窨井盖所在位置大致判断储罐区域位于营业厅东侧,而储罐大小、埋深以及排列方式都未知。加油站西南原先有 4 个地上储油罐已移走。

张辉等(2015)于 2012 年 4 月和 8 月分别采用地探雷达对该加油站场地进行了环境调查。采用 250 M 屏蔽天线,并在加油站周边进行钻井取样,主要目的在于确定场地内未知区域构造以及是否存在石油烃泄漏污染。图 13-17 为探地雷达测线布置情况。

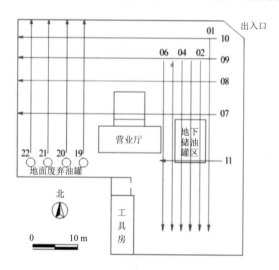

图 13-17 探地雷达探测布线图

图 13-18 为 11 号测线雷达图谱,图中可见两处深度在 1 m 左右明显的双曲线反射形状,反射弧较宽,推测是由两个废弃储罐壁反射雷达波引起的,双曲线顶部即为储罐顶部所在位置。两个储罐中心位置相距约为 2.9 m,估计两个储罐之间间距为 0.5 m,则每

个储罐的半径约为 1.2 m。调查获知该地区的加油站地下储油罐容积大多在 15～30 m³，所以，实际储罐大小应该在 30 m³ 以内。在纵向的 02 号、03 号、04 号测线并没有发现类似的双曲线异常，因为只有当地质雷达以垂直于储罐的方向接近储罐时才会显示出双区线特征，因此两个储罐排列方式是纵向并排的。

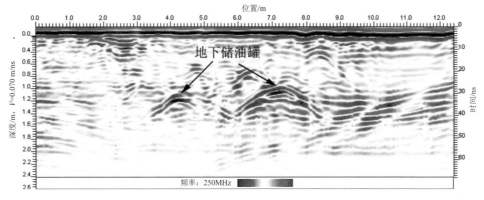

图 13-18　储罐位置雷达探测图

从图 13-19 01 号、02 号、03 号测线上可见同一位置接近地表处有一处约 4 m 长具有强振幅反射特征的异常区域，垂直方向呈现规律性的多次强反射，并且此处雷达波同相轴错位，双程走时明显减少，这一规律性的高阻异常与文献报道的地下空洞特征相似。由于雷达波在空气中的传播速度远大于在地下的传播速度，导致双程走时减少，初步判断为地下存在空气层，后经调查资料证实，场地内存在一处地下水泥槽，该处应为水泥槽所在位置，由雷达图谱上可知水泥槽宽度约为 4 m，又由于 04 号测线上已不存在类似的强反射特征，可知其长度在 6 m 左右。

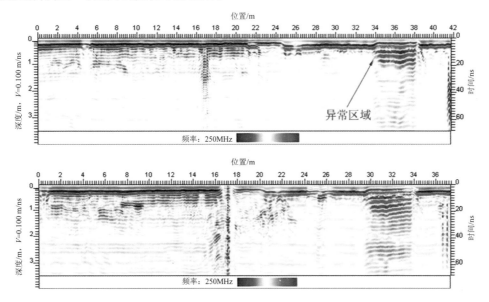

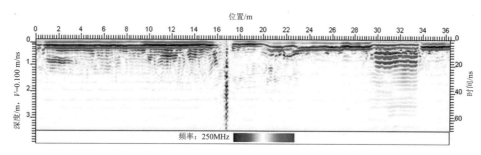

图 13-19　01 号、02 号、03 号测线雷达探测图

图 13-20 为靠近加油机的 08 号测线剖面图。从剖面上 1.4 m 深处能够拾取一连续性非常好的强反射层，为潜水面位置；但在水平位置 15～23 m 处同相轴发生错位，界面上下都存在高阻异常的强反射特征，向上延伸至地表，向下约至 2.2 m，由于这一位置恰好在加油机旁，剖面准确地反映了由管道腐蚀引起的石油烃渗漏的垂直通道，此处的地下水石油烃污染浓度较高。

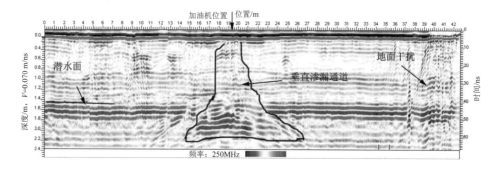

图 13-20　08 号测线雷达探测剖面图

13.4.2.3　高密度电阻技术

（1）工作原理

高密度电阻法（Multi-electrode Method）是基于介质电阻率差异，采用高密度布点，通过供电电流强度和测量电极之间电位差计算视电阻率，进行二维地电断面测量，从而推断地下水介质及污染物状态的集电剖面和电测深方法为一体的一种电阻率法勘查技术。

电极的排列方式一般有温纳排列法和施伦贝格排列法。如图 13-21（沈鸿雁，2012）所示，两电极之间的距离为 a，C_1 和 C_2 为供电电极，P_1 和 P_2 分别为电位电极。第一步对所有电极距为"$1a$"的温纳装置进行观测，用到的电极序号为 1、2、3、4。第二次观测的电极的序号为 2、3、4、5，对应 C_1、P_1、P_2 和 C_2。沿线依次类推，直至最后一组电极。接下来是进行"$2a$"的序列观测，第一次用到的电极为 1、3、5、7，之后是 2、4、6、8，以此类推直至最后一组电极距为 $2a$ 的电极。对于电极距为 "$3a$" "$4a$" 和 "$5a$" "$6a$" 的温纳装置有相同的重复观测过程。

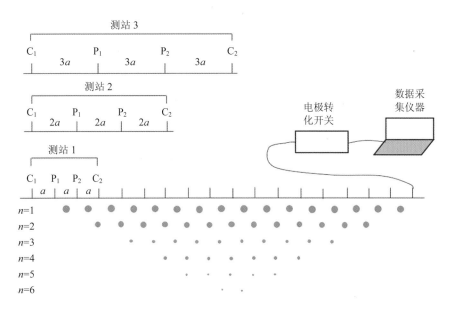

图 13-21 高密度电阻法勘探电极排列和断面观测序列示意图

（2）应用情况

高密度电阻法具有数据量大、信息多、观测精度高、速度快和探测深度较大等特点，在工程地质和水文地质勘查中有着广阔的应用前景；特别是在堤防和水库大坝中探测隐患和渗漏有很好的效果。该法也适用于 NAPLs 的调查。

电阻率法一直被认为是进行地下环境污染探测的最有效方法之一，但是由于影响土壤电阻率的因素很多，如土壤类型、温度、含水率、土壤孔隙度、土壤有机质、土壤无机盐等，关于污染物与土壤电阻率的关系现有的研究成果尚不完善，研究人员各自得到的实验结果也未能形成统一的理论。因此，地下介质和污染物的复杂性导致该方法还存在多解性、解译难和量化难等问题。但该方法在定性揭示地下水污染异常、辅助调查布点、辅助解译污染分布等方面仍有积极作用。

（3）应用案例

本案例与上述探地雷达案例属于同一场地，只是油罐管和加油机于 20 世纪 70 年代建成，主要供应柴油，于 20 世纪 90 年代废弃。截至调查时间，站内原有的一个地下储油罐已被挖走，加油机等设施仍保留。油罐区域由于降雨积水，已形成一个长约 10 m、宽约 3 m 的水塘，东边一个直径约 4 m 的水塘也曾用于埋放储油设施。采用高密度电阻率法进行了调查（张辉等，2013），共布设 3 条测线，如图 13-22 所示，电极距为 0.25 m，布设 4 个土壤与地下水检测点，地下水检测结果如表 13-2 所示。

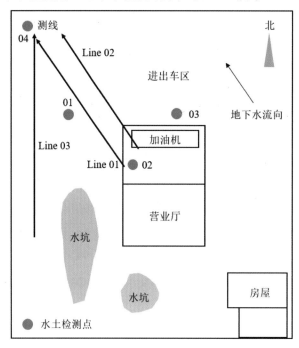

图 13-22　高密度电阻法探测布线图

表 13-2　地下水中总石油烃浓度　　　　　　　　　　　　　　单位：µg/L

监测井	$C_6\sim C_9$	$C_{10}\sim C_{14}$	$C_{15}\sim C_{28}$	$C_{29}\sim C_{36}$
01	—	409	1 830	88
02	—	191	832	96
03	—	1 810	5 450	251
04	—	—	—	—

高密度电阻率法检测结果如图 13-23 所示。Line01 及 Line02 两条测线相邻并且靠近加油机，图像特征相似。场地地下约 0.5 m 厚的杂填土层以粉质黏土和破碎的红砖为主，电阻率较高，表层电阻率呈不规则变化，小部分区域出现电阻率极高现象。0.5 m 以下为粉质黏土层，电阻率较低，为 10～20 Ω·m。两条测线上在相似位置有两处明显高阻异常，第一处异常在 2～4 m 位置，深度为 0.5～1.2 m，电阻率达到 70～100Ω·m。第二处异常在 6～8 m 位置，深度 0.5～1.5 m，电阻率达到 70～150 Ω·m，较符合石油烃污染物的高阻特征；因此判断该异常区域存在石油烃污染。由于场地限制，电阻率法未能探测到足够深度，高电阻区域未呈封闭曲线，需配合地质雷达进行探测。

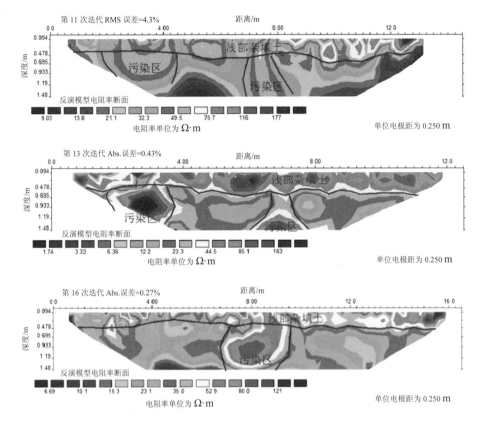

图 13-23　高密度电阻率法测线剖面图（上：Line01；中：Line 02；下：Line 03）

Line03 同样在 7～9 m 位置、0.5～1.5m 深度处存在高阻区域，电阻率约为 80Ω·m，与 Line01 和 Line02 相比有所降低，表明污染物浓度呈降低趋势。Line03 测线高电阻率区域呈完整封闭曲线形状，整体在 1.5 m 以上范围，并且水平方向上只有一处异常区域，证明了污染区域的分布范围减小，该结果与地质雷达探测结果相互印证。

结合探地雷达与高密度电阻率法探测结果，在加油机附近石油烃污染物浓度大，最大深度约 2.5 m；远离加油机的位置，石油烃污染物浓度明显降低，剖面上垂直分布范围也变小。污染羽的迁移方式是以加油机为中心，水平方向上沿着地下水流向逐渐向外围扩散，污染物浓度随着与污染源的距离增大而迅速降低，至 04 号监测井地下水未检出石油烃，说明场地内石油烃污染羽随地下水扩散的范围并不大，半径约为 15 m，基本限制在场地范围内。

13.4.3　物探方法的适用性

常用的物探方法的适用性见表 13-3，表中适用性只是一般性的界定，实际工作中情况比较复杂，需要根据场地条件、仪器原理等选用合适的物探方法或几种方法联合使用，对结果进行综合解译，相互印证，获取逼近真相的物探结果。

表 13-3　常用物探方法的适用性

物探方法		水文地质探测	输入性填埋物探测	污染探测
电（磁）法勘探	电阻率法	适于覆盖层厚度、岩溶、地下水、含水层探测，也配合用于断层破碎带、地层孔隙度探测	适于填埋物探测	适用于重金属、石油烃类、有机物等探测
	自然电场法	适于渗漏探测，配合用于断层破碎带，地下水补给与流速、流向情况探测	适于填埋物探测	
	激发极化法	适于寻找地下水、含水层探测，配合用于渗漏断层破碎带探测	适于填埋物探测	适用于重金属、有机物等探测，填埋场渗滤液探测
	电磁感应法	使用较少，适用于探测区域构造、松散盆地沉积物或埋藏河谷型的含水层	适于填埋物探测、地下管线探测	适于填埋场渗滤液探测
	地质雷达法	适于覆盖层厚度、断层破碎带、岩溶探测，配合适用于寻找地下水和含水层、渗漏探测	适于填埋物探测、地下管线探测	适用于石油烃类、填埋场渗滤液、污染羽探测
地震探测	地震折射波法	适于覆盖层厚度、断层破碎带探测，配合适用于寻找地下水和含水层探测	适于填埋物探测	适于填埋场渗滤液探测
	地震反射法	适于覆盖层厚度、断层破碎带探测，配合适用于寻找地下水和含水层探测	适于填埋物探测	使用较少
	瑞雷波法	适于覆盖层厚度探测，配合适用于岩溶探测	适于地下管线探测。	使用较少

13.5　遥感技术

遥感技术是应用各种传感仪器对远距离目标所辐射和反射的电磁波、可见光、红外线等信息进行收集、处理、成像，从而对地面各种景物进行探测和识别的一种综合技术，主要包括信息的获取、传输、存储和处理等环节。遥感系统的核心组成部分是获取信息的遥感器。常用的遥感设备主要有照相机、摄像机、多光谱扫描仪、成像光谱仪、微波辐射计、合成孔径雷达等。场地调查中常用各类卫星地图商业软件、无人机拍摄等手段获取影像资料。

遥感技术在水文地质领域的发展很快，可对区域水文地质条件和地下水的分布特征得出系统客观的结论。在场地调查中，是获取场地和周边情况及历史变迁信息的主要手段，对识别和判断场地污染潜在成因、与周边环境关系以及制定采样布点方案具有重要作用。

13.6　水文地质现场试验

由于场地高度异质性导致的复杂性，场地水文地质参数的实验室测试结果与现场实测结果往往差异很大，这对风险评估以及管控或修复方案的制定会造成重要偏差，特别是对大型污染场地，开展现场的水文地质实验非常必要。

13.6.1　抽水试验

抽水试验是指通过从水井或钻孔中抽取地下水，从而对含水层富水性进行定量评价，测定含水层的水文地质参数，并判断场地水文地质条件的野外试验工作。

（1）作用

通过抽水试验，可以达到以下几种目的：①确定含水层及越流层水文地质参数，包括：渗透系数 K、导水系数 T、导压系数 a、给水度 μ、弹性释水系数 μ^*、弱透水层渗透系数 K'、越流因素 B、越流系数 b、影响半径 R 等；②通过测定单井涌水量与降深之间的关系，分析并确定含水层的富水程度及其出水能力；③确定水位降落漏斗的形状、大小、随时间增长的速度，评价水源地地下水可开采量；④为取水工程提供所需水文地质数据，如单井涌水量、单位出水量、井间干扰系数、影响半径等，根据参数选择适宜的水泵型号；⑤查明水文地质条件，如确定各含水层间的水力联系、边界的位置及性质、强径流带位置等。

（2）分类

1）按含水层揭露的类型，可分为潜水井和承压水井：潜水井是揭露潜水含水层的水井，又称无压井；承压水井是指揭露承压含水层的水井，又称有压井。

2）按贯穿含水层的程度及进水条件，可分为完整井和非完整井：完整井的滤水管段贯穿整个含水层，在全部含水层厚度上都安装有过滤器并能全断面进水；非完整井未揭露整个含水层，只在井底和含水层的部分位置上安装有滤水管，进水部分仅揭露部分含水层。

3）按抽水井与观测井的关系，可分为单孔抽水试验和多孔抽水试验：单孔抽水试验仅在一个试验孔中抽水，用以确定涌水量与水位降深的关系，大概取得含水层的渗透系数 K，多用于初步勘探阶段；多孔抽水试验在一个主孔内抽水，同时在其周围设置若干个观测孔对地下水位进行观测，可求得较为确切的水文地质参数和含水层不同方向的渗透性能以及边界条件，多用于详细勘探阶段。

4）按是否隔离不同含水层，可分为混合抽水实验和分层抽水实验：混合抽水试验在同一个钻孔中同时对多个含水层进行抽水；分层抽水试验则将钻孔中所揭露的多个含水层隔离，逐层单独进行抽水。

5）按抽水井与地下水流态关系，可分为稳定流抽水试验和非稳定流抽水试验：稳定流抽水试验要求在一定持续的时间内流量和水位同时相对稳定（即不超过一定允许的波动范围），一般进行 1~3 个落程的抽水，抽水后需要对水位恢复情况进行观测和记录，主要用于计算含水层的渗透系数；非稳定流抽水试验仅保持水量稳定，或仅保持水位稳定，可以测量含水层的渗透系数 K、压力传导系数 a、导水系数 T、释水系数 S 或给水度 μ。

（3）仪器与设备

抽水试验中用到的仪器与设备主要有过滤器、离心泵、空压机、深井泵或潜水泵、抽筒、测量器具等。过滤器安装在管井中相应的含水层部位，带有滤水孔，起滤水和挡砂的作用。过滤器应根据含水层的性质及孔壁稳定情况进行选择。当地下水位高于地面或水位埋深较浅、动水位在吸程范围之内时，可使用离心泵进行抽水；当水位埋深较大或试验要求抽水降深较大、出水量较大时，宜采用深井泵或潜水泵进行抽水。当抽水孔直径较小，但水位埋深较大时，若含水层富水性较好且试验要求降深较大时，宜采用空压机抽水；当水位埋深较大，但水量不大时，若对试验要求不高，宜选用抽筒提水。

（4）数据处理

根据抽水试验的类型对试验数据进行处理，计算水文地质参数。一般情况下非稳定流抽水试验用得较多。

对于定流量非稳定流单孔（或孔组）抽水试验，需要绘制水位降深（s）和抽水时间（t）的各类关系曲线。一般包括 s-lg$t$ 或 lg$s$-lg$t$ 曲线；当水位观察孔较多时，还需要绘制 s-lg$r$ 或 s-lg（t/r^2）曲线（r 为观测孔至抽水主孔距离）。对于恢复水位观测，需绘制 s'-lg（$1+t_p/t$）r 和 $s*$-lg（t/t'）曲线（s' 为剩余水位降深，$s*$ 为水位回升高度，t_p 为抽水主井停抽时间，t' 为从主井停抽后算起的水位恢复时间，t 为从抽水试验开始至水位恢复到某一高度的时间）。

对于稳定流单孔（或孔组）抽水试验，需绘制 Q-t、s-t、Q-s 和 q-s 关系曲线（Q 为抽水流量，q 为单位降深涌水量，其他同上）。Q-t、s-t 曲线可以帮助判断抽水试验是否正常进行，Q-s 和 q-s 曲线可以判断含水层的类型和边界性质以及是否有人为错误。

对于群孔干扰抽水试验，需绘制 s-t（稳定流抽水试验）、s-lg$t$（非稳定流抽水试验）、抽水孔流量、群孔总流量、初始等水位线图、不同抽水时刻等水位线图、不同方向水位下降漏斗剖面图、水位恢复阶段或某时刻等水位线图等。

13.6.2 注水试验

注水试验是往钻孔中连续定量注水，使孔内保持一定水位，通过水位与水量的函数关系测定透水层渗透系数的水文地质试验方法。注水试验的原理与抽水试验相同，其主要差别在于抽水试验是在含水层内形成降落漏斗，而注水试验是在含水层上形成反漏斗。注水试验的观测要求和计算方法与抽水试验类似，可用于测定非饱水透水层的渗透系数。注水试验由于缺乏洗井条件，测得的渗透系数往往比抽水试验小。

潜水完整注水井的注水量公式为：

$$Q = \pi K \frac{h_0^2 - H^2}{\ln \frac{R}{r}} \qquad (13\text{-}1)$$

承压完整注水井的注水量公式为：

$$Q = 2\pi K M \frac{h_0 - H}{\ln \frac{R}{r}} \qquad (13\text{-}2)$$

式中，Q ——注水井流量，m^3/d；

$\quad\ H$ ——自含水层底板算起的注水前初始潜水位或承压水头高度，m；

$\quad\ h_0$ ——自含水层底板算起的注水后井中潜水位或承压水头高度，m；

$\quad\ K$ ——渗透层的渗透系数，m/d；

$\quad\ M$ ——承压含水层的厚度，m；

$\quad\ R$ ——注水井的影响半径，m；

$\quad\ r$ ——注水井的半径，m。

13.6.3 渗水试验

渗水试验是指在松散层中挖一定深度的方形或圆形试坑，向坑内灌水并保持一定的水柱高度，通过获得其渗透流量，计算求得松散层的渗透系数。渗水试验是一种测定包气带土层垂向渗透系数的方法。

渗水试验可分为试坑法、单环法和双环法。试坑法是在拟定的土层中开挖 30～50 cm 深的平底坑，在坑底铺 2～3 cm 厚的反滤粗砂，然后向坑内灌水，并使试坑内的水层自始至终保持在 10 cm 的高度，观测灌入水量直至稳定。这个方法适用于测定土壤毛细管压力产生的影响较小的砂质土，如果用在黏性土中，其测定的渗透系数值偏高。单环法是将直径35.75 cm 的铁环压入坑底部10 cm 深，环壁与土层需紧密接触，在环内铺2～3 cm 的反滤粗砂，试验时向环内注水，同样在保持 10 cm 水头情况下，观测渗水量。双环法则是在单环法基础上，增加一个内环，从而形成同心环，试验时在内环及内外环之间的环形空间中分别加水，使其水位都保持在 10 cm，分别记录渗水量，内外环之间渗入的水，主要是侧向散流及毛细管吸收产生，而内环渗入的水则是土层在垂直方向的实际渗透产生，使用内环渗入水量作为计算渗透系数的流量。

当渗入水量趋于稳定时，可按下式计算渗透系数（考虑土壤毛细管压力的影响）：

$$K = \frac{QL}{F(H+Z+L)}$$

（13-3）

式中，K ——渗透系数，cm/min；

$\quad$ Q ——稳定的渗入水量，cm³/min；

$\quad$ F ——试坑内环的渗水面积，cm²；

$\quad$ Z ——试坑内环中的水厚度，cm；

$\quad$ H ——毛细管压力（一般等于岩土毛细上升高度的一半），cm；

$\quad$ L ——试验结束时水的渗入深度（试验后开挖确定），cm。

13.6.4　压水试验

对于地块土层较浅、有基岩的情况，常常采用压水试验测定裂隙岩体的渗透系数。以判定污染物在基岩中的扩散情况，并为后续抽提及阻隔技术设计提供依据。

压水试验是使用栓塞把钻孔隔离出一定长度的孔段，以一定的压力向该孔段进行高压注水，水通过孔壁上的裂隙向四周渗透，最终渗透的水量将会趋于一个稳定值。根据试段长度、压水水头和稳定渗入水量，测定相应压力下压入的流量，可以判定岩体透水性的强弱。以单位试段长度的压入流量值来表征该孔段岩石的透水性，是用于评价岩体渗透性的常用方法。压水试验可分为简易压水实验、单点压水试验和五点压水试验。一般按三级压力（P_1、P_2、P_3）、五个阶段（P_1—P_2—P_3—P_2—P_1）进行，最后绘制 p-Q 曲线。

试段透水率用以下公式计算：

$$q = \frac{Q_3}{Lp_3}$$

（13-4）

式中，q ——试段透水率，Lu；

$\quad$ Q_3 ——第三阶段计算流量，L/min；

$\quad$ L ——试段长度，m；

$\quad$ p_3 ——第三阶段的试段压力，MPa。

当试段位于地下水位之下、透水性较小（$q<10$ Lu）、p-Q 曲线为层流型时，可按下式计算岩体渗透系数：

$$K = \frac{Q_3}{2\pi HL} \ln \frac{L}{r_0} \tag{13-5}$$

式中，K ——岩体渗透系数，m/d；

　　　　H ——试验水头，m；

　　　　r_0 ——钻孔半径，m。

当试段位于地下水位之下、透水性较小（$q < 10$ Lu）、$p\text{-}Q$ 曲线为紊流型时，可用第一阶段的压力值 p_1（换算成水头值，以 m 计）和流量 Q_1 代入上式计算岩体渗透系数。

13.6.5　微水试验

（1）理论基础

微水试验（Slug Test）最早由 Hvorslev 于 1951 年提出，是以达西定律为基础，向钻孔瞬时抽水或注水，或使用气压泵、金属管等方法引起水位的突然变化，通过观测水位随时间的恢复过程，并进行曲线拟合从而确定钻孔附近的渗透系数的试验方法。地下水流动时水分子之间的黏滞力远大于其惯性力，而惯性力在数学分析中可忽略不计。当水位变化快速达到最大值后，水位恢复速度开始较快，随后逐渐变慢，趋于停止，未发生原始静止水位附近的振荡，水流初始的动能已在水位达到静止时被水分子之间的摩擦、水柱与井壁的摩擦和水柱增大的势能消耗完毕，为"过阻尼衰减"。这种情况大多发生于弱-中等渗透性地层中。对于强渗透性地层，水位恢复速度较快，在达到原始静止水位时，可能有剩余动能克服黏滞力，从而在静止水位上下发生振荡，逐渐趋于稳定，此为"欠阻尼衰减"。微水实验中较为成熟的模型主要有 Hvorslev 模型、Springer-Gelhar 模型、Bouwer-Rice 模型和 Butler 模型，实现了过阻尼衰减、欠阻尼衰减的数学处理。

微水试验可分为一般微水试验和分层微水试验（multilevel slug test，MLST）。一般微水试验测得的 K 值是井垂向上的平均值，MLST 法可测出不同深度处的 K 值。它是将测试段井筛两侧用封塞封住，封塞之间的筛管可以进水，这样就可以测定目标深度的 K 值，在不同的深度重复以上操作即可测得不同深度处的 K 值。

以下介绍潜水和承压含水层微水试验的求参方法（沈珍瑶等，1994）。

1）潜水含水层微水试验求参方法：

一般假定潜水含水层均质、各向同性，且含水层面积无限大。

Bouwer 等（1976）推导的微水试验求渗透系数公式为：

$$K = \frac{1}{t} \frac{r_c^2 \ln(R_c / R_w)}{2d} \ln \frac{h_0}{h_t} \tag{13-6}$$

当井只与含水层部分厚度相通时：

$$\ln \frac{R_c}{R_w} = \left[\frac{1.1}{\ln(b/r_w)} + \frac{A + B\ln[(D-b)/r_w]}{d/r_w} \right]^{-1}$$ （13-7）

当井只与含水层整个厚度相通时：

$$\ln \frac{R_c}{R_w} = \left[\frac{1.1}{\ln(b/r_w)} + \frac{C}{d/r_w} \right]^{-1}$$ （13-8）

式中，A、B、C——量纲一参数，是 d/r_w 的函数；

D——含水层厚度；

r_c——井套管半径；

r_w——筛管半径；

h_0——瞬时变化之最大水位差；

h_t——t 时刻的水位差；

t——时间；

b——井管中初始水位高度；

d——筛管长度。

测得一系列水位值后，在对数坐标纸上绘制 h_t-t 关系图，计（$1/t$）$\ln$（h_0/h_t），然后根据井与含水层相通情况确定 A、B、C 值。若部分相通，根据 d/r_w 确定 A、B 值；若完全相通，则确定 C 值。由此可计算 $\ln$（R_c/R_w），代入求参公式即得渗透系数 K 值。

2）承压含水层微水试验求参方法：

一般假定潜水含水层均质、各向同性，且含水层无限展布、承压井为完整井。

Cooper 等（1967）推导的水头变化公式为：

$$H = H_0 F(\alpha, \beta)$$ （13-9）

$$\alpha = \frac{r_s^2 S}{r_c^2}$$ （13-10）

$$\beta = \frac{Kbt}{r_c^2}$$ （13-11）

$$F(\alpha, \beta) = \frac{8\alpha}{\pi^2} \int \frac{\exp(-\beta u^2 / \alpha)}{u f(u, \alpha)} du$$ （13-12）

$$u = \frac{r^2 S}{4Tt}$$ （13-13）

$$f(u, \alpha) = \left[U J_0(u) - 2\alpha J_1(u) \right]^2 + \left[u y_0(u) - Z\alpha y_1(u) \right]^2$$ （13-14）

式中，r_c——井套管半径；

r_s——筛管半径；

H_0——瞬时变化之最大水位差，即注水或取水完成时的瞬时水位减去原来静止水
位之差的绝对值；

H——水位变化值；

S——贮水系数；

K——渗透系数；

b——承压含水层厚度；

t——时间；

T——导水系数，$T=kb$。

实验时，在半对数纸上绘制 $H/H_0\text{-}t$ 和 $H/H_0\text{-}\ln t$ 关系曲线，可求得参数。

（2）试验方法

井孔设置：①套管：在微水实验中，套管半径决定了试验的时间和放入井孔中设备
（如电缆、提筒）的尺寸。②过滤管：应根据含水层岩性构成和井壁稳定情况选用，常用
骨架过滤管、缠丝过滤管、包网过滤管和填砾过滤管等。③过滤层：指位于过滤管和井
壁之间的材料，用于防止细颗粒流入井中，且给上方环状止水层提供支撑。④止水层：
指位于套管和井壁之间的低渗透材料，阻止非试验含水层地下水向过滤管段垂直运动。
成孔后需要进行洗井，其目的是清除过滤段地层中的碎屑。

微水实验现场操作可分为五步：①将水压传感器放入井孔中一定深度；②在井孔中
置入水位扰动设备，等待水位稳定；③使用水位扰动设备瞬间改变井孔内水位；④记录
水位恢复过程数据；⑤使用图表分析方法计算渗透系数。

瞬时改变水位是微水实验的重要前提条件，使用水位扰动设备瞬间改变井孔内水位
的过程可分为"升水头试验"和"降水头试验"。"升水头试验"指使井孔内水位瞬时下
降，并等待水位上升恢复。反之，"降水头试验"则是指使井孔内水位瞬时上升，等待水
位下降恢复，并记录恢复过程的数据。其操作方法为：在井孔内放入探头，等水位稳定
后，快速插入一个圆柱体（内部充填砂或卵石，两端封闭）使瞬时水位上升，并记录水
位下降恢复的数据。此方法对于渗透性弱-中强渗透性地层都适用；但对于极弱渗透性地
层，出水速率较慢，试验耗时较长，因此出现了栓塞-微水实验和闭合-微水实验两种衍生
试验方法。通过改变套管半径，有效缩短了试验周期，但水文钻孔结构也相对复杂。目
前水位变化数据基本使用水压传感器进行记录，同时配合数据采集装置，自动、高效地
记录水位变化数据。

（3）适用范围

微水试验法与常规的抽水试验或注水试验相比，实验时间短，所需人力、时间、经
费较少，影响半径小，可快速获取水文地质资料。这种方法仅适用于井周围小范围内水

文地质参数的测定，并不能用于大范围参数获取的应用中，在工程中常常需要同时做抽水和微水实验，结合分析得出结果。

13.6.6 示踪试验

污染场地中的示踪试验，即对研究对象（水中溶质组分或污染物）进行标记，引入标记物作为探针，观察探针的运动轨迹，追踪示踪剂的位置、数量和动态变化，从而了解研究对象的分布、运动以及转化情况。在示踪试验中，可使用放射性（同位素）示踪剂、化学示踪剂或荧光示踪剂，在地下水中使用同位素示踪尤为普遍。示踪剂应具有一定防护条件，示踪后需要有完善的废物处理措施。示踪试验按示踪剂投入方法不同可分为一次投入法和连续注入法。

示踪试验在水文地质调查中应用普遍，常用于包气带水分运移的研究、检测水库的渗漏研究、获取地下流场的相关数据、污染物的扩散形式研究等。

分区井间示踪剂测试技术（Partitioning Interwell Tracer Testing，PITT）是在污染场地中应用的一种原位技术，主要用于粗略估计包气带和饱和带含有的 DNAPLs 的体积百分比。主要原理是通过测量穿过 DNAPLs 污染的土壤或地下水的示踪剂来计算 DNAPLs 体积。在污染场地中构建注入井和抽提井，将示踪剂引入注入井中并从抽取井中排出。根据示踪剂的穿透曲线可以计算 DNAPLs 的体积。具体试验时间取决于地质和井间距离情况（USEPA，2004）。

在美国北卡罗来纳州的海军陆战队 88 号场地进行了分区井间示踪剂技术的测试。该场地原先设有一个干洗设施。多年来，该设施将全氯乙烯（PCE）释放到地下。场地的表层含水层由沙子和淤泥组成，平均深度约为 5 m。浅层含水层下方是粉质黏土层。测试的目的是在实施修复技术之前确定该场地的 DNAPLs 位置和体积，并验证实施修复技术后场地的 DNAPLs 是否消失。该测试使用 3 个注入井、6 个提取井和 2 个水力控制井进行。所选示踪剂为 1-丙醇、1-己醇、1-庚醇和 2-甲基 2-丙醇（DES，1999）。

另一个案例中，在美国桑迪亚国家实验室的化学废物填埋场进行了包气带分区井间示踪剂技术测试。据估计，场地的处置区放置了 362 872 kg 氯化溶剂和其他有机化学品。该场地地层主要由鹅卵石、砾石、细沙、淤泥和黏土组成。填埋场下方包气带上部 30 m 的范围内主要由砾砂和粉砂组成。关注的主要化学品是三氯乙烯。PITT 测试旨在定位包气带上部 30 m 范围内是否含有 DNAPLs 残留物。该场地使用甲烷作为保守示踪剂、二氟甲烷作为水分配示踪剂，进行了初步测试（Kwiecinski，1999）。

参考文献

李东升，施昆，毕廷涛，等，2011. 基于 GIS 的云南省会泽县者海镇土壤中重金属插值方法[J]. 科学技术与工程，11（10）：2282-2285.

马宏宏，余涛，杨忠芳，等，2018. 典型区土壤重金属空间插值方法与污染评价[J]. 环境科学，39（10）：4684-4693.

毛昶熙，2009. 防堤工程手册[M]. 北京：水力水电出版社.

沈鸿雁，2012. 高密度电法勘探方法与技术[M]. 北京：地质出版社.

沈珍瑶，谢彤芳，1994. 确定含水层渗透系数的微水试验法[J]. 地下水，16（1）：4-5.

田美影，2013. 污染场地空间插值的精度评价方法及应用[D]. 北京：首都师范大学.

王连生，2004. 有机污染化学[M]. 北京：高等教育出版社.

张辉，陈小华，付融冰，等，2015. 加油站渗漏污染快速调查方法及探地雷达的应用[J]. 物探与化探，5：1041-1046.

张辉，杨青，胡饶，等，2013. 电法勘探在探测加油站石油烃污染中的应用[J]. 物探与化探，37（6）：1114-1119.

中国台湾地区"行政院环境保护署"，2015. 土壤及地下水污染调查作业参考指引总则：EPA-25-III-05B-2015-001 [S].

朱求安，张万昌，余钧辉，2004. 基于 GIS 的空间插值方法研究[J]. 江西师范大学学报（自然科学版），28（2）：183-188.

Ahmed A A, Thiele-Bruhn S, Aziz S G, et al, 2015. Interaction of polar and nonpolar organic pollutants with soil organic matter: Sorption experiments and molecular dynamics simulation[J]. Science of the Total Environment, 508: 276-287.

American Society for Testing and Materials (ASTM), 2014. Standard guide for developing conceptual site models for contaminated sites: E 1689-95[S]. West Conshohocken, PA.

Benson A K, 1995. Applications of ground-penetrating radar in assessing some geologic hazards-examples of groundwater contamination, faults, and cavities [J]. Journal of Applied Geophysics, 33: 177-193.

Bouwer H, Rice R, 1976. A slug test for determining hydraulic conductivity of unconfined aquifers with completely or partially penetrating wells [J]. Water Resources Research, 12(3): 423-428.

CHANG Y C, Yeh H D, 2007. Optimum allocation for soil contamination investigations in Hsinchu, Taiwan, by double sampling [J]. Soil Science Society of America Journal, 71(5): 1585-1592.

Cochran W G, 1977. Sampling techniques[M]. 3rd edition. New York: John Wileyand Sons.

Cohen R M, Mercer J W, 1993. DNAPL site evaluation[S], CRC Press, Boca Raton, Fla.

Cooper H H, Bredehoeft J D, Papadopulos I S, 1967. Response of a finite-diameter well to an instantaneous charge of water [J]. Water Resources Research, 3(1): 263-269.

Crumbling D M, Groenjes C, Lesnik B, et al, 2001. Managing uncertainty in environmental decision: Applying the concept of effective data to contaminated sites could reduce costs and improve cleanups [J]. Environmental Science & Technology, 35(18):3-7.

Department of Environmental Conservation, State of Alaska, 2009. Draft guidance on multi increment soil sampling [S]. Division of Spill Prevention and Response Contaminated Sites Program, March.

Draft F, 2016. Guidance manual for environmental site characterization in support of environmental and human health risk assessment: Volume 1 technical guidance [S]. Canadian Council of Ministers of the Environment.

Duke Engineering & Services, Baker Environmental Inc, 1999. DNAPL site chracterization using a partioning interwell tracer test at site 88, Marine Corps Base Camp Lejeune, North Carolina[R]. Naval Facilities Engineering Service Center and Restoration Development Center Port.

Eckblad J, 1991. How many samples should be taken?[J]. BioScience, 41(5): 346-348.

Einarson M D, Cherry J A, 2002. A new multilevel ground water monitoring system using multichannel tubing[J]. Groundwater Monitoring & Remediation, 22(4): 52-65.

Elliott J M, 1971. Some methods for the statistical analysis of samples of benthic invertebrates[M]. Freshwater Biological Association.

Gilbert R O, 1987. Statistical methods for environmental pollution monitoring[M]. New York: Van Nostrand Reinhold , pp. 177-85.

Goovaerts P, 1997. Geostatistics for natural resources evaluation[M]. New York: Oxford University Press on Demand.

Goovaerts P, 2010. Geostatistical software[M]//Handbook of Applied Spatial Analysis. Springer, Berlin, Heidelberg.

Gore S D, Patil G P, 1994. Identifying extremely large values using composite sample data[J]. Environmental and Ecological Statistics, 1(3): 227-245.

Gore S D, Patil G P, Taillie C, 2001. Identifying the largest individual sample value from a two-way composite sampling design[J]. Environmental and Ecological Statistics, 8(2): 151-162.

Hawaii Emergency Management Agency, State of Hawaii, 2008. Technical guidance manual for the implementation of the Hawai'i state contingency Plan [S]. Department of Health Office of Hazard Evaluation and Emergency Response, Honolulu, Hawaii 96814, November .

Houlihan M F, Botek P J, 2016. Groundwater monitoring[M]//The handbook of groundwater engineering. Florida:CRC Press.

Interstate Tehnology & Regulatory Council (ITRC) , 2007. Triad implementation guide: SCM-3[S]. Washington D.C. , May

Interstate Tehnology & Regulatory Council (ITRC) , 2010. Use and measurement of mass flux and mass discharge[S/OL]. Washington D.C. [2022-03-20]. https://clu-in.org/conf/itrc/ummfmd_051413/prez/ITRC_ Mass FluxDischarge_050813ibtpdf.pdf.

Interstate Tehnology & Regulatory Council (ITRC), 2012. Incremental sampling methodology[EB/OL]. Washington D. C.[2022-03-20] https://citeseerx.ist.psu.edu/viewdoc/download?doi=10.1.1.367.9203& rep= rep1&type=pdf.

Jenkins T F, Walsh M E, Thorne P G, et al, 1997. Assessment of sampling error associated with collection and analysis of soil samples at a firing range contaminated with HMX [R]. Cold Research and Engineering Laboratory.

Keller C E, Cherry J A, Parker B L, 2014. New method for continuous transmissivity profiling in fractured rock[J]. Groundwater, 52(3): 352-367.

Kwiecinski D A, Methvin R K A Y, Schofield D P, et al, 1999. The excavation and remediation of the sandia national laboratories chemical waste landfill[R]. Sandia National Lab.(SNL-NM), Albuquerque, NM (United States); Sandia National Lab.(SNL-CA), Livermore, CA (United States).

LI K B, Goovaerts P, Abriola L M, 2007. A geostatistical approach for quantification of contaminant mass discharge uncertainty using multi-Level sampler measurements[J]. Water Resources Research, 43(6): W06436-W06449.

Mitasova H, Mitas L, 1993. Interpolation by regularized spline with tension: I. Theory and implementation[J]. Mathematical Geology, 25(6): 641-655.

Newell C J, 1992. Estimating potential for occurrence of DNAPL at Superfund sites[J]. US EPA Quick Reference Fact Sheet.

Newell C J, Lee R S, Sexpet A H, 2000. No-purge groundwater sampling: An approach for long-term monitoring[J]. American Petroleum Institute Bulletin No. 12.

Nichols E, Roth T, 2004. Flux redux: Using mass flux to improve cleanup decisions, LUST Line 46 (March)[J]. New England. Interstate Water Pollution Control Commission, Lowell, Mass.

Ozdamar L, Demirhan M, Ozpmar A, 1999. A comparison of spatial interpolation methods and a fuzzy areal evaluation scheme in environmental site characterization[J]. Computers, Environment and Urban Systems,

23(5): 399-422.

Petelet-Girand E, Negrel P, Aunay B, et al, 2016. Coastal groundwater salinization: Focus on the vertical variability in a multi-layered aquifer through a multi-isotope fingerprinting (Roussillon Basin, France)[J]. Science of the Total Environment, 566: 398-415.

Ramsey M H, Taylor P D, Lee J C, 2002. Optimized contaminated land investigation at minimum overall cost to achieve fitness-for-purpose [J]. Journal of Environmental Monitoring, 4(5): 809-14.

Saines M, 1996. Dense chlorinated solvents and other DNAPLS in ground water[M]. Waterloo Press, Portland, Oregon, USA.

Seth Pitkin, 2015. High resolution site characterization tools and approaches. Federal remedial technologies roundtable: Site characterization for effective remediation[S]. December 2.

Sokal R R, Rohlf F J, 1969. Biometry: The principles and practice of statistics in biological science[M]. San Francisco: WH Freeman and Company.

Sokal R R, Rohlf F J, 1987. Biometry:The principles and practice of statistics in biology research[M]. 2nd ed. New York: W.H.Freeman.

Swartjes F A, 2011. Dealing with contaminated sites: From theory towards practical application[M]. Dordrecht: Springer Science & Business Media, the Netherlands.

Talmi A, Gilat G, 1977. Method for smooth approximation of data [J]. Journal of Computational Physics, 23(2): 93-123.

Tenenbein A, 1970. A double sampling scheme for estimating from binomial data with misclassifications[J]. Journal of the American Statistical Association, 65: 1350-1361.

Tenenbein A, 1971. A double sampling scheme for estimating from misclassified binomial data: Sample size determination[J]. Biometrics, 27: 935-944.

Tenenbein A, 1974. Sample size determination for the regression estimate of the mean[J]. Biometrics, 30: 709-716.

Tessier A, Campbell P G C, Bisson M, 1979. Sequential extraction procedure for the speciation of trace metals [J]. Analytical Chemistry, 51(7): 844-851.

Theocharopoulos S P, Wagner G, Sprengart J, et al., 2001. European soil sampling guidelines for soil pollution studies[J]. Science of the Total Environmen, 264(1/2): 51-62.

USEPA, 1992. Characterization and monitoring case studies [S]. Technology Innovation and Field Service Division.

USEPA, 2002. Guidance for comparing background and chemical concentrations in soil for CERCLA sites[S]. Office of emergency and remedial response, U.S. Environmental Protection Agency Washington D C 20460. EPA 540-R-01-003 OSWER 9285.7-41, September.

USEPA, 2004. Site characterization technologies for DNAPL investigations[S]. Office of Emergency and Remedial Response, U.S. Environmental Protection Agency Washington D C 20460, September.

USEPA, 2018. Groundwater samplers technology innovation and field service division[S].Washington D C 20460, U.S. environmental protection agency, September.

USEPA,1996. Soil Screening Guidance: Fact Sheet: OSWER 9355.4-23[S]. Washington D C: Office of Emergency and Remedial Response, U.S. Environmental Protection Agency, July.

Wagner G, Desaules A, Muntau H, et al, 2001. Harmonisation and quality assurance in pre-analytical steps of soil contamination studies - conclusions and recommendations of the CEEM Soil project [J]. Science of the Total Environment, 264(1/2): 103-118.

Wesley Mccall, Jonathan L, Stephenson, 2019. OIP-green probe delineates extent of coal tar NAPL at a former gas manufacturing plant in Kansas[N]. The Interstate Technology & Regulatory Council, Implementing Advanced Site Characterization Tools Team.

WU J, Norvell W A, Welch R M, 2006. Kriging on highly skewed data for DTPA-extractable soil Zn with auxiliary information for pH and organic carbon[J]. Geoderma, 134(1): 187-199.